安徽省高等学校"十三五"省级规划教材

高等院校21世纪课程教材

大学物理实验系列

大学物理实验教程

第3版

主　　编◎许永红

副主编◎刘晓伟　宫昊

参编人员◎程荣龙　葛立新　王　莉

　　　　　徐　丽　肖　伟　吴夏芝

　　　　　沈国浩

北京师范大学出版集团
BEIJING NORMAL UNIVERSITY PUBLISHING GROUP

安徽大学出版社

图书在版编目(CIP)数据

大学物理实验教程/许永红主编.—3 版.—合肥:安徽大学出版社,2019.7

ISBN 978-7-5664-1869-2

Ⅰ.①大… Ⅱ.①许… Ⅲ.①物理学－实验－高等学校－教材 Ⅳ.①O4－33

中国版本图书馆 CIP 数据核字(2019)第 106849 号

大学物理实验教程(第 3 版)

许永红 主编

出版发行:	北京师范大学出版集团 安 徽 大 学 出 版 社 (安徽省合肥市肥西路 3 号 邮编 230039) www.bnupg.com.cn www.ahupress.com.cn
印　　刷:	合肥现代印务有限公司
经　　销:	全国新华书店
开　　本:	170mm×240mm
印　　张:	18
字　　数:	300 千字
版　　次:	2019 年 7 月第 3 版
印　　次:	2019 年 7 月第 1 次印刷
定　　价:	45.00 元

ISBN 978-7-5664-1869-2

策划编辑:刘中飞　张明举　　　　　装帧设计:李　军
责任编辑:张明举　　　　　　　　　美术编辑:李　军
责任印制:赵明炎

第 3 版前言

　　根据教育部高等学校物理基础课程教指委制定的"理工科类大学物理实验课程教学基本要求(2010)"而编著的《大学物理实验教程》自 2010 年正式出版以来,从第 1 版到第 2 版已多次印刷,受到了师生的好评,并在 2017 年被评为安徽省高等学校"十三五"省级规划教材(2017ghjc235)。

　　此次再版,主要是基于新时代全国高等学校本科教育工作的要求,按照人才培养、专业结构调整和优化,新工科院校的特点和应用型本科院校大学物理实验教学改革的要求,结合多年的教学实践经验和实验室仪器设备更新情况,对"十二五"省级规划教材《大学物理实验教程(第 2 版)》进行修订,调整修改以及补充完善部分实验内容,使其兼顾理、工科通用。

　　本书按照安徽省级质量工程和"十三五"省级规划教材要求,着重培养大学生严谨的科学态度,初步掌握科学的实验方法,培养实验技能和加深对物理理论的理解。选材注重基本内容,同时注意适当提高扩充。本教程共有 4 章,按不同要求编排了基础实验和选做实验。在具体实验内容编写中力求做到目的明确、原理简洁清楚、公式推导完整、实验步骤简单明了,并安排了一定的思考练习题,进一步培养学生运用实验手段去分析观察和解决问题的能力。选做实验可以作为开放性实验供有兴趣的学生选择学习,进一步丰富学生的实验知识和操作技能,增强学生的创新意识。本书各章节的内容和实验既相对独立,又相互配合,且循序渐进,便于课堂教学或学生自学。

　　此次再版修订工作主要由许永红和刘晓伟老师完成，参与修订工作的教师还有程荣龙、宫昊、葛立新、王莉、徐丽、肖伟、沈国浩和吴夏芝等，许永红和刘晓伟老师对全书进行了统稿和校核。本书历次修订再版，都得到使用和阅读本书的同行以及蚌埠学院领导和同事们的大力支持帮助，并提出了许多宝贵的意见和建议，借再版之际，特表示衷心的感谢。

　　由于编者水平和条件所限，书中难免有不妥或疏漏之处，敬请读者和专家不吝赐教，提出建议并指正。

编　者

2019 年 4 月

第 2 版前言

　　《大学物理实验教程》(第 2 版)是根据《理工科类大学物理实验课程教学基本要求》(2010 版),在《大学物理实验教程》(第 1 版)的基础上修订而成。

　　《大学物理实验教程》(第 1 版)使用三年以来,取得了较好的人才培养效益。近年来,按照高等院校质量工程建设的要求,我们根据学科专业建设发展的需要,结合新一轮人才培养方案和大学物理实验室的仪器设备更新情况,在总结三年来教学改革和教材使用经验的基础上,按照安徽省普通高等教育"十二五"省级规划教材的要求,组织具有多年教学实践经验的教师对该教材进行了重新编写和修订,期待修订后的教材得到广大师生的认可。

　　本次《大学物理实验教程》(第 2 版)的编写修订在整体内容结构上未做大的改变,主要对原有实验项目内容作了一定的补充、修订,对第一版中的一些错误及不妥之处作了修改,对实验项目的编排作了一定的调整,更新了部分实验项目内容,增加了部分实验项目,其目的就是为了扩充综合性实验,加强设计性实验,使其更加符合实验教学发展的要求。同时为了更好地发挥大学物理实验课程在培养学生创新能力中的作用,我们用"＊"号标出了可供不同学科学生根据专业特点和兴趣爱好选学的部分实验内容,也可以作为开放性实验教学的参考内容。全书由误差的分析及计算方法、力学与热学、电磁学、光学、近代物理实验五个部分组成,共分为 5 章,32 个实验项目。本教材在 2013 年被评为安徽省高等学校省级质量工程项目——省级规划教材，项目号为 2013ghjc293。

参加本次编写修订工作的主要人员有许永红、刘晓伟、高光明、宫昊、程荣龙、葛立新、傅院霞、曾爱云、徐丽、王晴晴等老师，许永红老师对全书进行了统稿和校核。

编　者

2013 年 12 月

第 1 版前言

　　本书是根据教育部高等学校物理基础课程教学指导分委会制定的《理工科类大学物理实验课程教学基本要求》，结合蚌埠学院物理实验课程建设和教学改革以及实验室仪器设备的情况，总结多年来的实验教学经验，在对自编试用的《大学物理实验讲义》反复实践、不断改进、充实、完善的基础上改编而成的。它是我院长期从事实验教学的教师辛勤劳动的成果，是集体智慧的结晶。

　　全书内容共五章，第一章阐述测量误差、不确定度及数据处理的基本知识。第二章至第五章介绍了力学、热学、电磁学、光学、近代物理实验项目 29 个。该书编写时，力求将每个实验原理叙述清楚，计算公式推导完整，便于学生在预习时掌握理论依据；实验内容与实验步骤尽可能具体，并附有思考题，为教师教学和学生学习提供了方便。实验内容以加强基础训练为主，让学生在学习物理实验知识、掌握物理实验方法和实验技能等方面受到系统的基本训练，为学生今后的学习、工作奠定良好的实验基础。

　　本书由许永红任主编，刘晓伟、高光明任副主编，参加编写的有吕思斌、汤庆国、葛立新、宫昊、傅院霞、曾爱云、沈国浩、奚永康。其中许永红编写绪论和第一章，许永红、吕思斌、汤庆国编写第二章，刘晓伟、葛立新、傅院霞、沈国浩编写第三章，宫昊、曾爱云、奚永康编写第四章，高光明编写第五章，全书由许永红统稿。

本书在编写过程中还参阅了一些兄弟院校的教材，借鉴和吸取了许多宝贵的经验，在此一并表示感谢！

由于编者水平有限，《大学物理实验教程》不妥之处在所难免，恳请读者和专家批评指正。

编　者

2010 年 5 月

目录 CONTENTS

第 1 章

绪 论

大学阶段物理实验课的学习,不同于中学阶段的实验课。中学里的物理实验主要是为了扩大视野、丰富感性知识和增加动手机会,从而帮助学生了解和巩固课堂上所学的理论知识,因此,它仅是物理课程教学的一个附属教学环节。但是,大学阶段开设的物理实验课程是独立于"大学物理"之外,对学生进行科学实验基本训练的一门独立的必修基础实验课程,单独记分,是学生在高等学校受到系统实验技能训练的开端。它在培养学生运用实验手段去分析、观察、发现乃至研究、解决问题的能力方面,在提高学生科学实验素质方面,都起着重要的作用;同时,它也将为学生今后的学习、工作奠定良好的实验基础。

1.1 大学物理实验课的地位、作用和要求

怎样通过物理实验课的教学才能使学生掌握物理实验的基本功、达到培养高素质创新人才的目的呢? 概括起来,应通过物理实验课程达到以下三个基本要求:

(1) 在物理实验的基本知识、基本方法、基本技能方面("三基")得到严格而系统的训练,这是做好物理实验的基础。

基本知识包括实验的原理、各类仪器的结构与工作机理、实验的误差分析与不确定度评定实验结果的表述方法、如何对实验结果进行分析与判断等。

基本方法包括如何根据实验目的确定实验的思路与方案、如何选择和正确使用仪器、如何减少各类误差、如何采用一些特殊方法

来获得正确的结果等。

基本技能包括各种调节与测试技术（粗调、微调、准直、调零、读数、定标……），电工技术（识别元件、焊接、排除故障、安全用电……），电子技术（微电流检测、弱信号放大……），传感器技术（力传感器、位移传感器、温度传感器、磁传感器、光传感器……），以及查阅文献的能力、自学能力、合作共事的能力、总结归纳能力等。

这种"三基"训练有时可能会比较枯燥，但却是完全必要的，它体现了最基本的动手能力，因而必须首先保证这一要求的实现。没有这种严格的基本训练，学生就很难成为高素质的人才。

（2）学习用实验方法研究物理现象，验证物理规律，加深对物理理论的理解和掌握，并在实践中提高发现问题、分析问题和解决问题的能力。

研究物理现象和验证物理规律是进行物理实验的根本目的，在学习"三基"的过程中要有意识地强化这种能力。一般的"验证性实验"虽然是教师安排好的，但学生应仔细体会其中的奥妙所在，不应只按所规定的步骤操作，记数据，得结果就算完成；要多问几个为什么，想一想不按规定的步骤去做会有什么问题，或者能否想出别的方法来达到同样的目的。在一定的条件下，经老师同意也可以做自己设计的实验。

在实验中往往会遇到一些意想不到的问题，这些问题虽然可能不是实验研究的主要对象，但也不应轻易放过。这常常是提高分析问题、解决问题能力的好机会；要注意观察、及时记录；认真分析，有必要时可以进行深入研究。实际上，科学史上不少重要发现都是在意想不到的情况下"偶然"出现的。

（3）养成实事求是的科学态度和积极创新的科学精神。

这是在整个教学过程中都要贯彻的要求，而在物理实验教学中是特别重要的。在物理实验课中最能培养实事求是、严谨踏实的科学态度，任何弄虚作假、篡改甚至伪造数据的行为都是绝对不能允许的，也是比较容易发现的。在物理实验课中，规定了记录数据不准用铅笔，不能用涂改液，误记或错记数据的更改要写明理由并经指导教师认可等，都是为了帮助学生养成实事求是的良好习惯。实际上,实验结果是什么就是什么,没有"好"、"坏"之分。与原来预想不一致的实验结果不仅不应随便舍弃,还要特别重视,它可能是某个新发现的开端。只要认真去做实验,一定会发现许多问题,其中有些问题是教师也未必能解决的。所以,实验室应当而且可以成为培养学生求实态度和创新精神的最好场所。

1.2　大学物理实验课的基本教学要求

同学们可能都很欣赏物理理论课程的系统性、逻辑性。在这方面,物理实验课的情况不太相同。两个不同的实验题目之间可能很少有直接的内在联系,所以有时先做哪一个实验无关紧要。这也是实验课和理论课不同的地方。然而,一个物理实验题目涉及的知识领域往往是很宽广的,即使是一个简单的力学实验,也常常涉及电学、光学、热学、机械学等方面的知识。所以物理实验课的特点是综合性。它要求我们在做实验的时候,要根据具体情况灵活应用我们曾经学过的一切知识。一个优秀的实验工作者,他的知识面必须很宽广,不仅要有厚实的理论知识,还要有丰富的实践经验;不仅在某一学科有较深的造诣,而且在其他学科领域也有一定的修养。有的人重理论、轻实验,认为搞理论高深复杂、搞实验低级简单,这实在是一种误解。目前我国的学生与发达国家的学生相比较,在理论知识方面并不比他们差,然而在实验方面和动手能力方面,还存在一定的差距。这种情况应该引起我们的注意。

大学物理实验是一门实践性课程,学生是在自己独立实验的过程中增长知识和提高能力的。因而,上述教学目的能否达到,在很大程度上取决于学生自己的努力。鉴于我国目前中学阶段对学生实验的训练普遍比较薄弱的现状,在大学阶段想学好物理实验课程,不仅要多花力气、下苦功夫,还应当特别注意改进自己的学习方法。

1. 注意掌握基本的实验方法和测量技术

基本的实验方法和测量技术在实际工作中既会经常用到,也是复杂的方法和技术的基础。学习时不但要搞清它们的基本道理,还应该逐步地熟悉和记牢它们，并能运用这些方法和技术设计一些简单的实验。任何一种实验方法和测量技术都有着它应用的条件、优缺点和局限性，只有亲自做了一定数量的实验后，才会对这些条件、优缺点和局限性有切身的体会。

2. 有意识地培养良好的实验习惯

在开始做实验之前，应当先认真阅读实验教材和有关仪器资料，这样你才有可能对将要做的实验工作有具体而清楚的了解；而当你在完成一个实验的同时，一定要有一份完整而真实的实验记录，这样，你才有可能在需要时随时查阅这些记录，从而在处理数据、分析结果时，有足够的第一手资料，才能帮助你正确地去理解自己到底在做什么实验。在实验过程中，凡有必要，应重复测量若干次，多测读几次，一般总要比只读一次好（至少能确保不读错）。要注意记录实验的环境条件（如室温、气压、湿度、仪表名称、规格、量程和精度等），注意实验仪器在安置和使用上的要求和特点，有时甚至还要注意纠正自己不正确的操作习惯和姿势。良好的习惯需要经过很多次实验后的总结、反思和回顾才能形成；而良好的实验习惯，对保证实验的正常进行、确保实验中的安全、防止差错的发生，都有积极的作用。如果就单个实验习惯而言，由于比较易于理解，又不难掌握，反而容易被初学者所忽视。无数实践证明，良好习惯，只有在实验的过程有意识地去锻炼，才能逐步养成。

在具体的实验课题中，有些实验的完成需要与其他同学的合作，与他们共同讨论、分析实验的结果，它会使你获得比你独自分析更多的收益；有时，你在做实验时，如果受时间或条件的限制，仅来得及完成实验任务的二分之一或更少，但只要坚持认真去做，也将比仓促而马虎地赶做完全部实验任务获益更多。

3. 注意养成善于分析的习惯

实验中要善于捕捉和分析实验现象，力争独立地排除实验中各种可能出现的故障，并锻炼自己自主发现问题、分析问题和解决问题的能力。如：实验数据是否合理、正确，靠什么去判断，数据的"好"或"坏"又说明了什么，实验结果的可靠性和正确性如何，这些问题的解决，主要依靠分析实验的本身和实验的过程去判断。换言之,就是实验方法是否正确、合理,可能引入多大的误差,实验一共又会带来多少误差,实验环境、条件的影响又将如何等。

初学者的实验经验少、还没有掌握一整套分析实验的方法,作为大学基础教学实验的物理实验室往往在实验教材中安排少数已有十分确切理论结论的实验课题,使初学者便于联系和判断实验结果的正确性。但千万不要误认为做实验的目的就是为了得到一个标准的实验结果。不论实验结果或数据的好坏,都应养成分析的习惯,当然也不要贸然下结论。首先要检查自己的操作和读数,注意实验装置和环境条件。若操作和读数经检查正确无误,那么毛病可能出现在仪器和装置本身。对于小的故障、小的毛病,实验者应力求自己动手去排除,起码也应留意教师或实验室工作人员是怎样解决的;对于仪器失灵,也要学习教师如何判定仪器失灵或故障所在,怎样修复。在此还应着重指出,能否发现仪器装置的故障,及时迅速修复,这也是一个人实验能力强弱的重要表现,初学者应要求自己逐步提高这方面的能力。

4. 掌握好每个实验的重点

每个实验中都有较多的内容,首先应完成基本内容,这既是基础,也是重点。所以,必须注意实验目的,这样可以提高学习效率。完成基本内容后,如果时间许可,可以根据自己的具体实际情况,尝试去分析一下实验可能存在的一些问题,如使用仪器的精度、可靠性、实验条件是否已被满足,怎样给予证实,或进一步提出改进实验的建议,试做一些新的实验内容等。当然,不应简单地重复。

总之,物理实验课有着自己的特点和规律,要学好这门课不是一件容易的事情,希望同学们在学习过程中不断提高对它的兴趣。

1.3 大学物理实验课的基本教学环节

物理实验是学生在教师指导下独立进行实验的一种实践活动。实验课的教学安排不可能像书本教学那样使所有的学生都按照同样的内容以同一进度进行;教学方式主要是学生自己动手,完成实验内容规定的任务;教师只是在关键的地方给予提示和指导。因此,学习物理实验就要求同学们在花比较大的工夫的同时,还要有较强的独立工作能力。学好物理实验课的关键,在于把握住下列三个基本教学环节。

1. 实验前的预习

要在规定的时间内高质量地完成实验任务,必须在实验之前做好充分的预习工作。只有这样,才能掌握实验工作的主动性,自觉地、创造性地获得知识。否则,就只能机械地、盲目地照搬实验教材,更谈不上理解物理现象的实质、分析实验中的各种现象了。

实验教材是进行实验的指导书,它对每个实验的目的与要求、实验原理都作了明确的阐述。因此,在上实验课前都要认真阅读,必要时还应阅读有关参考资料;基本弄懂实验所用的原理和方法,并学会从中整理出主要实验条件,实验中的关键问题及实验注意事项;根据实验任务在实验数据记录本上画出记录数据的表格。有些实验还要求学生课前自拟实验方案,自己设计线路图或光路图,自拟数据表格等。对于所涉及的测量仪器,在预习时可阅读教材中有关对仪器的介绍,了解其构造原理、工作条件和操作规程等。并在此基础上写好预习报告,回答预习思考题。预习报告内容主要包括以下几个方面:

(1)实验名称。

(2)实验目的。

(3)原理摘要。包括主要原理公式、列出有关测量的条件和将要被验证的规律。其中要明确哪些物理量是直接测量量、哪些物理量是间接测量量,用什么方法和测量仪器等,电学实验应绘出电路原理图、光学实验应绘出光路图。

(4)主要仪器设备。

(5)在实验记录本上列出数据记录表格。

(6)回答预习思考题。

总之,课前预习的好坏是每次实验中能否取得主动的关键。

上课时,指导教师将检查学生的预习情况,对于没有预习和未完成预习报告的学生,指导教师有权停止该生本次实验。

2. 实验中的操作

实验室与教室的最大区别就是实验室中有大量的仪器设备和实验材料。在不同的实验室中,还分别有大功率电源、自来水、煤气、压缩空气,以及放射性物质、激光、易燃易爆物品或其他有毒、有害物品等。因此,进入实验室前必须详细了解并严格遵守实验室的各项规章制度。这些规章制度是为保护人身安全和仪器设备安全而规定的,违反了就可能酿成事故,这是同学们必须牢记的。

实验操作是实验的主要内容。实验时应仔细阅读有关仪器使用的注意事项或仪器说明书;在教师指导下正确使用仪器,注意爱护,稳拿妥放,防止损坏。对于电磁学实验,必须在指导教师检查电路的连接正确无误后,方可接通电源进行实验。对于严重违反实验室规则者,指导教师应停止其实验,并按有关规定处理。

学生进入实验室后应遵守实验室规则,像一个科学工作者那样要求自己井井有条地布置仪器,安全操作,注意细心观察实验现象,认真钻研和探索实验中的问题。不要期望实验工作会一帆风顺,在实验中遇到问题时,应该看作学习的良机,冷静地分析和处理它。仪器发生故障时,也要在教师的指导下学习排除故障的方法。总之,要将重点放在实验能力的培养上,而不是简单测出几个数据就以为完成了任务。

做好实验记录是科学实验的一项基本功。在观察、测量时,要做到正确读数,实事求是地记录客观现象和数据:在编好页码的实验记录本上,写明实验名称,实验日期、同组人,必要时还要注明天气、室温、大气压、湿度等环境条件。接着要记下实验所用仪器装置的名称、型号、规格、编号和性能等情况,以便以后需要时可以用来重复测量和利用仪器的准确度校核实验结果的误差。切勿将数据随意记录在草稿纸上,不可事后凭回忆"追忆"数据,更不可为拼凑数据而将实验记录做随心所欲的涂改。对实验数据要严肃对待,要用钢笔和圆珠笔记录原始数据。如果确实记错了,也不要涂改。应轻轻划上一道,在旁边写上正确值(错误多的,需重新记录),使正误数据都能清晰可辨,以供在分析测量结果和误差时参考。不要用铅笔记录原始数据,给自己留有涂抹的余地,也不要先草记在另外的纸上再誊写在数据表格里，这样容易出错，况且，这已经不是"原始记录"了。

要逐步学会分析实验，排除实验中出现的各种较简单的故障。实验最后一般总会有数据结果，这些数据是否正确靠什么去判断、数据的好坏又说明什么、实验结果是否正确，这些问题主要是靠分析实验本身来判断，即必须分析实验方法是否正确，它带来多大误差，仪器带来多大的误差，实验环境有多大的影响等。实验后的讨论是发挥同学们才智、提高学生分析问题和解决问题能力的重要环节，应努力去做。但要注意，不要空发议论，应力求定量地分析问题，做到言之有据。往往有些同学当实验数据和理论计算一致时，就会心满意足，简单地认为已经学好了这次实验；而一旦数据和计算差别较大，又会感到失望，抱怨仪器装置甚至拼凑数据。这两种态度都是实验教学和一切实验研究活动不可取的。实际上，任何理论公式都是一定的理论上的抽象和简单化，而客观现实比实验所处的环境条件要复杂得多，实验结果必然带来和理论公式的差异，问题在于差异的大小是否合理。所以不论数据好坏，都应逐步学会分析实验，找出成败的原因。

误差与数据处理知识是物理实验的特殊语言。实验做得好与差、两种方法测量同一物理量其结果是否一致、实验验证或没有验证理论等，这些都不能凭感觉判断，而必须用实验数据和实验误差来下断言。领悟并运用这种语言，才能真正置身于实验之中，亲身感受到成功的喜悦或失败的困惑。

希望同学们注意纠正自己的不良习惯，从一开始就不断培养良好的科学作风。实验结束，要把测得的数据交给指导老师审阅签字，对不合理的或者错误的实验结果，经分析后还要补做或重做。离开实验室前要整理好使用过的仪器，做好清洁工作。

3. 实验后的报告

实验报告可以在预习报告的基础上继续写，也可以重写一份。

对于实验报告，有些同学往往只重视数据处理和得出实验结果，对于实验的记录及原理、步骤等的撰写很不重视。这是很不对的。实验报告的撰写是培养实验研究人才的重要环节。

从事实验研究工作一般都需要有一个实验研究的记录本,用以记录实验中发生的各种现象和数据,这是科学研究的宝贵资料,一般将长期保存在实验室中。为了养成良好的完整记录的习惯,从而掌握从事实验研究工作的基本功,在实验报告中,要求详细记录实验条件、实验仪器、实验环境、实验现象和测量数据。

研究工作取得的成果,一般都要写成论文形式发表。为了训练这种对实验成果的文字表达能力,在实验报告中,要求用自己的语言简要地写明实验目的、原理和步骤,进行适当的讨论。

实验后要对实验数据及时进行处理。如果原始记录删改较多,应加以整理,对重要的数据要重新列表。数据处理过程包括计算、作图、误差分析等。计算要有计算式,代入的数据都要有根据,便于别人看懂,也便于自己检查。作图要按照作图规则,图线要规矩、美观。数据处理后应给出实验结果。最后要求撰写出一份简洁、明了、工整、有见解的实验报告。

1.4 大学物理实验报告的格式

写实验报告的目的是为了培养和训练学生以书面形式总结工作或报告科学成果的能力。报告是实验成果的文字报告,所以最起码应该做到字迹清楚,文理通顺,图表正确,数据完备和结论明确。报告应予同行以清晰的思路、见解和新的启迪才算得上一份成功的报告。这是每一个大学生必须具备的报告工作成果的能力。一般应写在专用的实验报告纸上,下次实验时交指导教师批阅。

实验报告的内容一般应包括:

(1) 实验名称。

(2) 实验目的。

(3) 实验仪器。应注明所用仪器的型号、规格、精度或分度值。

(4) 实验原理。应该在对原理理解的基础上用自己的语言简要叙述,要求做到简明扼要,图(光路图、电路图或实验装置示意图)文并茂,并列出测量和计算所依据的主要公式,注明公式中各量的物理含义及单位,公式成立所应满足的实验条件等。

（5）实验内容与步骤。根据实际的实验过程条理分明地写出实验步骤及安全注意要点，不要照搬书上的步骤。如果由几个小实验组成，每个小实验应分开叙述实验步骤。

（6）实验记录与数据处理。对记录纸中的"原始数据"重新列表整理，并将原始数据记录纸粘在旁边。根据实验要求完成数据计算、曲线图绘制及误差分析等，计算要有过程，结果要明确。如果有误差的计算，最后一定要完整表示实验结果，即写为：$X = \overline{X} \pm \Delta X$；或是，相对误差 $E_r = \dfrac{\Delta X}{X} \times 100\%$。

（7）误差分析。要有条理地归纳出影响实验结果的主要因素，从而采取相应措施（例如合理选择仪器，实现最有利的测量条件等）以减小误差。显然，对于不同的实验所用的实验方法或所测量的物理量不同，误差分析的方式亦不尽相同。误差过大时，应分析相应原因，对误差作出合理的解释。实验过程中的错误做法是应当杜绝的，切不能当作误差产生的原因。

这是实验报告中最开放、最灵活的部分，重在说理，所以能反映实验者的观察和分析能力的高低。

报告无疑应该按照自己的思路来写，特别受赞赏的是自身体会的经验之谈。

1.5　学生实验守则

为了保证实验教学正常进行，培养严肃认真的工作作风和良好的实验工作习惯，特制定下列规则，望同学们遵守执行。

（1）学生应在课表或选课规定时间内进行实验，不得无故缺席或迟到。实验时间若要更改，须经实验室同意。

（2）学生在每次实验前对排定要做的实验应进行预习，并在预习的基础上，写好预习报告，在专用的实验数据记录本上绘制好数据记录表格。

（3）进入实验室后，应将预习报告和数据记录本放在实验桌上，以便指导教师抽查，并回答指导教师的提问。经过指导教师检查认为合格后,才可以进行实验。

(4) 实验时,应携带必要的物品,如文具、计算器和草稿纸等。对于需要作图的实验,应事先准备毫米方格纸和铅笔。

(5) 进入实验室后,根据仪器清单核对自己使用的仪器是否缺少或损坏。若发现有问题,应向指导教师或实验室管理员提出。未列入清单的仪器,另向管理员借用,实验完毕时归还。

(6) 实验前应细心观察仪器构造,操作时动作应谨慎细心,严格遵守各种仪器仪表的操作规则及注意事项;尤其是电学实验,线路接好后,先经教师或实验室工作人员检查,经许可后才可接通电源,以免发生意外。

(7) 实验完毕,应将实验数据交给指导教师检查,实验合格者,教师予以签字通过;实验不合格或请假缺课的学生,由指导教师登记,算作零分处理。

(8) 实验时,应注意保持实验室整洁、安静。实验完毕,应将仪器、桌椅恢复原状,放置整齐。

(9) 如有损坏仪器,应及时报告指导教师或实验室工作人员,并填写损坏单,说明损坏原因;赔偿办法根据学校规定处理。

(10) 实验报告应在下次实验上课之前由组长收齐交到实验室。

第 2 章

测量及误差理论知识

  物理实验是以测量为基础的。研究物理现象、了解物质特性、验证物理原理都需要进行测量。实践证明，任何测量结果都具有误差，误差自始至终存在于一切科学实验和测量的过程之中。这是由于任何测量器具、测量环境、测量人员及测量方法等都不能做到绝对严密，这就使得测量不可避免地伴随有误差产生。因此分析测量中可能产生的各种误差，尽可能消除其影响，并对测量结果中未能消除的误差作出估计，就是物理实验和许多科学实验中必不可少的工作。为此，我们必须了解误差的概念、特性、产生的原因和估计方法等有关知识。

  本章主要是自学材料，主要介绍了物理量的测量、测量误差理论、实验数据处理、实验结果的表示和实验设计等方面的初步知识，作为进入实验前的基础准备。这些知识不仅在每一个物理实验都要用到，而且是今后从事科学实验工作所必须了解和掌握的。由于这部分内容牵涉面较广，新概念又多，若进行深入的讨论，则超出了本课程的范围。因此，我们只能注重介绍一些基本概念，引用一些结论和公式，以满足本课程的教学需要。由于同学们还不具备足够的基础知识，因此，学习这一部分内容时会觉得有些困难，再加上内容又比较多，所以不可能通过一两次学习就全部掌握。这一部分内容非常重要，要求同学们在认真阅读教材的基础上，对提到的问题有一个初步的了解，以后结合每一个具体实验再细读有关的段落，通过运用加以掌握。应当说明的是，对这些内容的深入讨论是普通计量学和数理统计学的任务。我们暂时只能引用它们的某些现成结论和计算公式，详细探讨和证明留待在数理统计课中学习。

通过本章的学习,主要解决以下问题:

(1)正确地分析误差,尽可能减小系统误差,合理测量及记录实验数据。

(2)正确处理测量数据,从而得到接近于真值的最佳结果。

(3)合理评价测量结果的误差,写出测量结果的完整表达式。

(4)在设计性实验中,合理选择测量仪器、测量方法和测量条件,从而得到最佳结果。

2.1 测量及分类

一、测量和单位

一切描述物质状态与物质运动的量都是物理量。这些量都只有通过测量才能确定其量值。所谓"测量",就是将确定的待测物理量直接或间接地与取作标准的单位同类物理量进行比较,得到比值的过程,称为"测量"。这个比值就是待测物理量的数值,加上相应的单位就构成了一个完整的"物理量"。

在人类历史上的不同时期,不同国家乃至不同地区,同一物理量有着许多不同的计量单位。如长度单位就分别有码、英尺、市尺和米等。为了便于国际贸易及科技文化的交流,单位制的统一成为众望所归。因此,国际计量大会于 1960 年确定了国际单位制(SI)。它规定了 7 个基本单位:长度为米(m)、时间为秒(s),质量为千克(kg),电流为安培(A),热力学温度为开尔文(K)、物质的量为摩尔(mol)和发光强度为坎德拉(cd);还规定了 2 个辅助单位:平面角为弧度(rad)和立体角为球面度(sr)。其他一切物理量(如力、能量、电压、磁感应强度等)均作为这些基本单位和辅助单位的导出单位。

二、测量分类

1. 直接测量与间接测量

按照计量学定义:测量是以确定被测量对象量值为目的的全部操作过程。测量分为直接测量与间接测量。

"直接测量"是指直接将待测物理量与选定的同类物理量的标准单位相比较直接得到测量值大小的一种测量；它不必进行任何函数计算。例如用钢直尺测量长度、用天平和砝码测量物体的质量、用电流表测量线路中的电流等都是直接测量。

"间接测量"是指经过测量与被测量有函数关系的其他量，再经运算得到测量值大小的一种测量。例如通过测量长度确定矩形面积；用伏特表测量导体两端的电压，用电流表测量通过该导体的电流，由已知公式 $R = U/I$ 算出导体电阻的过程等都属于间接测量。

从上面所举的测量导体电阻的例子可以看出，有的物理量既可以直接测量，也可以间接测量，取决于使用的仪器和测量方法。随着测量技术的发展，用于直接测量的仪器越来越多。但在物理实验中，有许多物理量仍需要间接测量。

测量结果应给出被测量的量值，它包括数值和单位两个部分（不标出单位的数值不能是量值）。实际上，仪器在测量中是单位的实物体现。

2. 等精度测量与不等精度测量

如果对某一物理量进行重复多次测量，而且设每次测量的条件相同（如同一组仪器、同一种测量方法、同一个观察者及环境条件不变等），测得一组数据分别为 $x_1, x_2, x_3, \cdots, x_n$。

尽管各次测得的结果并不完全相同，但我们没有任何充足的理由来判断某一次测量更为精确，只能认为它们测量的精确程度是完全相同的。于是将这种具有同样精确程度的测量称为"等精度测量"；这样的一组数称为"等精度测量列"（简称"测量列"）。在所有的测量条件中，只要有一个发生变化，这时所进行的测量即为不等精度测量。

在物理实验中，凡是要求多次测量均指等精度测量，应尽可能保持等精度测量条件不变。严格地说，在实验过程中保持测量条件不变是很困难的，但当某一条件的变化对测量结果影响不大时，仍可视为等精度测量。在本章中，我们除了特别指明外，都作为等精度测量来讨论。

三、测量过程中应注意的问题

1. 测量仪器的量程、精密度和准确度

测量总是通过一定的仪器或量具来完成的。因此,熟悉仪器的性能、掌握仪器的使用方法和准确的读数是完成实验的必要条件。为此,在测量前必须对仪器有一定的认识。这些主要包括:

(1)量程。仪器的测量范围称为"仪器的量程"。如 TW-02 物理天平的最大称量是 200 g,UJ31 电位差计的量程为 171 mV 等。

(2)仪器的精密度。仪器的精密度是指仪器所能分辨物理量的最小值,一般与仪器的最小分度值一致,此值愈小,仪器的精密度愈高。如千分尺的最小分度值为 0.01 mm,可以认为其分辨率为 0.01 mm/刻度,或其仪器的精密度为 100 刻度/ mm。

(3)仪器的准确度等级。测量时是以仪器为标准进行比较,当然要求仪器准确。由于测量的目的不同,对仪器的准确程度的要求也不同。比如,测量金戒指的天平必须准确到0.001 g,而粮店卖粮食的台秤差几克却是无关紧要的。国家规定,工厂生产的仪器分为若干准确度等级,各类各等级的仪器,又有对准确程度的具体规定。例如,实验室常用的一级螺旋测微计,测量范围不大于 100 mm 时的仪器误差限为±0.004 mm;又如 1.0 级电流表,测量范围为 500 mA 时的仪器误差限为±5 mA。

实验时要恰当选取仪器,仪器使用不当对仪器和实验均不利。表示仪器的性能有许多指标,最基本的是测量范围和准确度等级。当被测量超过仪器的测量范围时首先对仪器会造成损伤,其次可能测不出量值(如电流表),或勉强测出(如天平),但误差将增大。对仪器的准确度等级的选择也要适当,一般是在满足测量要求的条件下,尽量选择准确程度低的仪器。减少准确度高的仪器的使用次数,可以减少其在反复使用时的损耗,延长其使用寿命。

2. 测量的读数规则

(1)要如实、全部记录仪器所显示的数值,如仪器的量程、分度值和估读数等。所谓"如实",就是直接按刻度的标度数字读出并记录,作为原始数据,然后再作单位换算。例如,用一电流表进行测量,首先查明其分度值为 2.5 mA/格,然后读出指针指示的格数,如 20.4 格等,测量结束后再逐一换算得到 50.1 mA 等。这样既可以减少差错,又可以留待以后适当时换算,如先求出 10 个读数的平均值后再换算。所谓"全部",就是要将仪器显示的全部有效数字读出。一般在直接测量时要求估读出量具最小分度的 1/10 或 1/2。

(2)如仪表的示数不是连续变化而是以一定的最小步长跳跃变化的(如数字显示仪表),则只能记录所显示的全部数字,无需进行估读。尤其需要指出,有些仪表,如停表等,虽然也有指针和刻度盘,但其指针的跳动是以最小分度(1/10 或 1/100 秒)为单位的,因此不能估读到 1 格以下;还有游标卡尺是依靠判断两个刻度中哪条线对齐进行读数的,这时一般应记下对齐(或接近对齐)线的数值,不进行更细的估读。

2.2 误差的定义及分类

一、误差的定义

待测物理量的大小(即真值)是客观存在的。然而在具体测量时,要经过一定的方案设计,运用一定的实验方法,在一定的条件下,借助于仪器由实验人员去进行和完成的。尽管我们千方百计地改进实验设计方案,提高仪器精度和测量人员水平,但是,仪器精度的提高总有一个限制,实验方法不可能完美无缺,测量人员技术水平不可能无限提高,这就使得测量结果与客观真值有一定的差异。测量误差就是测量结果与被测量的真值(或约定真值)之间的差值,测量误差的大小反映了测量结果的准确程度。测量误差可以用绝对误差表示,也可以用相对误差表示。绝对误差 Δx 等于测量结果 (x) 与待测量的真值(或约定真值,用 x_0 表示)之差值,即

$$\Delta x = x - x_0 \tag{1}$$

由测量所得的一切数据,都毫无例外地包含有一定数量的测量误差。没有误差的测量结果是不存在的。测量误差存在于一切测量之中,贯穿于测量过程的始终。随着科学技术水平的不断发展,

测量误差可以被控制得越来越小,但是却永远不会降低到零。

待测量的真值 x_0 是指在一定时间、一定状态下,待测物理量客观上所具有的数值,称为"真值"。它是一个理想的概念,一般是不可知的。为此,我们通常所说的"真值"一般有以下三种类型:

(1) 理论真值或定义真值,如三角形的三内角和等于 180° 等。

(2) 计量学约定真值。由国际计量大会决议约定的值。如前面所介绍的基本物理量的单位标准,以及大会约定的基本物理常数等。需要指出的是,由于这些基本常数只能反映大会当时的测量水平,显然它们也是具有一定误差的;因为它们的误差比一般实验室测量结果的误差要小得多,所以将它们作为公认的约定真值。随着时间的推移、测量技术的不断提高,这些基本常数值将会日臻完善而更加接近它们的真值。

(3) 标准器相对真值(或实际值)。通常进行测量时,不可能将所使用的测量仪器逐一去直接与国家或国际的标准相校对,而是经过多级计量检定而进行一系列逐级校对,所以,用比被校仪器高一级的标准器的量值作为标准器相对真值(亦称"实际值")。例如,用 0.5 级电流表测得某电路的电流为 1.200 A,用 0.2 级电流表测得为 1.202 A,则后者可视为前者的实际值。

在实际测量工作中常用被测量的实际值或已经修正过的算术平均值来替代真值,亦称为"约定真值"。

二、误差的表示方法

测量误差不但反映了测量结果偏离真值的大小(即反映了测量结果的准确程度),而且还反映了测量结果是比真值大还是比真值小,并且具有和被测量相同的单位。由于是与真值相比较,所以又有绝对误差之称,简称"误差"。

为了全面评价测量结果的优劣,还需要考虑被测量本身的大小。例如,要比较两个不同的物理量,如 20 mm 和 2 mm 厚的平板,用千分尺测得它们的绝对误差均为 0.004 mm,若用绝对误差来评价,则测量误差相同。显然,用绝对误差表示没有反映出它们的本质特征。另外,若要比较两类不同物理量的测量优劣,如某物长

20.000 mm,绝对误差为 0.005 mm;某质量为 17.03 g,绝对误差为 0.02 g,因绝对误差的数值与单位均不相同而无法比较。基于上述情况,还需引入相对误差的概念。相对误差 E 定义为绝对误差 Δx 与被测量的最佳值的比值,即

$$E = \frac{\Delta x}{x} \times 100\% \qquad (2)$$

相对误差常用百分数表示。由上式可见,相对误差是不带单位的一个纯数. 所以它既可以评价量值不同的同类物理量的测量,也可以评价不同类物理量的测量,从而判断它们之间的优劣。

有时被测量有公认值或约定值,则用百分误差 E_0 来表示,其定义式为

$$E_0 = \frac{|测量最佳值 - 公认值|}{公认值} \times 100\% \qquad (3)$$

三、学习测量误差理论的意义

既然测量误差的存在是一切测量中的普遍现象,那么研究测量误差的性质和产生的原因,研究如何有效地减小测量误差对实验结果的影响,研究如何科学地表达含有误差的测量结果,以及对实验结果如何评价等就显得十分重要。我们学习误差理论,应该着重了解它的物理意义,逐步建立起误差分析的思想,这对于做好物理实验是非常重要的。

每一个物理实验的始终都与测量误差理论有着密切的联系。首先,测量误差理论可以指导我们正确地选择设计实验方案,合理地选择实验仪器,以便用最小的代价取得最好的结果。不能片面地认为:仪器越高级越好,环境条件越稳定越好,测量次数越多越好等。

其次,测量误差理论可以帮助我们正确地进行实验操作,从而减小误差对实验结果的影响。要正确地调整实验仪器装置,注意满足实验理论所要求满足的实验条件,正确地使用实验仪器,合理安排好实验步骤等。特别值得指出的是,一个比较复杂的实验,往往只有少数几个物理量的测量是主要的,它们的准确与否对结果影响

很大。测量误差理论可以帮助我们抓住主要矛盾,把精力用在关键的地方。可以说,我们实验过程中的每一步操作都与测量误差理论密切相关。

测量误差理论还可以帮助我们正确处理数据,科学地表达实验结果。在表达实验结果时,给出的不确定度要力求符合实际,既不能太小,也不能太大。如果给出的不确定度太小,由于夸大了实验结果的准确度,有可能对实际工作造成危害;如果给出的不确定度太大,由于过分保守,有可能造成浪费,如它可能导致拒绝使用一台本来可以使用的仪器。

测量误差理论可以帮助我们对实验结果进行分析判断,从而得出适当的结论。1894 年,英国物理学家瑞利测定空气中氮气的密度为 1.2565 g/L,而他从分解氨气得到的氮气的密度为 1.2507 g/L,他肯定两者的差异超出了实验的误差范围(他当时认为空气中除了氧都是氮),后来进一步的研究,导致了空气中氩气的发现。历史上这一类例子很多。

判断实验结果是验证了还是推翻了理论假设,就要看实验结果与理论值的差异是落在实验的误差之内还是之外。

四、误差的分类

测量误差的产生有多方面的原因。根据测量误差的性质和产生的原因,可将其分为系统误差和随机误差两大类。

1. 系统误差

是指在同一被测量的多次测量过程中保持恒定或以可预知方式变化的测量误差的分量。系统误差产生的原因可能是已知的,也可能是未知的。系统误差包括已定系统误差分量和未定系统误差分量。产生系统误差的主要原因有:

(1)仪器的固有缺欠。例如,刻度不准、零点没有调准、仪器水平或铅直未调整、砝码未经校准等。

例如,按国家计量标准规定,50 g 的三等砝码允许有 ±2 mg 的误差。当一个砝码的实际量值为 49.998 g 时,它是一个合格的产品。但当实验者使用这一标称值为 50 mg 的砝码进行测量时,它将引入 0.002 g 的误差。

（2）实验方法不完善或这种方法所依据的理论本身具有近似性。

例如，称重量时未考虑空气的浮力，采用伏安法测电阻时未考虑电表内阻的影响等。

（3）环境的影响或没有按规定的条件使用仪器。

例如，标准电池是以 20 ℃时的电动势数值作为标称值的，若在 30 ℃条件下使用时，如不加以修正，就引入了系统误差。

（4）实验者生理或心理特点，或缺乏经验引入的误差。

例如，有的人习惯斜视读数，就会使估读的数值偏大或偏小。

很多系统误差的变化是很复杂的，能否识别和消除系统误差，与实验者的经验有着密切的关系。对于初学者而言，从一开始就应注意积累这方面的经验。

2. 随机误差

是指在同一被测量的多次测量过程中，绝对值和符号以不可预知方式变化的测量误差的分量。随机误差不可能修正。随机误差的产生是由于实验中各种因素的微小变化引起的。例如，实验装置和测量机构在各次调整操作上的变动性，测量仪器指示数值的变动性，观察者本人在判断和估计读数上的变动性等。这些因素的共同影响就使测量值围绕测量的平均值发生有涨落的变化，这个变化量就是各次测量的随机误差。随机误差的出现，就某一测量值而言是没有规律的，其大小和方向是不可预知的，但对某一物理量进行足够多次测量时，则会发现它们的随机误差服从一定的统计规律。常见的一种情况是，正方向误差和负方向误差出现的概率大体相等，数值小的误差出现的概率较大，数值很大的误差在没有错误情况下通常不会出现。这一规律在测量次数越多时表现得越明显，这就是随机误差最典型的分布规律——正态分布规律。因此可以用统计的方法估算其对测量值的影响。

在整个测量过程中，除了上述两种性质的误差外，还可能发生读数、记录上的错误，仪器损坏、操作不当等造成的测量上的错误。错误不是误差，它是不允许存在的，这些错误数据在处理时应当剔除。

我们通常用精度反映测量结果中误差大小的程度。误差小的精度高,误差大的精度低。但这里"精度"却是一个笼统的概念,它并不明确表示描写的是哪一类误差。为了使精度具体化,精度又可以分为:

(测量)精密度:表示测量结果中随机误差大小的程度。即是指在规定的测量条件下对被测量进行多次测量时,所得结果之间的符合程度(测量值的离散程度)。简称为"精度"。

(测量)正确度:表示测量结果中系统误差大小的程度。它反映了在规定条件下,测量结果中所有系统误差的综合。

(测量)准确度:表示测量结果与被测量的"真值"之间的一致程度;它反映了测量结果中系统误差与随机误差的综合。测量准确度又称"测量精确度"。

如图 1-1-1 所示,以打靶为例来比较说明。图中靶心为射击目标。

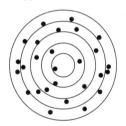 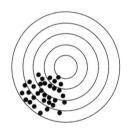 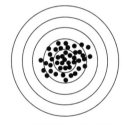

（a）正确度高精密度低　　　（b）精密度高正确度低　　　（c）精密度和正确度均高

图 1-1-1　打靶示意图

2.3　误差的性质与处理

前面介绍了测量误差的基本概念,强调了误差产生的必然性和普遍性。误差自始至终存在于一切科学实验之中,一切测量结果都会有误差。根据误差对测量结果影响的性质,划分为系统误差和随机误差两大类。本节主要介绍这两类误差的处理方法。

一、系统误差

从系统误差的特性来分，可以将其分为定值系统误差和变值系统误差两大类。在整个测量过程中，误差的大小和符号保持不变的为定值系统误差；按一定规律变化的系统误差为变值系统误差。如果从实验者对系统误差掌握的程度来分，又可以分为已定系统误差和未定系统误差两大类。

1. 已定系统误差

是指绝对值和符号都已经确定的，可以估算出的系统误差分量。例如，对于一个标称值为 50 mg 的三等砝码，就无法知道该砝码的误差值是多少，只知道它对测量结果造成的未定系统误差限为 $\pm$ 2 mg，但如果在使用前用高一级的砝码进行校准，就可得到已定系统误差值。

2. 未定系统误差

是指符号或绝对值未经确定的系统误差分量。一般只能估计其限值。例如，仪器出厂时的准确度指标是用符号 $\Delta_仪$ 表示的，它只给出该类仪器误差的极限范围。但实验者使用该仪器时并不知道该仪器的误差的确切大小和正负，只知道该仪器的准确程度不会超过 $\Delta_仪$ 的极限（例如上面所述对于标称值为 50 mg 的三等砝码其误差的极限范围为 $\pm$ 2 mg）。所以这种系统误差通常只能定出它的极限范围，由于不能知道它的确切大小和正负，故对其无法进行修整。对于未定系统误差，在物理实验中我们一般只考虑测量仪器的（最大）允许误差 $\Delta_仪$（简称"仪器误差"）。

系统误差的处理是一个比较复杂的问题，没有一个简单的公式，需要根据具体情况来具体处理，主要取决于实验者的经验和技巧。这是由于测量条件确定后，系统误差就有一个客观上的恒定值，而在此条件下多次测量时并不能发现它，而且在有些情况下，系统误差和随机误差同时存在，也难以严格区分，这就对系统误差的发现和处理带来困难。

一般而言，对于系统误差可以在实验前对仪器进行校准，对实验方法进行改进等；在实验时采取一定的方法对系统误差进行补偿和消除；实验后对实验结果进行修正等。应预见和分析一切可能产生的系统误差的因素，并设法减小它们。一个实验结果的优劣，往往就在于系统误差是否已经被发现或尽可能消除。在以后的实验中，对于已定系统误差，要对测量结果进行修正；对于未定系统误差，则尽可能估算出其误差限值，以掌握它对测量结果的影响。我们将在今后实验课中，针对各个实验的具体情况对系统误差进行分析和讨论。

二、随机误差及其估算

随机误差与系统误差的性质不同，处理的方法也不同。假设我们在实验中已经将系统误差消减到可以忽略的程度，通过等精度测量，由于各种因素的微小变动所引起测量值间微小的不可预测的差异，得到一系列的测量值为 $(x_1, x_2, x_3, \cdots, x_n)$，那么，我们所关心的最接近真值的值（称真值的最佳估计值，在计量学上称为测量列的"测量结果期望估计值"）是多少？又如何对测量列中的测量数据的质量作一个恰当的评价？

1. 随机误差的统计规律

实践和理论都证明，大部分测量的随机误差服从统计规律。误差的分布如图1-2-1所示。横坐标表示误差 $\Delta x = x - x_0$。式中 x_0 为被测量的真值，纵坐标为一个与误差出现的概率有关的概率密度函数 $f(\Delta x)$。

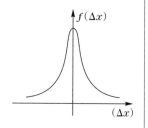

图 1-2-1 误差分布图

应用概率论的数学方法可以导出

$$f(\Delta x) = \frac{1}{\sigma\sqrt{2\pi}}e^{-\frac{\Delta x^2}{2\sigma^2}}$$

这种分布称为"正态分布"。上式中的特征量

$$\sigma = \lim_{n \to +\infty}\sqrt{\frac{\sum(x-x_0)^2}{n}} \tag{4}$$

σ 称为测量量的"标准误差"。

典型的服从正态分布的随机误差具有以下一些特征：

（1）单峰性。绝对值小的误差出现的概率比绝对值大的误差出现的概率要大。

（2）对称性。绝对值相等的正负误差出现的概率相同。

（3）有界性。在一定的测量条件下，误差的绝对值不会超过一定限度。

（4）抵偿性。随机误差的算术平均值随着测量次数的增加而越来越趋于0。即

$$\lim_{n \to \infty} \frac{\sum \Delta x_i}{n} = 0$$

在测量不可避免地存在随机误差的情况下，使每次测量值各有差异。那么，什么样的测量值最接近于真值的最佳值？

2. 真值的最佳估计值——算术平均值

随机误差具有一个极其重要的特征——抵偿性。即在一列等精度测量中，由于每次测量值的误差时大时小、时正时负，所以误差的算术平均值随着测量次数 n 的无限增加而越来越趋于0。根据这一特性，我们可以求得真值的最佳估计值。

设一列等精度测量值为：$x_1, x_2, x_3, \cdots, x_n$

则该列测量值的算术平均值为

$$\overline{x} = \frac{1}{n} \sum_{i=1}^{n} x_i \qquad (i = 1, 2, 3, \cdots, n) \tag{5}$$

而各次测量值的（绝对）误差为 $\Delta x_i = x_i - x_0$，式中 x_i 为第 i 次测量值，对 n 次测量的（绝对）误差求和得

$$\sum_{i=1}^{n} \Delta x_i = \sum_{i=1}^{n} x_i - n x_0$$

等式两边各除以 n 可得

$$\frac{1}{n} \sum_{i=1}^{n} \Delta x_i = \frac{1}{n} \sum_{i=1}^{n} x_i - x_0 = \overline{x} - x_0$$

当测量次数 $n \to \infty$ 时，由于随机误差具有抵偿性，所以有 $\lim\limits_{n \to \infty} \sum\limits_{i=1}^{n} \Delta x_i \to 0$，由上式得

$$\overline{x} \to x_0$$

因此，在已经消除系统误差的前提下，测量次数越多，算术平均

值越接近真值。所以,我们可以认为多次测量的算术平均值是真值的最佳估计值,即测量列的测量结果的期望估计值。但是,测量结果的随机误差究竟有多大? 又如何来表示?

3. 多次测量的结果及随机误差估算

(1) 多次测量值的算术平均值。

在相同的条件下,对某一物理量 x 进行了 n 次的重复测量,测得的值为 $x_1, x_2, x_3, \cdots, x_n$,则其算术平均值 $\overline{x}$ 为

$$\overline{x} = \frac{1}{n} \sum_{i=1}^{n} x_i \qquad (i = 1, 2, 3, \cdots, n)$$

当测量次数无限增加时,测量值的算术平均值就将无限趋近于待测量的真值。然而,我们只能做有限次的测量,所得的算术平均值只是真值的近似值。所以 $\overline{x}$ 又称为该物理量的"近真值"。

近真值与真值之间有误差。由于真值不能测得,这个误差同样也是不可测得的。不过,根据误差出现的规律性,总可以估计到这一误差可能出现的范围。在误差理论中,有不同的估计方法,所得的结果也稍有差异。

(2) 平均绝对误差。

近真值与各次测量值之差的绝对值称为该次测量的"绝对误差",再对一系列测量的绝对误差求平均,即

$$\Delta x = \frac{1}{n}(|x_1 - \overline{x}| + |x_2 - \overline{x}| + \cdots + |x_n - \overline{x}|) \qquad (6)$$

Δx 称为 n 次测量的"算术平均误差"(又称"平均绝对误差")。我们以此来估计近真值的误差。于是测量结果可表示为

$$x = \overline{x} \pm \Delta x$$

这个表达式称为测量结果的"标准表达式"。根据误差理论,上式表明,经 n 次等精度的测量后,近真值为 $\overline{x}$,近真值的误差超过 Δx 的可能性较小,真值在 $x - \Delta x$ 至 $x + \Delta x$ 范围的可能性很大。但绝不能错误地认为上式表示近真值与真值之差就等于 Δx,也不能认为真值就肯定落在 $x - \Delta x$ 至 $x + \Delta x$ 这个范围之内。

(3) 标准误差。

根据误差统计理论,还有估算随机误差的更精确的方法。目

前,国内外已经普遍采用标准误差 σ 来评定测量的质量。

如图 1-2-2 概率密度分布曲线所示, σ 的值等于曲线拐点横坐标处 Δx 值的大小。它是表征测量值分散性的一个重要参数。σ 称为"单次测量的标准误差",又称"正态分布的标准误差"。

应当指出,虽然大多数测量的随机误差都服从正态分布,但正态分布并不是实验测量中的唯一分布。在这里我们仅讨论随机误差服从正态分布的情况。由于真值 x_0 无法测得,所以 σ 是无法计算的。

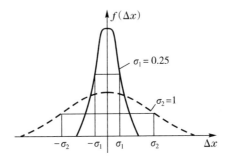

图 1-2-2　概率密度分布曲线

有限次测量的情况下,我们用"标准偏差" S_x 来估算标准误差 σ

$$S_x = \sqrt{\frac{\sum (x_i - \overline{x})^2}{n-1}} \tag{7}$$

测量值的结果仍应表示为

$$x = \overline{x} \pm \sigma_x$$

通过前面的讨论我们可以看到,"误差"一词有两重意义:一是它定义为测量值与真值之差,是确定的,但是一般不可能求出具体的数值(因为真值不可测);二是当它与某些词构成专用词组时(如平均绝对误差、标准偏差),不指具体的误差值,而是用来描述误差分布的数值特征,表示和一定的置信概率相联系的误差范围。这个问题应引起初学者的注意。

目前各种函数计算器都有统计误差的功能,可以直接得到所要求的数值,如测量列的平均绝对误差和标准偏差等。学会熟练地使用函数计算器,将会给物理实验的数据处理工作带来很大方便。

（4）相对误差。

绝对误差往往不能完全反映测量质量的好坏。例如，先后测量两段圆钢的长度分别为 $L_1 = 4.587 \pm 0.004 \text{ cm}$，$L_2 = 4102.54 \pm 0.02 \text{ cm}$。若以绝对误差来判断，似乎前者优于后者的测量。然而 L_2 的原长比 L_1 的原长大 10 倍，而误差却只大 5 倍，应该说后者测量的质量优于前者。为此，引入"相对误差"的概念。所谓"相对误差"就是绝对误差与算术平均值之比，是没有单值的，常用百分数表示

$$E = \frac{\Delta x}{\bar{x}} \times 100\%$$

或者

$$E = \frac{\sigma_x}{\bar{x}} \times 100\%$$

相对误差是用来比较不同测量对象可靠性程度的指标，在一般情况下，相对误差可保留 1 至 2 位数字。本教材约定相对误差的数字取法为：当 $E \leqslant 10\%$ 时，取 1 位有效数字；当 $10\% < E < 100\%$ 时，取 2 位有效数字。

（5）仪器误差。

如果重复测量 n 次，测量值不变，并不表示其误差为零，而只是偶然误差较小，仪器的精度不足以反映出测量的微小起伏，这时可将误差估计为仪器误差，可记为 $\Delta_{仪}$。用仪器误差表示测量结果时，可写作

$$x = \bar{x} \pm \Delta_{仪}$$

4. 单次测量的误差估算

在有些实验中，由于是在动态中测量，不容许对待测量做重复测量；也有些实验的精密度要求不高；或在间接测量中，其中某一物理量的误差对最后的结果影响较小。在这些情况下，可以只对待测量进行一次测量。这时随机误差的计算，只能根据测量所使用的仪器精度、测量对象、观测环境、实验方法和实验者的观测力来估计可能产生的误差。一般根据以下原则选定：

（1）有刻度的仪器仪表。

如果未标出精度等级或精密度（例如米尺），取其最小分度值的

一半作为测量的仪器误差。一般根据实际情况，对测量值的误差进行合理的估算，仪器误差取仪器的最小刻度的 1/10、1/5 或 1/2 均可。例如，用一米尺测量单摆的摆线长。如果米尺使用得正确，则读数误差将是测量误差的主要成分，摆的上、下两端读数误差各取 0.5 mm，这样，长度测量误差可取为 1 mm。

（2）标有精度的仪器仪表。

取精度的 1/2 作为测量仪器误差。例如精度为 0.1 mm 的游标卡尺，$\Delta_{仪}=0.05$ mm；精度为 0.05 mm 的游标卡尺则 $\Delta_{仪}=0.03$ mm。

（3）标有精度等级的仪器仪表。

可按仪器的标牌上（或说明书中）注明的精度等级及相关公式计算误差。例如电压表、电流表等。

（4）停表和数字显示的仪器仪表。

取末位的 ±1 为测量的仪器误差。例如，用 1/10 s 的停表测量一物体运动的时间间隔，如果停表的系统误差不必考虑，则测量的误差主要是启动和制动停表时，由手的动作和目测协调情况来决定的。当时间在 0.1 s 内变化，它是反映不出来的，0.1 s 为该停表的仪器误差。一般可估计启动、制动是各有 0.1 s 误差，总的误差为0.2 s。

5. 间接测量结果的随机误差计算

间接测量量 N 是由 n 个直接测量量 $A,B,C,\cdots$ 的测量结果所决定的，它们之间的函数关系设为

$$N = f(A,B,C,\cdots)$$

用微分学可证明，间接测量量的最佳结果是

$$\overline{N} = f(\overline{A},\overline{B},\overline{C},\cdots)$$

上式表明，只需将每个直接测量量的最佳值代入函数式，即可算出间接测量量的最佳值。各直接测量量的误差必然影响间接测量量的误差，称其为"误差传递"。表达各直接测量值误差与间接测量值误差之间的关系式称为"误差传递公式"。

设有两个直接测量量的近真值为 $\overline{A},\overline{B}$，$\Delta A,\Delta B$ 为其平均绝对误差，而间接测量量的近真值 $\overline{N}$，因 $\Delta A,\Delta B$ 而引入 N 的误差为 ΔN。

（1）当 $N = A + B$ 时，考虑误差之后，可写成

$$\overline{N} \pm \Delta N = (\overline{A} \pm \Delta A) + (\overline{B} \pm \Delta B)$$

所以

$$\pm \Delta N = \pm \Delta A \pm \Delta B$$

在最不利的情况下,应取

$$\Delta N = \Delta A + \Delta B$$

(2) 当 $N = A - B$ 时,考虑误差之后,可写成

$$N \pm \Delta N = (\overline{A} \pm \Delta A) - (\overline{B} \pm \Delta B)$$

所以

$$\pm \Delta N = \pm \Delta A \pm \Delta B$$

在最不利的情况下,应取

$$\Delta N = \Delta A + \Delta B$$

与和的误差结果相同。

(3) 对于任意函数 $N = F(A, B, C, \cdots)$,在考虑误差后,则为

$$N \pm \Delta N = F(\overline{A} \pm \Delta A, \overline{B} \pm \Delta B, \overline{C} \pm \Delta C, \cdots)$$

将上式按泰勒公式展开,并略去二阶微小量及以后项,可得

$$N \pm \Delta N = F(\overline{A}, \overline{B}, \overline{C}) \pm \left(\frac{\partial F}{\partial A} \Delta A + \frac{\partial F}{\partial B} \Delta B + \frac{\partial F}{\partial C} \Delta C + \cdots \right)$$

因此,绝对误差为

$$\Delta N = \left| \frac{\partial F}{\partial A} \right| \Delta A + \left| \frac{\partial F}{\partial B} \right| \Delta B + \left| \frac{\partial F}{\partial C} \right| \Delta C + \cdots$$

相对误差为

$$\frac{\Delta N}{\overline{N}} = \left| \frac{\partial F}{\partial A} \right| \frac{\Delta A}{F} + \left| \frac{\partial F}{\partial B} \right| \frac{\Delta B}{F} + \left| \frac{\partial F}{\partial C} \right| \frac{\Delta C}{F} + \cdots$$

为了简化运算,在计算间接测量误差时,除了加减法应先算绝对误差,再算相对误差外。一般先求其相对误差,然后再求出绝对误差。最后将实验结果写成 $\overline{N} \pm \Delta N$ 的形式。

误差是一种很不准确的估计值,在实验误差计算过程中,一般误差可取 2~3 位,但最终结果误差一般保留一位有效数字。为避免对误差的估计不足,对误差的下一位,一律只进不舍。而所求的间接测量值的最后一位应与误差的末位同数量级,考虑到数值的准确性,对其末位以后的数字,则按"取舍法则"处理。

为方便起见,现将常用的一些误差传递公式列于下表,以供参考。

常用函数的标准误差传递公式

测量关系式 $N = f(A,B,C,\cdots)$	标准误差传递公式
$N = A + B$	$\sigma_N = \sqrt{\sigma_A + \sigma_B}$
$N = A - B$	$\sigma_N = \sqrt{\sigma_A + \sigma_B}$
$N = k \cdot A$	$\sigma_N = k\sigma_A ,\ \dfrac{\sigma_N}{N} = \dfrac{\sigma_A}{A}$
$N = A^k$	$\dfrac{\sigma_N}{N} = k\dfrac{\sigma_A}{A}$
$N = A \cdot B$	$\dfrac{\sigma_N}{N} = \sqrt{\left(\dfrac{\sigma_A}{A}\right)^2 + \left(\dfrac{\sigma_B}{B}\right)^2}$
$N = \dfrac{A}{B}$	$\dfrac{\sigma_N}{N} = \sqrt{\left(\dfrac{\sigma_A}{A}\right)^2 + \left(\dfrac{\sigma_B}{B}\right)^2}$
$N = \dfrac{A^k B^m}{C^n}$	$\dfrac{\sigma_N}{N} = \sqrt{k^2\left(\dfrac{\sigma_A}{A}\right)^2 + m^2\left(\dfrac{\sigma_A}{B}\right)^2 + n^2\left(\dfrac{\sigma_C}{C}\right)^2}$
$N = \sin A$	$\sigma_N = \vert\cos \overline{A}\vert\sigma_A$
$N = \ln A$	$\sigma_N = \dfrac{\sigma_A}{A}$

常用函数的平均绝对误差计算公式

运算关系 $N = f(A,B,C,\cdots)$	平均绝对误差 ΔN	相对误差 $E = \Delta N / \overline{N}$
$N = A + B + C$	$\Delta A + \Delta B + \Delta C$	$\dfrac{\Delta A + \Delta B + \Delta C}{\overline{A} + \overline{B} + \overline{C}}$
$N = A - B + C$	$\Delta A + \Delta B + \Delta C$	$\dfrac{\Delta A + \Delta B + \Delta C}{\overline{A} - \overline{B} + \overline{C}}$
$N = A \cdot B \cdot C$	$\overline{B} \cdot \overline{C} \cdot \Delta A + \overline{A} \cdot \overline{C} \cdot \Delta B + \overline{A} \cdot \overline{B} \cdot \Delta C$	$\dfrac{\Delta A}{\overline{A}} + \dfrac{\Delta B}{\overline{B}} + \dfrac{\Delta C}{\overline{C}}$
$N = \dfrac{A}{B}$	$\dfrac{\overline{B} \cdot \Delta A + \overline{A} \cdot \Delta B}{\overline{B}^2}$	$\dfrac{\Delta A}{\overline{A}} + \dfrac{\Delta B}{\overline{B}}$
$N = A^k$	$k\overline{A}^{k-1}\Delta A$	$k\dfrac{\Delta A}{\overline{A}}$
$N = \sqrt[k]{A}$	$\dfrac{1}{k}\overline{A}^{\frac{1}{k}-1}\Delta A$	$\dfrac{1}{k}\dfrac{\Delta A}{\overline{A}}$
$N = \sin A$	$\vert\cos\overline{A}\vert\,\Delta A$	$\vert\cot\overline{A}\vert\,\Delta A$
$N = \cos A$	$\vert\sin\overline{A}\vert\,\Delta A$	$\vert\tan\overline{A}\vert\,\Delta A$

续表

运算关系 $N = f(A,B,C,\cdots)$	平均绝对误差 ΔN	相对误差 $E = \Delta N/\overline{N}$
$N = \tan A$	$\dfrac{\Delta A}{\cos^2 \overline{A}}$	$\dfrac{2 \cdot \Delta \overline{A}}{\sin^2 \overline{A}}$
$N = \cot A$	$\dfrac{\Delta A}{\sin^2 \overline{A}}$	$\dfrac{2 \cdot \Delta A}{\sin^2 \overline{A}}$

【例题 1】 用一分度值为 $0.02\,\text{mm}$ 的游标卡尺测某一圆柱体的直径 d 和高度 h 各 6 次，测量值如下表：

$d(\text{mm})$	20.34	20.46	20.40	20.30	20.42	20.40
$h(\text{mm})$	41.22	41.28	41.16	41.26	41.12	41.20

求：圆柱的体积及其平均绝对误差和标准误差。

解：(1) 体积 $V = \dfrac{1}{4}\pi d^2 h$

$\overline{d} = \dfrac{1}{6}\sum\limits_{i=1}^{6} d_i = \dfrac{1}{6}(20.34 + 20.46 + 20.40 + 20.30 + 20.42 + 20.40) = 20.39\,\text{mm}$

$\overline{h} = \dfrac{1}{6}\sum\limits_{i=1}^{6} h_i = 41.21\,\text{mm}$

$\overline{V} = \dfrac{1}{4}\pi \overline{d}^2 \overline{h} = 1.346 \times 10^4\,\text{mm}^3$

(2) 直径 d 的误差：

$\Delta d = \dfrac{1}{6}\sum\limits_{i=1}^{6} |d_i - \overline{d}| = 0.043\,\text{mm}$

$\sigma_d = \sqrt{\dfrac{1}{6-1}\sum\limits_{i=1}^{n} (d_i - \overline{d})^2} = 0.058\,\text{mm}$

(3) 高度 h 的误差：

$\Delta h = \dfrac{1}{6}\sum\limits_{i=1}^{6} |h_i - \overline{h}| = 0.047\,\text{mm}$

$\sigma_h = \sqrt{\dfrac{1}{6-1}\sum\limits_{i=1}^{n} (h_i - \overline{h})^2} = 0.019\,\text{mm}$

(4) 体积 V 的误差：

$\Delta V = \dfrac{1}{4}\pi(\overline{d} \cdot \overline{h} \cdot \Delta d + \overline{d} \cdot \overline{h} \cdot \Delta d + \overline{d} \cdot \overline{d} \cdot \Delta h) = 8 \times 10^1\,\text{mm}^3$

$$\sigma_V = \overline{V}\sqrt{2^2\left(\frac{\sigma_d}{d}\right)^2 + 1^2\left(\frac{\sigma_h}{h}\right)^2} = 8 \times 10^1 \text{ mm}^3$$

圆柱的体积为：

$$V = \overline{V} \pm \Delta V = (1.346 \pm 0.008) \times 10^4 \text{ mm}^3$$

$$V = \overline{V} \pm \sigma_V = (1.346 \pm 0.008) \times 10^4 \text{ mm}^3$$

2.4 测量结果的不确定度评定

一、直接测量值总不确定度的估计

1. 总不确定度

完整的测量结果应给出被测量的量值 x_0，同时，还要标出测量的总不确定度 U，写成 $x_0 \pm U$ 的形式，表示被测量的真值在（$x_0 - U$，$x_0 + U$）的范围之外的可能性（或概率）很小。

直接测量时被测量的量值 x_0 一般取多次测量的平均值 $\bar{x}$；若实验中有时只能测一次或只需测一次，就取该次测量值 x。最后表示被测量的直接测量结果 x_0 时，通常还必须将已定系统误差分量（即绝对值和符号都确定的已估算出误差分量）从平均值 $\bar{x}$ 或一次测量值 x 中减去，以求得 x_0，即就已定系统误差分量对测量值进行修正。如螺旋测微计的零点修正，伏安法测电阻中电表内阻影响的修正等。

根据国际标准化组织等 7 个国际组织联合发表的《测量不确定度表示指南 ISO 1993（E）》的精神，普通物理实验的测量结果表示中，总不确定度 U 在估计方法上也可分为两类分量：A 类指多次重复测量用统计方法计算出的分量 U_A，B 类指其他方法估计出的分量 U_B，它们可用"方、和、根"法合成（下文中的不确定度及其分量一般都是指总不确定度及其分量），即有

$$U = \sqrt{U_A^2 + U_B^2} \tag{8}$$

2. 总不确定度的 A 类分量 U_A

在实际测量中，一般只能进行有限次的测量，这时，测量误差不完全服从正态分布规律，而是服从称之为"t 分布"（又称"学生分

布")的规律。在这种情况下,对测量误差的估计,就要在贝塞尔公式(7)的基础上再乘以一个因子。在相同条件下,对同一被测量做 n 次测量,若只计算总不确定度 U 的 A 类分量 U_A ,那么它等于测量值的标准偏差 S_x 乘以一因子 $t_p/\sqrt{n}$,即

$$U_A = \frac{t_p}{\sqrt{n}} S_x \tag{9}$$

式中, $t_p/\sqrt{n}$ 是与测量次数 n 、置信概率 P 有关的量。概率 P 及测量次数 n 确定后, $t_p/\sqrt{n}$ 也就确定了。t_p 的值可以从专门的数据表中查得。当 $P=0.95$ 时, $t_p/\sqrt{n}$ 的部分数据可以从下表中查到。

测量次数与 $t_p/\sqrt{n}$ 因子的关系表

测量次数	2	3	4	5	6	7	8	9	10
$t_p/\sqrt{n}$ 因子的值	8.98	2.48	1.59	1.24	1.05	0.93	0.84	0.77	0.72

普通物理实验中测量次数 n 一般不大于 10。从该表可以看出,当 $5 < n \leqslant 10$ 时,因子 $t_p/\sqrt{n}$ 近似取为 1,误差并不很大。这时式(9)可简化为

$$U_A = S_x \tag{10}$$

有关的计算还表明,当 $5 < n \leqslant 10$ 时,作 $U_A = S_x$ 近似,置信概率近似为 0.95 或更大。即当 $5 < n < 10$ 时,取 $U_A = S_x$ 可使被测量的真值落在 $\bar{x} \pm S_x$ 范围内的概率接近或大于 0.95。因此我们可以这样简化:直接把 S_x 的值当作测量结果的总不确定度的 A 类分量 U_A 。当然,测量次数 n 不在上述范围或要求误差估计比较精确时,要从有关数据表中查出相应的因子 $t_p/\sqrt{n}$ 的值。

3. 总不确定度的 B 类分量 U_B

在普通物理实验中遇到的仪器误差或误差限值,是参照国家标准规定的计量仪表、器具的准确度等级或允许误差范围,由生产厂家给出或由实验室结合具体测量方法和条件简化的约定,用 $\Delta_{仪}$ 表示。仪器的误差 $\Delta_{仪}$ 在普通物理实验教学中是一种简化表示,通常 $\Delta_{仪}$ 等于仪表、器具的示值误差限或基本误差限。许多计量仪表、器具的误差产生原因及具体误差分量的计算分析,大多超出了本课程

的要求范围。用普通物理实验室中的多数仪表、器具对同一被测量在相同条件下做多次直接测量时,测量的随机误差分量一般比其基本误差限或示值误差限小不少;另一些仪表、器具在实际使用中很难保证在相同条件下或规定的正常条件下进行测量,其测量误差除基本误差或示值误差外还包含变差等其他分量。因此我们约定,在普通物理实验中大多数情况下把 $\Delta_{仪}$ 简化,直接当作总不确定度中用非统计方法估计的 B 类分量 U_B ,即 $U_B = \Delta_{仪}$。

4. 总不确定度的合成

由式(8)、(9)和(10)可得

$$U = \sqrt{U_A^2 + U_B^2} = \sqrt{(\frac{t_p}{\sqrt{n}}S_x)^2 + \Delta_{仪}^2} \tag{11}$$

当测量次数 n 符合 $5 < n < 10$ 条件时,上式可简化为

$$U = \sqrt{S_x^2 + \Delta_{仪}^2} \tag{12}$$

式(12)是今后实验中估算不确定度经常要用的公式。

如果 $S_x < \frac{1}{3}\Delta x_{仪}$,或因估计出的 U_A 对实验最后结果的影响甚小,或因条件受限制而只进行了一次测量,则 U 可简单地用仪器的误差 $\Delta_{仪}$ 来表示。这时式(8)中用统计方法计算的 A 类分量 U_A 虽然存在,但不能用式(7)算出。当实验中只要求测量一次时,U 取 $\Delta_{仪}$ 的值并不说明只测一次比测多次时 U 的值变小,只说明 $\Delta_{仪}$ 和用 $\sqrt{U_A + \Delta x^2}$ 估算出的结果相差不大,或者说明整个实验中对该被测量 U 的估算要求能够放宽或必须放宽。测量次数 n 增加时,用式(12)估算出的 U 虽然一般变化不大,但真值落在 $x_0 \pm U$ 范围内的概率却更接近 100% 。这说明 n 增加时真值所处的量值范围实际上更小了,因而测量结果更准确了。

二、间接测量值的结果和不确定度的合成

在很多实验中,我们进行的测量都是间接测量。间接测量的结果是由直接测量结果根据一定的解析式计算出来的。这样一来,直接测量结果的不确定度就必然影响到间接测量结果,这种影响的大小也可以由相应的解析式计算出来。

设间接被测量所用的数学式(或称测量式)可以表为如下的函数形式

$$N = f(x_1, x_2, x_3, \cdots)$$

式中,N 是间接测量结果,$x_1, x_2, x_3, \cdots$,是直接测量结果,它们是互相独立的量。设 $x_1, x_2, x_3, \cdots$ 的不确定度分别为 $U_{x_1}, U_{x_2}, U_{x_3}, \cdots$,它们必然影响间接测量结果,使 N 值也有相应的不确定度 U_N。由于不确定度都是微小的量,相当于数学中的"增量",因此间接测量的不确定度的计算公式与数学中的全微分公式基本相同。不同之处是:①要用不确度 U_{x_1} 等替代微分 $\mathrm{d}x_1$ 等;②要考虑到不确定度合成的统计性质,一般是用"方、和、根"的方式进行合成。于是,在普通物理实验中用以下两式来简化计算不确定度:

$$U_N = \sqrt{(\frac{\partial F}{\partial x_1})^2 (U_{x_1})^2 + (\frac{\partial F}{\partial x_2})^2 (U_{x_2})^2 + (\frac{\partial F}{\partial x_3})^2 (U_{x_3})^2 + \cdots}$$

(13)

$$\frac{U_N}{N} = \sqrt{(\frac{\partial \ln F}{\partial x_1})^2 (U_{x_1})^2 + (\frac{\partial \ln F}{\partial x_2})^2 (U_{x_2})^2 + (\frac{\partial \ln F}{\partial x_3})^2 (U_{x_3})^2 + \cdots}$$

(14)

式(13)适用于 N 是和差形式的函数,式(14)适用于 N 是积商形式的函数。

在一些简单的测量问题中也可以采用绝对值合成的方法,即

$$U_N = \left| \frac{\partial F}{\partial x_1} U_{x_1} \right| + \left| \frac{\partial F}{\partial x_2} U_{x_2} \right| + \left| \frac{\partial F}{\partial x_3} U_{x_3} \right| + \cdots$$

$$\frac{U_N}{N} = \left| \frac{\partial \ln F}{\partial x_1} U_{x_1} \right| + \left| \frac{\partial \ln F}{\partial x_2} U_{x_2} \right| + \left| \frac{\partial \ln F}{\partial x_3} U_{x_3} \right| + \cdots$$

当然,这种绝对值合成的方法所得结果一般偏大,与不确定度合成情况可能也有较大的出入。但因其计算比较简单,要求不高,做粗略估计时,往往采用绝对值合成法。但在科学实验中一般都采用"方、和、根"合成来估计间接测量结果的不确定度。

常用函数的方和根合成与绝对值合成公式见下表。

常用函数的不确定度合成公式

函数表达式	方和根合成公式	绝对值合成公式
$N = x \pm y$	$U_N = \sqrt{U_x^2 + U_y^2}$	$U_N = U_x + U_y$
$N = x \cdot y$ $n = x/y$	$\dfrac{U_N}{N} = \sqrt{(\dfrac{U_x}{x})^2 + (\dfrac{U_y}{y})^2}$	$\dfrac{U_N}{N} = \dfrac{U_x}{x} + \dfrac{U_y}{y}$
$N = kx$（k 为常数）	$U_N = kU_x , \dfrac{U_N}{N} = \dfrac{U_x}{x}$	$U_N = kU_x , \dfrac{U_N}{N} = \dfrac{U_x}{x}$
$N = x^n$ $n = 1,2,3,\cdots$	$\dfrac{U_x}{N} = n\dfrac{U_x}{x}$	$\dfrac{U_x}{N} = n\dfrac{U_x}{x}$
$N = \sqrt[n]{x}$	$\dfrac{U_N}{N} = \dfrac{1}{n}\dfrac{U_x}{x}$	$\dfrac{U_N}{N} = \dfrac{1}{n}\dfrac{U_x}{x}$
$N = \dfrac{x^p y^n}{z^m}$	$\dfrac{U_x}{N} =$ $\sqrt{p^2(\dfrac{U_x}{x})^2 + n^2(\dfrac{U_y}{y})^2 + m^2(\dfrac{U_z}{z})^2}$	$\dfrac{U_x}{N} = p\dfrac{U_x}{x} + n\dfrac{U_y}{y} +$ $m\dfrac{U_z}{z}$
$N = \sin x$	$U_N = \|\cos \overline{x}\| U_x$	$U_N = \|\cos \overline{x}\| U_x$
$N = \ln x$	$U_N = \dfrac{U_x}{x}$	$U_N = \dfrac{U_x}{x}$

【**例题 2**】 用一分度值为 $0.02\,mm$ 的游标卡尺测某一圆柱体的直径 d 和高度 h 各 6 次，测量值如下表：

$d(mm)$	20.34	20.46	20.40	20.30	20.42	20.40
$h(mm)$	41.22	41.28	41.16	41.26	41.12	41.20

求：圆柱的体积及其不确定度。

解：(1) 体积 $V = \dfrac{1}{4}\pi d^2 h$

$\overline{d} = \dfrac{1}{6}\sum\limits_{i=1}^{6} d_i = \dfrac{1}{6}(20.34 + 20.46 + 20.40 + 20.30 + 20.42 + 20.40) = 20.39\,mm$

$\overline{h} = \dfrac{1}{6}\sum\limits_{i=1}^{6} h_i = 41.21\,mm$

$\overline{V} = \dfrac{1}{4}\pi \overline{d}^2 \overline{h} = 1.346 \times 10^4\,mm^3$

(2) 直径 d 的不确定度

A 类评定：$U_{Ad} = \sqrt{\dfrac{1}{6-1}\sum\limits_{i=1}^{6}(d_i - \overline{d})^2} = 0.058\,mm$

B 类评定：游标卡尺的视值误差限为 0.02 mm，$U_{Bd} = \Delta_仪 = $ 0.01 mm

d 的合成不确定度 $U_d = \sqrt{U_{Ad}^2 + U_{Bd}^2} = 0.059$ mm

（3）高度 h 的不确定度

A 类评定：$U_{Ah} = \sqrt{\dfrac{1}{6-1}\sum_{i=1}^{6}(h_i - \overline{h})^2} = 0.060$ mm

B 类评定：游标卡尺的视值误差限为 0.02 mm，$U_{Bh} = \Delta_仪 = $ 0.01 mm

h 的合成不确定度 $U_h = \sqrt{U_{Ah}^2 + U_{Bh}^2} = 0.061$ mm

（4）体积 V 的相对不确定度

$$\therefore E_{r(V)} = \frac{U_V}{\overline{V}} = \sqrt{2^2\left(\frac{U_d}{\overline{d}}\right)^2 + 1^2\left(\frac{U_h}{\overline{h}}\right)^2} = 0.60\%$$

$$U_V = \overline{V} \cdot E_{r(V)} = 1.346 \times 10^4 \times 0.60\% = 0.008 \times 10^4 \text{ mm}^3$$

$$V = \overline{V} \pm U_V = (1.346 \pm 0.008) \times 10^4 \text{ mm}^3$$

2.5 常用仪器的误差介绍

一、有关仪器的几个概念

1. 仪器准确度

仪器的准确度与测量的准确度既有联系又有区别，它是指测量仪器给出接近于被测量真值示值的能力。在尽可能减小系统误差的情况下，对被测量进行多次重复测量以减小其随机误差。这时就能保证测量的准确度高于用准确度级别标出的仪器准确度。因此在实际测量时，在单次测量中或不确定度中的 A 类分量远小于 B 类分量时，我们常用由仪器准确度计算得出的仪器误差来估算测量的误差限。

仪器准确度用仪器的准确度级别来表示。根据仪器和仪表的准确度的级别，就可确定相应仪器和仪表的仪器误差。

2. 仪器误差

仪器误差是在实验误差分析和计算时，经常使用的一个名词。

仪器误差可以是一个定值,如对确定规格的测量量具、级别一定的电表,当为同一量程时其仪器误差为一定值;但也可以不是一个定值,如电磁测量中的电阻箱、电位差计等,它们的仪器误差与测量值大小有关。而仪器准确度对一定的仪器和仪表,则是完全确定的,但仪器误差是以仪器准确度为依据进行计算的。

3. 仪器的分度值

仪器的分度值绝不是任意的,它与仪器准确度或仪器误差相对应,两者保持在同一数量级。一般仪表分度值取为准确度数值的 $2\sim0.5$ 倍,高精度仪表分度值要求还要高些。如 0.5 级的电表的分度值常为准确度数值的 $1\sim1.3$ 倍。又如一些测量用具:秒表、温度计等。分度值一般为准确度数值的 0.5 倍(水银温度计的准确度为 $\pm0.2\ ℃$,其分度值为 $0.1\ ℃$)。因此在实际应用时,经常以其分度值乘一系数来粗略估算仪器误差。

4. 灵敏阈

灵敏阈是指能够使测量仪器的响应产生可以感知变化的最小激励变化,又称“灵敏限”。它不同于分辨力,分辨力是指指示装置对紧密相邻量值有效辨别的能力。一般认为模拟式指示装置的分辨力为标尺分度值的一半;数字式指示装置的分辨力为末位数的一个字码。它又不同于灵敏度,仪器灵敏度是指计量仪器的响应变化除以相应的激励变化。显然当激励和响应为同种量时,灵敏度也称为“放大比”或“放大倍数”。如光杠杆的灵敏阈就是光杠杆的放大倍数。

二、常用仪器的仪器误差

1. 直尺和钢卷尺

常用钢直尺的分度值为 $1\ mm$,有的在起始部分或末端 $50\ mm$ 内加刻 $0.5\ mm$ 的刻线。

常用钢卷尺分大、小钢卷尺两种。小钢卷尺的长度有 $1m$ 和 $2\ m$ 两种,大钢卷尺的长度有 $5\ m$、$10\ m$、$20\ m$、$30\ m$、$50\ m$ 5 种,它们的分度值皆为 $1\ mm$。

按国家标准,钢直尺和钢卷尺的示值误差限如下表所示。

钢直尺和钢卷尺的示值误差限

规格（mm）		示值误差限（mm）
钢直尺	300 以下	±0.1
	300～500	±0.15
	500～1000	±0.2
钢卷尺	1000	±0.5
	2000	±1

2. 游标卡尺

游标卡尺使用前必须检查初读数，即先令游标卡尺的两钳口靠拢，检查游标的"0"线的读数，以便对被测量值进行修正。我国使用的游标卡尺其分度值通常有：0.02 mm、0.05 mm 和 0.1 mm 三种。它们不分准确度等级，一般测量范围在 300 mm 以下的游标卡尺取其分度值为仪器的示值误差限。

3. 螺旋测微计（千分尺）

千分尺是一种常用的高精度量具，按国家标准（GB1216—75）规定，量程为 25 mm 的一级千分尺的仪器误差为 0.004 mm，千分尺仪器误差主要由以下几个因素产生：①千分尺两测量面不严格平行；②螺杆误差；③温度不同（试件与千分尺温度不同、或相同，但测量环境温度不同于千分尺的定标温度）；④转动微分筒作测量时，转矩的变化（同一测量者或不同的测量者）；⑤读数误差，由于圆筒上的指示线与微分筒上的刻度不在同一平面而产生的视差。

千分尺的精度分零级和一级两类。大学物理实验中使用的是一级，其示值误差限与量程有关。

千分尺的示值误差限

测量范围（mm）	～100	100～150	150～200
示值误差限（mm）	±0.004	±0.05	±0.006

4. 天平

天平的感量是指天平的指针偏转一个最小分格时，秤盘上所要增加的砝码。天平的灵敏度与感量互为倒数。天平感量与最大称量之比定义为天平的级别。国家标准有 10 级。天平型号及其参数如下表所示。

天平型号及其参数

类别	型号	级别	最大称量 （kg）	感量 （10^{-6}kg）	不等臂 误差 （10^{-6}kg）	示值变动性 误差 （10^{-6}kg）
物理天平	TW—2	10	20×10^{-3}	20	<60	<20
	TW—5	10	500×10^{-3}	50	<150	<50
	TW—1	10	100×10^{-3}	100	<300	<100
	WL	9	100×10^{-3}	20	<60	<20
		9	100×10^{-3}	50	<100	<50

5. 秒表

（1）实验室中使用的机械式停表一般分度值为 0.1s。示值误差限亦为 0.1s。

（2）CASIO 电子秒表计时的基本误差限为

$$\Delta_{仪} = (0.01 + 0.0000058t)\text{s}$$

式中，t 为计时时间。

（3）数字毫秒表，其基值分别为 0.1 ms，1 ms 和 10 ms，其仪器误差分别为 0.1 ms，1 ms 和 10 ms。

6. 旋钮式电阻箱

根据部颁标准(D)36-61 将测量用电阻箱分为 0.02，0.05，0.1，0.2 四个级别。等级的数值表示电阻箱内电阻器阻值相对误差的百分数，这个电阻箱内电阻器阻值误差与旋钮的接触电阻误差之和构成电阻箱的仪器误差。用相对误差表示为

$$\frac{\Delta_{仪}}{R} = \left(a + b\frac{m}{R}\right)\%,$$

式中，m 为所用十进位电阻箱旋钮的个数，与选用的接线柱有关，R 为所用电阻数值的大小。a，b 值见下表所示。

电阻箱参数表

级别 a	0.02	0.05	0.1	0.2
常数 b	0.1	0.1	0.2	0.5

实验室常用 ZX21 型 6 旋钮十进位电阻箱,已知为 0.1 级,当选用电阻值为 $0.1\,\Omega$,用 6 个旋钮时,有 $\dfrac{\Delta_{仪}}{R} = \left(0.1 + 0.2\dfrac{6}{0.1}\right)\% = 12\%$。

由上式可看出其误差主要是由旋钮的接触电阻所引起的。若采用低电阻 $0.9\,\Omega$ 接线柱,只用一个旋钮时,则 $m=1$,这时有 $\dfrac{\Delta_{仪}}{R} = \left(0.1 + 0.2\dfrac{1}{0.1}\right)\% = 2.1\%$,这样就大大减小了误差。故要合理选用低电阻箱的接线柱。

7. 万用电表

实验室常用的 500 型万用电表的准确度等级及其主要性能见下表所示。

万用表准确度等级及其主要性能表

功 能	测量范围	内 阻	准确度等级	基本误差表示方法
直流电压	$0\sim2.5\sim10\sim50\sim250$ $\sim500\sim2500$ V	$20\,k\Omega * V^{-1}$ $4\,k\Omega * V^{-1}$	2.5 5.0	以标度尺工作部分上的量程的百分数表示
交流电压	$0\sim10\sim50\sim250\sim500$ ~2500V	$4\,k\Omega * V^{-1}$ $4\,k\Omega * V^{-1}$	5.0 5.0	
直流电流	$0\sim50\,\mu A\sim1\sim10\sim100$ ~500 mA	—	2.5	
电阻	$0\sim2\sim20\sim200\,k\Omega\sim$ $2\sim20\,M\Omega$	—	2.5	以标度尺工作部分长度的百分数表示
音频电平	$-10\sim+22$ dB	—	—	

8. 数字仪表

随着科学技术的发展,电压、电流、电阻、电感和电容的数字测

量仪得到越来越广泛的应用。数字仪表的仪器误差限有几种表达式,下面给出常用的两种

$$\Delta_{仪} = a\%N_x + b\%N_m$$

或

$$\Delta_{仪} = a\%N_x + n$$

式中,a 是数字式电表的准确度等级,N_x 是显示的读数,b 是某个常数,称为"误差的绝对项系数",N_m 是仪表的量程,n 代表仪表固定项误差,相当于最小量化单位的倍数,只取 1,2 等数字。例如,某数字电压表 $\Delta_{仪}=0.02\%U_x+2$,则某固定项误差是最小量化单位的 2 倍。若取 2 V 量程时,数字显示为 1.4786 V,最小量化单位是 0.0001 V,有

$$\Delta_{仪} = 0.02\%\,1.4786 + 2 \times 0.001 \approx 5 \times 10^{-4}\,(\mathrm{V})$$

2.6   有效数字及其运算法则

由于物理测量中总存在误差,因而测量值的位数只能是有限数,测量结果数字最后一位应与误差相对应,不能随意取舍。因此,在物理测量中必须按照一定的表示方法和运算规则来正确表达和计算测量结果。

一、有效数字的一般概念

在实验中我们所得到的测量值都是有误差的。对这些数值不能任意地取舍,而应反映出测量值的准确度。所以在记录数据、计算以及书写测量结果时,究竟应该写出几位数字,都有严格的要求,要根据所使用的器具、测量误差或实验结果的不确定度来定。

我们定义:有效数字是由若干位准确数和最后一位可疑数构成的,这些数字的总位数称为"有效数字"。

关于有效数字的概念,要求掌握下列几点:

(1) 有效数字规定最末一位数字是存疑数字,这就要求在测量记录时,采取正确的读数方法,即一般是在仪器的最小分格值后可以估读时再估计一位。

（2）有效数字不仅表示数值的大小，而且还说明了测量仪器的精度（仪器的精度以其最小分格值来表示）。如读数为 10.24 cm，有 4 位有效数字，反映了所用尺子的精度为 1 mm。如果用精度为 0.02 mm 的游标卡尺来测量该物体的长度读数为 10.244 cm，就有 5 位有效数字。若用厘米尺测量，读数为 10.2 cm，就只有 3 位有效数字。可见有效数字的多少并不是随意决定的，它与所用的测量仪器的精度有关，表示了测量所能达到的精确程度。

（3）要注意数字中的"0"，可能是有效数字，也可能不是有效数字。

第一个非零数字前面的"0"不是有效数字，此时"0"是用来表示小数点的位置。如 0.0376 cm，前面的"0.0"不是有效数字，而有效数字只有 3 位。

数字中间出现的"0"和末位的"0"都属于有效数字。如 10.50 cm，是 4 位有效数字，10.5 cm 是 3 位有效数字，但两者是不同的。前者表示测量进行到 1/100 cm 的地方，而后者表示测量只进行到 1/10 cm 的地方。这就是说，数字最后面的"0"，即使是在小数点之后，也不能随意加上或者去掉。

（4）有效数字的位数不能因为变换单位而增减。

如 3.94 cm 可换算成 39.4 mm 或 0.0394 m，单位变化了，有效数字的位数不变，仍然是 3 位。又如地球的半径是 6371 km，是 4 位有效数字，换成米为单位时，应当写成 6.371×10^6 m，仍是 4 位有效数字，如果写成 6371000 m，就变成 7 位有效数字了，这样就会造成测量结果的表达和仪器精密度不符合的现象。为了避免混乱，我们在书写时，常用 10 的方幂来表示其数量级，方幂前面的数字是测量的有效数字。例如：

$$0.0523 \text{m} = 5.23 \times 10^{-2} \text{m}$$

$$3.8 \text{km} = 3.8 \times 10^3 \text{m}$$

这种记数的方法叫做"科学记数法"，或称"标准形式"。采用标准形式时，有效数字中小数点前一般只保留一位数字。

二、有效数字的运算法则

用实验仪器直接测量的数值都含有一定的误差,在有效数字的运算过程中,为了防止因运算而引进"误差"或损失有效数字,影响测量结果的精度,并尽量简便,避免繁琐而徒劳的运算,先统一规定有效数字的运算法则如下:

(1)有效数字的加、减。加减运算后的有效数字,在小数点后保留的位数应与参加运算各数中小数点后位数最少的一个相同。例如:

$$32.\underline{1}+3.27\underline{6}=35.\underline{3}76=35.\underline{4} \qquad 26.6\underline{5}-3.92\underline{6}=22.7\underline{2}4=22.7\underline{2}$$

(2)有效数字的乘、除。乘除运算后的有效数字位数应与参加运算各数中有效数字位数最少的相同。例如:$325.78 \times 0.0145 \div 789.2 = 0.00599$(三位)

(3)乘方与开方。最后结果的有效数字与底数的有效数字的位数相同。

例如:$4.405^2 = 19.40$,$\sqrt{4.405} = 2.099$。

(4)函数运算。一般来说,函数运算的结果位数应以误差分析来确定。但为了简便起见,现对常用的对数和三角函数作如下规定:

① 对数。对数运算时,结果的首数不算有效数字,结果尾数的位数应与真数的尾数相同。

例如:$\lg 1.938 = 0.297322714 = 0.2973$,$\lg 1938 = 3.297322714 = 3.2973$。

② 三角函数。三角函数的取值应与角度的有效数字相同。一般使用分光计时,角度应读到 $1'$,此时,结果应取四位有效数字。

例如:$\sin 30°00' = 0.5000$,

$\cos 20°16' = 0.9381$。

(5)运算中还会遇到一些常数,如 π,e,g 之类,一般将常数多取一位,结果仍与原来的有效数字位数相同。例如:$4.712 \times \pi = 4.712 \times 3.1416 = 14.80$。

(6)使用有效数字规则时应注意：

① 物理公式中有些数值，不是实验测量值，不必考虑其位数。

例如，圆柱体积 $V = \dfrac{\pi d^2}{4}$ 中的 $\dfrac{1}{4}$。

② 有效数字结果取舍的原则是"四舍六入五凑偶"，即尾数小于 5 的则舍去，大于 5 的则末位进 1，等于 5 的则将末位凑成偶数。这样的舍入法则使得舍去与进入的概率相等。

例如，保留三位有效数字，结果为 9.8249＝9.82，9.8150＝9.82，9.82571＝9.82。

注意 测量结果中有效位数的多少，取决于测量仪器，而不是运算过程。因此，在运算时，不要随意增减有效数字的位数，更不要认为，算出的结果的位数越多越好。

2.7 数据处理的一般方法

实验研究不仅是对某一物理量进行单纯的测量，更重要的还是研究物理量之间的相互依存关系及变化规律，以便从中找出它们内在的联系和确定的关系。因此，在函数关系的测量中至少应包含两个物理量：一个是"自变量"；而另一个是"因变量"，且为"自变量"对应的函数值。在进行这样一组测量时，我们不仅要考虑数据记录如何合理，还要考虑如何对实验测量收集到的大量数据资料进行正确的数据处理。所谓数据处理是指从获得数据起到得出结论为止的整个实验过程，它包括数据记录、整理计算、作图分析等方面的方法。根据不同的需要，可以采取不同的数据处理方法。

在物理实验中，我们常用的数据处理方法有列表法、作图法、逐差法、最小二乘法等。

一、列表法

列表法就是将一组实验数据中的自变量的各个数值依照一定的形式和顺序列成表格，或将任一组测量结果的多次测量值列成一适当的表格，以提高处理数据的效率，减少和避免错误，避免不必要的重复计算，利于计算和分析误差，也有助于找出有关量之间的规律性的联系，从而得出正确的结论或经验公式。

运用列表法应注意以下几点：

（1）列表要求简单明了，在表格上方简要写上表格的名称。

（2）标明表格中各符号所代表的物理量及意义，物理量的单位应注明在相应的标题栏中，不要重复地记在每一数据的后面。

（3）表格中的数据应能正确地反映测量结果的有效数字。

（4）必要时加以文字说明。

二、作图法

作图法是用几何手段寻找与表示待求函数关系的方法，由已作出的图形可进一步求解出某些间接测量值，在很多复杂的情况下，有时只能用实验曲线来表示实验结果。

1. 图示法

图示法是将一系列实验测量值按其对应的关系在坐标纸上描绘出一条光滑的曲线（有时为折线），以此曲线表示各物理量之间的相互关系。这是一种广泛地用来处理实验数据的方法。特别是在某些科学实验的规律和结果尚未完全揭示或没有找出适当的函数关系式时，用实验曲线来表示实验结果中各量之间的函数关系，常常是一种很重要的方法。

图示法简明直观，易显示出数据变化的极值点、转折点、周期性等。可以从曲线上直接读取没有进行观测的对应于某 x 量的 y 值（内插法）。在一定条件下，还可以从此线的延伸部分读出原测量范围以外的量值（外推法）。此外，我们还可以借助于曲线发现实验中可能出现的个别测量错误。

为了保证所作的实验曲线达到直观、简明和使用方便，应注意以下几点：

（1）选择合适的坐标分度值。坐标分度值的选取应符合测量值的准确度，即能反映测量值的有效数字位数。一般以 1 或 2 mm 对应于测量仪表的仪器误差或坐标轴所代表物理量的不确定度。对应比例的选择应便于读数，坐标范围应恰好包括全部测量值，并略有富余。最小坐标值不必都从零开始,以便作出的图线大体上能充满全图。

(2)标明坐标轴。以自变量即实验中能准确控制的量如温度、时间为横坐标,以因变量为纵坐标,用粗实线在坐标纸上描出坐标轴,并在轴上注明物理量名称、符号、单位(用斜线,如长度 l/mm),按顺序标出标尺整分格上的量值。这些量值一般应是一系列正整数及其 10^n 倍,而不要标注实验点的测量数据。

(3)标数据点。实验点可有"+"、"△"等符号标出,一张图纸上要画几条线时,每条曲线要用不同的符号标出。

(4)连线。按数据点的总趋势连成光滑曲线或直线,连线不一定要通过所有的数据点,而是要求数据点在图线两侧均衡分布,个别偏离过大的点要重新核对,因为每一个数据点的误差情况不一定相同。

(5)写图名。在图纸的下方写出图线的名称及某些必要的说明,如在图上空白位置写明从图线上得出的某些参数:截距、斜率、极大极小值、拐点等。要将画好的图纸贴在实验报告的适当位置上。

2. 图解法

根据已作好的图线,采用解析方法得到与图线所对应的函数关系——经验公式的方法称图解法。

在物理实验中,经常遇到的图线是直线、抛物线、双曲线、指数曲线和对数曲线等,而其中以直线最为简单。

(1)直线方程的建立:设直线方程 $y=ax+b$,在直角坐标纸上 y 轴为纵轴,则 a 为此直线的斜率,b 为直线在 y 轴上的截距。要建立经验公式,则需求出 a 和 b。

求斜率 a:首先在画好的直线上任取两点,但不要相距太近,一般取在靠近直线的两端 $P_1(x_1,y_1)$,$P_2(x_2,y_2)$,其 x 坐标最好取整数(但不能取用原始实验数据,并需用与原来作图点不同的符号标出)。于是得出:

$$a = \frac{y_2 - y_1}{x_2 - x_1}$$

求截距 b：如果 x 轴的零点刚好在坐标原点，则可直接从图线上读取截距 $b=y_0$；否则可将直线上选出的点（如 x_2，y_2）和斜率 a 代入方程，求得：

$$b = y_2 - \left(\frac{y_2 - y_1}{x_2 - x_1}\right)x_2$$

（2）非直线方程的建立：要想直接建立非直线方程的经验公式，往往是困难的。但是，直线是我们可以最精确绘制出的图线，这样就可以用变量替换法把非直线方程改为直线方程，再利用建立直线方程的方法来求解，求出未知常量，最后将确定了的未知常量代入原函数关系式中，即可得到非直线函数的经验公式。

常见的非线性函数变换为线性关系表

原函数关系		变换后函数关系		
方程式	未知常量	方程式	斜率	截距
$y = ax^b$	a, b	$\log y = b\log x + \log a$	b	$\log a$
$x \cdot y = a$	a	$y = a \cdot \dfrac{1}{x}$	a	0
$y = ae^{-bx}$	a, b	$\ln y = -bx + \ln a$	$-b$	$\ln a$
$y = ab^x$	a, b	$\log y = (\log b)x + \log a$	$\log b$	$\log a$

变量替换法在实验中常用，是一个较重要的方法。

三、逐差法

当两个被测量之间存在多项函数关系，且自变量为等间距变化时，常常用逐差法处理数据组。

逐差法就是将测量得到的偶数组数据分成前后两组，将对应项分别相减，然后求平均值。这样做可以充分利用数据，具有对实验数据取平均和减少随机误差的效果。另外，还可以对实验数据进行逐次相减，这样可验证被测量之间的函数关系，计时发现数据差错或数据规律。

例如，用受力拉伸法测定弹簧的倔强系数。已知在弹性限度范围内,伸长量 X 与所受拉力 F 之间满足 $F = KX$ 关系,等间距地改变拉力(负荷),测得一组数据如下表所示。

弹簧受力与伸长量表

砝码质量 m_i(g)	弹簧伸长位置 l_i(cm)	逐次相减 $\Delta l_i = l_{i+1} - l_i$(cm)	等间隔对应项相减 $\Delta l_5 = l_{i+5} - l_i$(cm)
1×100.0	10.00	0.81	4.00
2×100.0	10.81	0.79	
3×100.0	11.59	0.83	4.01
4×100.0	12.42	0.79	
5×100.0	13.21	0.79	4.02
6×100.0	14.00	0.82	
7×100.0	14.82	0.79	4.02
8×100.0	15.61	0.80	
9×100.0	16.42	0.78	3.98
10×100.0	17.19		

由逐次相减的数据可以判断 Δl_i 基本相等,验证了 X 与 F 的线性关系。实际上,这一"逐差验证"工作,在实验过程中可以随时进行,以判别测量是否正确。

而求弹簧倔强系数 K(直线的斜率),则利用等间隔对应项逐差法,即将表中数据分成高组($l_{10}, l_9, l_8, l_7, l_6$)和低组(l_5, l_4, l_3, l_2, l_1),然后对应项相减求平均值,得

$$\overline{\Delta l_5} = \frac{1}{5}\left[(l_{10} - l_5) + (l_9 - l_4) + (l_8 - l_3) + (l_7 - l_2) + (l_6 - l_1)\right]$$

$$= \frac{1}{5}(4.00 + 4.01 + 4.02 + 3.99 + 3.98) = 4.00 \text{ cm}$$

于是 $\qquad K = \dfrac{5\,mg}{\overline{\Delta l_5}} = \dfrac{5 \times 100.0 \times 10^3 \times 9.80}{4.00 \times 10^{-2}} = 1.23 \times 10^2 \text{N} \cdot \text{m}^{-1}$

四、最小二乘法与线性拟合

用作图法处理数据虽然有许多优点,但它是一种粗略的数据处

理方法。因为它不是建立在严格的统计理论基础上的数据处理方法，在图纸上人工拟合直线（或曲线）时有一定的主观随意性。不同的人用同一组测量数据作图，可以得出不同的结果，因而，人工拟合的直线往往不是最佳的。

1. 拟合直线的参数最佳值估计

为了克服作图法的缺点，在数理统计中研究了直线拟合问题（或称"一元线性回归"问题）。由一组测量数据找出一条最佳的拟合直线（或曲线），常用的一种方法是最小二乘法。所得的变量之间的相关函数关系称为"回归方程"。所以，最小二乘法线性拟合又称为"最小二乘法线性回归"。本节只讨论用最小二乘法进行一元线性拟合问题，有关多元线性拟合与非线形拟合，可以参阅有关专著。下面就数据处理问题中的最小二乘法原理作一简单介绍。

设某一实验中，可控制的物理量取值为（ $x_1, x_2, \cdots, x_n$ ）时，对应的物理量依次为（ $y_1, y_2, \cdots, y_n$ ）。我们假定值的测量误差很小，而主要误差都出现在测量上。如果从（ x_i, y_i ）中任取两组实验数据就得出一条直线，那么这条直线的误差有可能很大。直线拟合的任务就是用数学分析的方法从这些观测到的数据中求出一个误差最小的最佳经验公式 $y = a + bx$ 。按这一最佳经验公式作出的图线虽不一定能通过每一个实验点，但是它以最接近这些实验点的方式平滑地穿过它们。很明显，对应于每一个值 x_i ，观测值 y_i 和最佳经验公式的值之间存在一偏差 δy_i ，我们称它为"观测值 y_i 的偏差"，即

$$\delta y_i = y_i - y = y_i - (a + bx_i) \quad i = 1, 2, \cdots, n。$$

最小二乘法的原理就是：如果各测量值 y_i 的误差互相独立且服从同一正态分布，当 y_i 的偏差的平方和为最小时，得到最佳经验公式，根据这一原理可求出常数 a 和 b 。

设以 S 表示 δy 的平方和，它应满足

$$S = \sum (\delta y_i)^2 = \sum (y_i - a - bx_i)^2 = \min。$$

上式中的各 y_i 和 x_i 是测量值，都是已知量，而 a 和 b 是待求的，因此 S 实际上是 a 和 b 的函数。令 S 对 a 和 b 的偏导数为零，即可解出满足上式的 a, b 值。

$$\frac{\partial S}{\partial a} = -2 \sum (y_i - a - bx_i) = 0 \quad , \frac{\partial S}{\partial b} = -2 \sum (y_i - a - bx_i) x_i = 0 \text{。}$$

即

$$\sum y_i - na - b \sum x_i = 0 \quad , \sum x_i y_i - a \sum x_i - b \sum x_i^2 = 0,$$

其解为

$$a = \frac{\sum x_i \sum y_i - \sum x_i \sum (x_i y_i)}{n \sum x_i - \left(\sum x_i \right)^2} = \frac{\overline{xy} - \overline{x} \cdot \overline{y}}{\overline{x^2} - \overline{x}^2},$$

$$b = \frac{n \sum (x_i y_i) - \sum x_i \sum y_i}{n \sum x_i - \left(\sum x_i \right)^2} = \overline{y} - b\overline{x},$$

将得出的 a 和 b 代入直线方程,即得到最佳的经验公式 $y = a + bx$。

上面介绍的用最小二乘法求经验公式中的常数 a 和 b 的方法,是一种直线拟合法,在科学实验中的运用很广泛,特别是有了计算器后,计算工作量大大减小,计算精度也能保证,现在用微机运算速度更快,因此,它是很有用又很方便的方法。

2. 拟合直线方程效果的检验(相关系数)

如果实验是在已知线性函数关系下进行的,那么,用上述最小二乘法线性拟合,可以得出最佳直线及其斜率 a,截距 b。从而得出回归方程。如果实验是要通过 x,y 的测量值来寻找经验公式,则还应判断由上述一元线性拟合所找出的线性回归方程是否恰当:这可用下列相关系数 γ 来判别

$$\gamma = \frac{\sum \Delta x_i \Delta y_i}{\sqrt{\sum (\Delta x_i)^2} \sqrt{\sum (\Delta y_i)^2}} = \frac{\overline{xy} - \overline{x} \cdot \overline{y}}{\sqrt{(\overline{x^2} - \overline{x}^2)(\overline{y^2} - \overline{y}^2)}}$$

从相关系数 γ 的数值大小可以判断实验数据是否符合线性,如果 γ 很接近于 l,则各实验点均在一条直线上。大学物理实验中 γ 如达到 0.999,就表示实验数据的线性关系良好,各实验点聚集在一条直线附近;相反,相关系数 $\gamma = 0$ 或趋近于零,说明实验数据很分散,无线性关系。因此,用直线拟合法处理数据时要计算相关系数 γ。具有二维统计功能的计算器有直接计算 γ 及 a,b 的功能,并有专门的按键"γ"及"a","b"键。

习　题

1. 按有效数字的要求，指出下列记录中哪些有错误？

(1) 用毫米尺测量物体的长度：

3.2 cm；　　　　15 cm；　　　　23.86 cm；　　　　16.00 cm

(2) 用最小分度为 0.5 ℃ 的温度计测温度：

68.50 ℃；　　　31.4 ℃；　　　40 ℃；　　　14.73 ℃

2. 以毫米为单位表示下列实验所测的数值：1.50 m，0.01 m，20.00 cm，2 cm，30 μm。

3. 指出下列测量数据是几位有效数字，再将它们改取为 3 位有效数字，并写成标准式。

(1) 1.0751 cm；　　　　　　　　(2) 2570.0 g；

(3) 1.3141592654 s；　　　　　　(4) 0.86249 m；

(5) 0.0301 kg；　　　　　　　　(6) 979.436 cm·s^{-2}。

4. 按照有效位数的定义及运算规则，改正以下错误：

(1) $l = (10.800\ 0 \pm 0.20)$ cm

(2) $M = (31\ 690 \pm 200)$ kg

(3) $l = (18.547\ 6 \pm 0.312\ 3)$ cm

(4) $d = (18.652 \pm 1.4)$ cm

(5) 28 cm = 280 mm

(6) 2500 Ω = 2.5×10^3 Ω

(7) $0.0221 \times 0.0221 = 0.00048841$

(8) $\dfrac{400 \times 1\ 500}{12.60 - 11.6} = 600000$

(9) $a = 0.0025$ cm，$b = 0.12$ cm

则 $a \times b = 3 \times 10^{-4}$ cm^2，$a + b = 0.1225$ cm

5. 把下列各数按数字修约规则取为 4 位有效数字：

(1) 21.495

(2) 43.465

(3) 8.1308

(4) 1.799501

6. 按照误差理论和有效数字运算法则,改正以下错误:

(1) $N=10.800\pm0.2$ cm;

(2) $M=2800\ 0\pm800$ mm;

(3) $400\times1500\div12.6-11.6=600000$;

(4) $0.0339^2=0.00114921$;

(5) 有人说 0.1230g 是五位有效数字,也有人说只有三位有效数字,请纠正并说明其原因。

7. 计算下列函数有效数字的结果:

(1) $x=9.80, \ln x=$ _____

(2) $x=5.84, \sqrt{x}=$ _____

(3) $x=3.31415, e^x=$ _____

(4) $x=0.5275, \sin x=$ _____

8. 按有效数字运算法则,计算下列各式:

(1) $98.754+1.3=$

(2) $107-2.5=$

(3) $5.21\times0.0039=$

(4) $\dfrac{6.87+8.43}{133.75-109.85}=$

(5) $\dfrac{(2.334+0.038)\times303.4}{17.25}=$

(6) $\pi\times(4.2)^2=$

9. 某一物体质量的测量值分别为:32.125 g、32.116 g、32.121 g、32.124 g、32.122 g、32.122 g。试求其算术平均值、标准误差和平均绝对误差。

10. 一个铅质圆柱体,测得其直径 $d=2.04\pm0.02$ cm,高度 $h=4.12\pm0.02$ cm,质量 $m=149.18\pm0.05$ g。

(1) 求铅的密度 ρ;

(2) 求 ρ 的平均绝对误差及相对误差;

(3) 写出 ρ 的测量结果。

11. 试求下列间接测量的平均绝对误差和完整结果:

（1）$N = A - 2B$

$A = 25.30 \pm 0.04$ cm

$B = 3.004 \pm 0.002$ cm

（2）$R = \dfrac{V}{I}$

$V = (15.0 \pm 0.2)$ V

$I = (100.0 \pm 0.5)$ mA

（3）$S = L \cdot H$

$L = (10.25 \pm 0.05)$ cm

$H = (0.100 \pm 0.005)$ cm

12. 写出下列函数的标准误差传递公式（等式右边均为直接测量的量）：

（1）$N = A - \dfrac{1}{2}B^3$

（2）$N = \dfrac{\pi}{6}A - \dfrac{1}{3}B^2$

（3）$N = \dfrac{4AB^3}{C}$

13. 写出下列函数的不确定度的传递公式：

（1）$N = x + y + 2z$ （2）$f = \dfrac{ab}{a-b}(a \neq b)$

（3）$f = \dfrac{A^2 - l^2}{4A}$ （4）$L_0 = \dfrac{L}{1 + \alpha t}(\alpha$ 是常量)

14. 在单摆测重力加速度实验中，用 $g = 4\pi^2 \dfrac{1}{T^2}$ 计算重力加速度。已获得摆长 l 与周期 T 的测量结果为：$= (100.010 \pm 0.010)$ cm

$$T = (2.0021 \pm 0.0020) \text{ s}$$

写出表示重力加速度 g 的测量结果，要求推导出不确定度的方差传递公式 $\dfrac{U_g}{g}$，计算出不确定度 U_g，最后写出测量结果 $g = \bar{g} \pm U_g$。

15. 实验测得在不同压强下水的沸点如下表：

压强(mmHg)	64	101	148	196	259	322	333	444	510	596	682	775
沸点(℃)	42.6	51.8	59.8	66.0	72.4	77.8	84.2	85.8	89.2	93.2	97.0	100.4

试做出水的沸点—压强关系曲线。

16. 现测得一弹簧的长度 L 所加负载质量 m 的数据如下表：

m(g)	0	3.0	6.0	9.0	12.0	15.0
L(cm)	16.5	18.5	20.6	22.9	25.1	27.2

试用作图法求出 $L-m$ 的函数关系、弹簧的倔强系数。

17. 用最小二乘法求出 $y=ax+b$ 中的 a 和 b，并检验其线性。

(1)

i	1	2	3	4	5	6	7
x_i	2.0	4.0	6.0	8.0	10.0	12.0	14.0
y_i	14.34	16.35	18.36	20.34	22.39	24.38	26.33

(2)

i	1	2	3	4	5	6	7
x_i	20.0	30.0	40.0	50.0	60.0	70.0	80.0
y_i	5.45	5.66	5.96	6.70	6.45	6.86	7.01

18. 利用单摆测定重力加速度 g，当摆角很小时有 $T=2\pi\sqrt{\dfrac{L}{g}}$ 的关系。式中 T 为周期，L 为摆长，它的测量结果分别为 $T=1.9842\pm0.0002\text{s}$，$L=98.81\pm0.02$ cm，求重力加速度及其不确定度，写出结果表达式。

19. 已知某空心圆柱体的外径 $D=3.800\pm0.004$ cm，内径 $d=1.482\pm0.002$ cm，高 $h=6.276\pm0.004$ cm，求体积 V 及其不确定度，正确表达测量结果。

第 3 章

基础性实验

3.1 基本力学量的测量

【实验目的】

（1）熟悉游标卡尺、螺旋测微计、物理天平的结构原理，掌握其使用方法。

（2）学习用流体静力称衡法测量固体和液体的密度。

（3）学会正确读取数据，掌握直接测量和间接测量中误差的基本计算方法。

【实验器材】

游标卡尺，螺旋测微计，物理天平，空心圆管，实心小球，铜块，酒精，烧杯。

【实验原理】

设物体的质量为 m_1，体积为 V，则其密度为 $\rho = \dfrac{m_1}{V}$。所以，物体的密度是个间接测量值，只要测定质量和体积就可由上式求出物体密度。质量可用天平称量，但只有外形规则不复杂的固体，才可直接测量其外形尺寸计算其体积。对于测定不规则固体或是液体的密度，本实验介绍一种常用的方法——流体静力称衡法。

设体积为 V 的物体在空气中的重量为 w_1，悬在水中的视重为

w_2 ,则物体受水的浮力 F 的大小等于

$$F = w_1 - w_2 \tag{1}$$

根据阿基米德原理,物体浸没在水中所受的浮力大小等于它排开水的重量,即 $F = \rho_0 g V$,式中 ρ_0 为水的密度,V 为排开水的体积,即物体的体积,g 为重力加速度。将上式带入(1),得

$$V = \frac{w_1 - w_2}{\rho_0 g} \tag{2}$$

又设物体在空气中称衡时天平的砝码为 m_1 ,使其悬浮在盛水的烧杯中称衡时天平的砝码值为 m_2 ,$w_1 = m_1 g$,$w_2 = m_2 g$,代入(2)式得

$$V = \frac{m_1 - m_2}{\rho_0} \tag{3}$$

这样,只要测出水的温度,从常数表中查出对应的 ρ_0 值,就可以根据(3)式算出物体的体积,而物体的密度

$$\rho = \frac{m_1}{V} = \frac{m_1}{m_1 - m_2} \rho_0 \tag{4}$$

同理,再将物体浸入密度为 ρ' 的待测液体中,测得此时物体悬浮于液体中的视重 w_3 ,则物体在待测液体中受到的浮力为 $w_1 - w_3$,此浮力又等于 $\rho' g V$,考虑到 $w_1 - w_2 = \rho_0 g V$,于是,待测液体的密度

$$\rho' = \frac{w_1 - w_3}{w_1 - w_2} \rho_0 = \frac{m_1 - m_3}{m_1 - m_2} \rho_0 \tag{5}$$

式中,m_3 是物体浸没在液体中称衡时天平的砝码值。这样一来,测得物体密度问题,就转换为如何测得物体的质量问题了。

【实验内容与步骤】

1. 用游标卡尺测量空心圆管的参数

(1) 记录游标卡尺的最小分度值和零点误差。

(2) 用游标卡尺测空心圆管的内径、外径、深度和高度各 4 次。

(3) 计算出圆管的内径、外径、深度和高度的算术平均值和平均绝对误差,并完整表示各个物理量的结果。

2. 用千分尺测量实心小球的参数

(1) 记录螺旋测微计的最小分度值和零点误差。

（2）用螺旋测微计测量实心小球的直径 5 次。

（3）计算小球的直径、体积的算术平均值和不确定度，并完整表示各个物理量的结果。

3. 用流体静力称衡法测量铜的密度和酒精的密度

（1）调整物理天平，使之自身平衡和水平。

（2）用物理天平称量铜块在空气中的质量，将铜块放在右盘称一次，再放在左盘称一次，用几何平均值 m_1 表示铜块在空气中质量（复称法）。

（3）将盛有大半烧杯水的杯子放在天平左边托盘上，将挂在钩子上的铜块完全浸没在水中（铜块不要接触杯子），称出铜块在水中的质量 m_2。

（4）将铜块擦干，用相同方法称出铜块在酒精中的质量 m_3。

（5）记录室温，并从附表中查出对应的纯水的密度 ρ_0，分别计算铜块和酒精的密度及其相对误差。

注意事项

① 游标卡尺使用前，应该先将游标卡尺的卡口合拢，检查游标卡尺的 0 线和主刻度尺的 0 线是否对齐。若对不齐说明卡口有零点误差，应记下零点读数，用以修正测量值。按常规，待测量的值为读数值减去零点读数。若游标 0 线在主尺 0 线的右边，则零点读数取正值；反之取负值。

② 推动游标刻度尺时，不要用力过猛，卡住被测物体时松紧应适当，更不能卡住物体后再移动物体，以防卡口受损。

③ 用完后两卡口要留有间隙，然后将游标卡尺放入包装盒内，不能随便放在桌上，更不能放在潮湿的地方。

④ 螺旋测微计通常有零点误差，测量前应先记录零点读数，以便对测量值作零点校正。先使测微计的测量钳口接触，检查主尺基线与副尺零线是否重合，如不重合，应记下这个差数，称之为零点读数。待测量的值应为读数值减去零点读数。若副尺零线在主尺基线的下方，则取正值；反之取负值。

⑤ 螺旋测微计测量误差的主要原因是螺旋将待测物压紧程度

不同引起。因此,测量时,当钳口接近待测物时,不要直接拧转螺杆,应轻轻转动棘轮(微调螺旋)推进螺杆,只要听到"喀"、"喀"声,就可以读数了。

⑥ 测量完毕,应在测砧间留下间隙,避免因热膨胀而损坏螺纹。

⑦ 物理天平的所有配件必须按照编号装配,左右不得调换,否则天平将无法进行零点调节。

⑧ 物理天平称衡时,每次取放物体、取放砝码(包括移动游码),以及不用天平时,都必须将天平止动,以免损坏刀口。

【数据记录与处理】

1. 用游标卡尺测空心圆柱体

最小分度值_____   初读数_____

	内径 d(mm)	外径 D(mm)	深度 h(mm)	高度 H(mm)
1				
2				
3				
4				
算术平均值				
平均绝对误差				

$$d = \bar{d} \pm \Delta d \quad D = \bar{D} \pm \Delta D \quad h = \bar{h} \pm \Delta h \quad H = \bar{H} \pm \Delta H$$

2. 用螺旋测微计测小球直径

最小分度值_____   初读数_____

	1	2	3	4	5	平均值	不确定度
直径 ϕ_0(mm)							
直径 ϕ(mm)							

$$U_{A\phi} = \qquad U_{B\phi} = \qquad U_\phi = \qquad \phi = \bar{\phi} \pm U_\phi$$

体积 $\bar{V} =$ 体积的不确定度 $U_V =$ $V = \bar{V} \pm U_V$

3. 用物理天平测铜块质量

天平感量_____   室温_____

$m_{1左}$ （g）	$m_{1右}$ （g）	$m_1 = \sqrt{m_{1左} \cdot m_{1右}}$ （g）	m_2 （g）	m_3 （g）

$$\rho_铜 = \frac{m_1}{m_1 - m_2}\rho_水 = \qquad\qquad \rho_酒 = \frac{m_1 - m_3}{m_1 - m_2}\rho_水 =$$

$$E_铜 = \frac{|\rho_铜 - \rho_铜{}'|}{\rho_铜} \times 100\% = \qquad E_酒 = \frac{|\rho_酒 - \rho_酒{}'|}{\rho_酒} \times 100\% =$$

【思考题】

1. 何谓仪器的分度数值？米尺、20 分度游标卡尺和螺旋测微器的分度数值各为多少？

2. 螺旋测微计上的棘轮有什么用处？测量时不用它是否可以？为什么？

3. 如何正确使用物理天平？

4. 密度测定实验中，如果物体表面有气泡，则实验结果所得的密度值偏大还是偏小？为什么？

【附录】

1. 游标卡尺

普通测长度的尺子准确度有一定的局限性，主要是由于其分度值（即仪器能准确鉴别的最小量值）较大。例如米尺的分度值为 1 mm 而不能更小，否则，刻度线太密而无法区分。为此，在主尺上装一个能够沿主尺滑动的带有刻度的副尺，称为游标，这样的装置称为游标卡尺。游标卡尺的结构如图 3-1-1 所示。主尺 D 是一根钢制的毫米分度尺，主尺头上附有钳口 A 和刀口 A'，游标 E 上附有钳口 B、刀口 B' 和尾尺 C，可沿主尺滑动。螺丝 F 可将游标固定在主尺上，当钳口 AB 密接时，则刀口 $A'B'$ 对齐，尾尺 C 和主尺尾部也对齐，主尺上的 0 线与游标上的 0 线重合。

钳口 AB 用来测物体的长度及外径，刀口 $A'B'$ 用来测物体的内径,而尾尺 C 则用来测物体的深度。它们的读数值都是表示游标的 0 线与主尺的 0 线之间的距离。

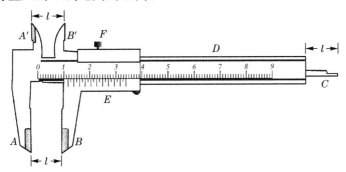

图 3-1-1　游标卡尺

　　游标卡尺的规格有多种,其精密程度各不相同,但不论哪一种,它的原理和读数方法都是一样的。常用游标尺的设计,在游标尺上刻有 m 个分格,游标上 m 个分格的总长,正好与主尺上 $(m-1)$ 个分格的总长相等,如果用 y 表示主尺上最小分格的长度,x 表示游标上每一小格的长度,则

$$(m-1)y = mx$$

所以,主尺与游标上每个分格长度的差值是

$$y - x = \frac{y}{m}$$

这个量就是游标卡尺的分度值。通常主尺最小分格 y 都为 1 mm,因此,游标的分格数越多,分度值就越小,卡尺的精密度就越高。

　　常用的游标卡尺的分度值有 0.1 mm、0.05 mm、0.02 mm 三种。若:$y=1$ mm,$m=10$,则 $\frac{y}{m}=0.1$ mm;$y=1$ mm,$m=20$,$\frac{y}{m}=$ 0.05 mm;$y=1$ mm,$m=50$,则 $\frac{y}{m}=0.02$ mm。

　　利用游标卡尺测物体的长度时,把物体放于钳口之间,游标右移。游标 0 线对准主尺上某一位置,毫米以上整数部分 l_0 可以从主尺上直接读出,毫米以下部分 Δl 从副尺上读出,物体的长度为:$l = l_0 + \Delta l$。

　　$\Delta l = ny - nx$　　(n 为游标上与主尺某一刻度重合的格数)

$$\Delta l = n(y-x) = n\frac{y}{m}$$

如图 3-1-2 所示，$l_0 = 16\text{ mm}$，$n = 13$，$m = 50$，$y = 1\text{ mm}$，$\dfrac{y}{m}$ $= 0.02\text{ mm}$，

则

$$l = l_0 + n\frac{y}{m} = 16\text{ mm} + 13 \times 0.02\text{ mm} = 16.26\text{ mm}$$

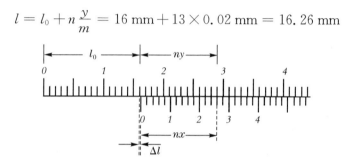

图 3-1-2　游标卡尺的读数

2. 螺旋测微计

螺旋测微计（千分尺）是比游标卡尺更精密的长度测量仪器，多用于测量小球和金属丝的直径或平板厚度。常用的一种螺旋测微计测量范围 $0 \sim 25\text{ mm}$，分度值 0.01 mm。螺旋测微计的结构如图 3-1-3所示，主要部分是在固定套管上有一个微动螺杆（鼓轮），螺距 0.5 mm，因此，当螺杆旋转一周时，它沿轴线方向前进或后退 0.5 mm，此距离在固定套管的标尺（即主尺）上显示为一个分格。螺旋杆是和螺旋柄相连，柄上附有沿圆周的刻度（微分筒），即副尺，共有 50 个等分格。当微分筒上的刻度转过一分格时，螺旋杆沿轴线前进或后退的距离为：$\dfrac{0.5\text{ mm}}{50\text{ 格}} = 0.01\text{ mm/格}$，螺旋测微计的分度值是 0.01 mm。

棘轮通过摩擦与鼓轮连在一起，转动棘轮，鼓轮也随之转动，使螺杆前进或后退。安装棘轮的目的，是保证测量过程中螺杆与测砧之间的压力保持一致，不会使待测物夹得过紧或过松，影响测量结果，并可保护螺杆（螺母）的螺距不因压力过大而损坏。若螺杆已经卡住，棘轮就会打滑，并发出"喀、喀"的响声。

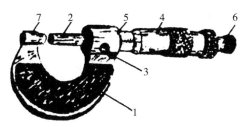

1.尺架；2.螺杆；3.锁紧装置；4.微分筒(鼓轮)；5.螺旋套管；6.棘轮；7.测砧

图 3-1-3　螺旋测微计

测量物体长度时,应轻轻转动棘轮,推动螺杆,使待测物体刚好夹住(发出响声)。读数时先在固定套管标尺上读出整格数(每格 0.5 mm),0.5 mm 以下的读数在有横刻度的读数鼓轮上读出(要估读),图 3-1-4(a)表示测微螺杆和测砧刚接触时零刻度线全部对齐,此时是螺旋测微计的标准起始状态,其初读数为零,写为 0.000 mm,图 3-1-4(b)和(c)表示测微螺杆和测砧面虽已接触,但鼓轮的零刻度线与固定套管的刻度准线没有对齐,这样螺旋测微计的初读数分别为 -0.008 mm 和 +0.016 mm。

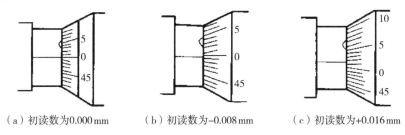

（a）初读数为0.000 mm　　　（b）初读数为-0.008 mm　　　（c）初读数为+0.016 mm

图 3-1-4　螺旋测微计的初读数

螺旋测微计螺套管上的刻度线分别刻在水平准线的上下,每隔 0.5 mm 刻一条,一般上面为毫米数,下面为 0.5 mm 数。读数时应注意鼓轮边缘所对的刻度线是上面的还是下面的,若对在上面,其读数值为整毫米数加上鼓轮的指示值,若对在下面,则应再加上 0.5 mm,如 3-1-5 所示。

螺旋测微计是精密测量仪器,使用时必须注意:

(1)测量前应记录零点读数(即初读数)。初读数是当两个测量卡口面刚好接触时,标尺和鼓轮上的读数。标尺读数是以鼓轮边为准线的,鼓轮读数是以标尺中线为准的。鼓轮边线指在套管标尺中线以下时,初读数为正值,测量时,测出的读数应减去这一零点读数后才是被测长度的测量值；鼓轮边线指在套管标尺中线以上时，初读数为负，同样在测量时要减去这个负的初读数（实际上是加上这个数）。若鼓轮零线和标尺中线重合，则初读数为零（参见图 3-1-4 和图 3-1-5 所示）。

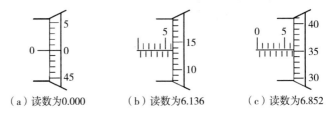

（a）读数为0.000　　（b）读数为6.136　　（c）读数为6.852

图 3-1-5　螺旋测微计指示的读数

（2）测量卡面和被测物体间的接触压力应当很小且大小一定。因此旋转鼓轮当卡面将接触被测物体时，必须使用棘轮转动，当听到棘轮发出"喀喀喀……"的声音表示测量面已经接触被测物，则不能再旋进螺杆。

（3）测量完毕，应使测量面间留出一点间隙，以免因热膨胀或其他原因而损坏精密螺纹。

3. 物理天平

天平是一种等臂杠杆，按其称衡的准确程度分等级，准确度低的为物理天平，准确度高的为分析天平。不同准确度的天平配置不同等级的砝码。各种等级的天平和砝码其仪器误差都有规定。天平的规格除了等级外还有最大称量及感量（或灵敏度）。最大称量是天平允许称量的最大质量，感量就是天平的摆针从标度尺上零点平衡位置偏转一个最小分格时，天平两秤盘上的质量差。一般而言，感量的大小与天平砝码（游码）读数的最小分度值相适应。灵敏度是感量的倒数，即天平平衡时，在一个盘中加单位质量后摆针偏转掉的格数。下面以物理实验中常用的物理天平为例介绍天平的结构特点和操作维护规则。

（1）仪器描述。物理天平的外形如图 3-1-6 所示。它主要由横梁、底座、带有标尺的支柱以及两个秤盘组成。横梁的中点及两端各有一个刀口，中间刀口安置在支柱顶端的刀垫上，作为梁的支点，左右两端的刀口悬有两个砝码盘。这三个刀口用硬质合金或玛瑙制成,须加以保护,以免磨损而影响精确度。

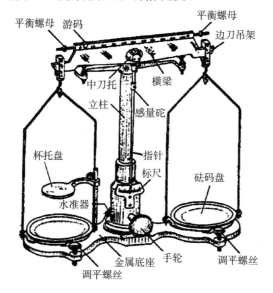

图 3-1-6 物理天平

为了确定横梁的倾斜位置,在其中点装着一根指针,当横梁摆动时,指针的尖端就在支柱下部的标尺前左右摆动。标尺下方有一制动手轮,可使横梁上升或下降。横梁下降时制动托架将它托住,以免磨损刀口。横梁两端各有一个平衡螺母,用于天平空载时调节平衡。横梁上有一可以移动的游码,用于 1 克以下的称衡。立柱左边有一个托盘,用来托住不需要称衡的物体。底座下的两个调平螺丝用于调节天平立柱成铅直状态(由水准器的气泡在中心判断)。

物理天平都配有一套砝码。实验室常用的一种物理天平,其最大称量为 500 g。1 g 以下的砝码太小,用起来很不方便,所以在横梁上附有可以移动的游码。横梁上有 50 个分度,游码向右移动一个刻度,相当于在右盘上加 0.02 g 的砝码,即其质量为 0.02 g/格。

(2)操作步骤。物理天平的操作步骤可以归纳为:调水平;调零点;左称物;常止动。

① 调水平。调节两只调平螺丝使立柱铅直,这可以利用底座上的水准泡来检查。

② 调零点。在水平调节好后,将游码移至游码标尺"0"刻线上。空载启动天平,指针随横梁来回摆动。若指针不是在标尺的中线

（第 10 条刻度线，称为"零点"）两边作等幅摆动时，则应先止动，使刀承下降；然后调节横梁两端的两个平衡螺母的位置；再启动横梁，观察指针位置……如此反复调节，直到天平达到平衡。

③ 称衡（左称物）。将待测物放在左盘，砝码放在右盘，用两端逼近法加置砝码：先估计待测质量的最大可能值，然后逐次减小数值的存在范围。若需要加 1 克以下的砝码，可移动游码，直至天平指针围绕着标尺中央刻线作等幅摆动，即认为天平已达到平衡。砝码数值（包括游码在内）即为待测物的质量值。物理天平主要用等摆法进行质量的称衡。

④ 将止动手轮向左旋转，使刀承下降，记下砝码和游码的读数。将待测物体从盘中取出，砝码放回盒内，游码移到零位，最后将配件取下放入盒内，天平复原。

（3）操作规则。为了正确使用和保护天平，必须遵守以下操作规则：

① 待测物不得超过天平的称量即最大载荷，以免损坏刀口或压弯横梁。

② 常止动。在调节天平，取放物体，加减砝码（包括移动游码），以及不用天平时，都必须将天平止动，以免损坏刀口。只有在判断天平是否平衡时才将天平启动。天平的启动和止动的动作要轻。止动时，最好在天平指针接近标尺中线刻度时进行。

③ 砝码不得直接用手拿取，只准用镊子夹取。称量完毕，砝码必须放回砝码盒的原位，不得随意乱放。

④ 天平和砝码要注意防潮、防锈，高温和潮湿的物体不得直接置于托盘天平上称量。在流体静力称衡法中，盛液体的杯子是放在托盘上的。

（4）复称法。物在左盘，砝码在右盘，天平平衡时，待测物的质量就等于砝码的质量。这种称衡法叫做单称法。如果天平横梁两臂不严格等长的话，上述单称法中势必存在系统误差。为了消除天平不等臂性误差，可采用复称法，又叫交换法称衡。在大学物理实验中多处应用这种物理思想方法。

复称法的方法：先将质量为 M 的待测物放在左盘，砝码放右盘，

称得质量为 $m_左$；然后将物置于右盘，砝码放左盘，称得质量为 $m_右$。然后以 $\sqrt{m_左 m_右}$ 的方法算出物体质量 m，以消除天平的不等臂误差的影响。

3.2　落球法测定液体的黏滞系数

在工业生产和科学研究中（如流体的传输、液压传动、机器润滑、船舶制造、化学原料及医学等方面）常常需要知道液体的黏滞系数。测定液体黏滞系数的方法有多种，落球法（也称斯托克斯法）是最基本的一种。它是利用液体对固体的摩擦阻力来确定黏滞系数的，可用来测量黏滞系数较大的液体。

【实验目的】

（1）观察液体中的内摩擦现象，了解小球在液体中下落的运动规律。

（2）掌握用落球法测黏滞系数的原理和方法。

（3）进一步熟悉并掌握某些测量器具的用法（如游标卡尺、螺旋测微计、秒表等）。

【实验仪器】

玻璃圆筒（高约 $50\,\mathrm{cm}$，直径约 $5\,\mathrm{cm}$），游标卡尺，螺旋测微计，秒表，小钢球 5 个，温度计，镊子，待测液体，米尺。

【实验原理】

一个光滑的固体小球，在黏滞液体中下落运动时，受到三个力的作用：重力、浮力和阻力。阻力是由附在小球上并随小球一起运动的一层液体与相邻液体层之间摩擦引起的，即黏滞阻力。

当半径为 r 的光滑圆球，以速度 v 在均匀的无限宽广的液体中运动时，若速度不大，球也很小，在液体中不产生涡流的情况下，斯托克斯指出，球在液体中所受到的阻力 F 为

$$F = 6\pi\eta r v \tag{1}$$

式中 η 为液体的黏滞系数，此式称为斯托克斯公式。从上式可知，阻力 F 的大小和物体运动速度成比例。

当质量为 m、体积为 V 的小球在密度为 ρ_0 的液体中下落时，作用在小球上的力有 3 个：(1)重力 mg，(2)液体的浮力 $\rho_0 vg$，(3)液体的黏性阻力 $6\pi\eta rv$。

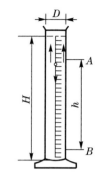

3-2-1　实验装置

这 3 个力都作用在同一铅直线上。重力向下，浮力和阻力向上。小球刚落入液体时垂直向下的重力大于垂直向上的浮力和黏滞力之和，小球加速下落。随着小球运动速度的增加，黏滞力也增加，当小球下落速度达到一定大小时，小球所受的合力为零，此后小球就以 v_0（称为收尾速度）匀速下落，这时有

$$mg = \rho_0 Vg + 6\pi\eta r v_0$$

将 $V = \dfrac{4}{3}\pi r^3$ 代入上式，可得

$$\eta = \frac{2}{9}\frac{(\rho - \rho_0)}{v_0}gr^2 \tag{2}$$

实验中，液体是盛在半径为 R 的圆筒内的，属于有限大介质内的问题。如果考虑到器壁的影响，则将(2)式修正为

$$\eta = \frac{2}{9}\frac{(\rho - \rho_0)}{v_0\left(1 + 2.4\dfrac{r}{R}\right)}gr^2 \tag{3}$$

考虑到实验值中直接测得量是小球的直径 d、圆筒的直径 D 和一定的下落高度 h（匀速）的时间，为此，黏滞系数被修正为

$$\eta = \frac{(\rho - \rho_0)gd^2 t}{18h\left(1 + 2.4\dfrac{d}{D}\right)} \tag{4}$$

实验中，小球的密度 ρ 由实验室给出，g 即为当地的重力加速度。

可见，η 与小球的质量无关，但与液体的种类和温度有关。在 SI 单位中，η 的单位是牛顿·米$^{-2}$·秒（N·m^{-2}·s），称为帕斯卡·秒

(Pa·s),或简称为帕·秒;在 CGS 单位制中,η 的单位称为泊(P),
1 泊=0.1 帕·秒。

【实验内容与步骤】

(1)在盛油的量筒上取定测量小球匀速落下的高度 h 的上下标志 A 和 B。A 点选得要保证小球已匀速下落,而 B 点不能太靠近底部。

(2)用游标卡尺测玻璃筒内径 D,在不同的方向测 3 次,取平均值。测量时应小心,防止碰破筒口。用米尺测 h 共 3 次,取平均值。

(3)用千分尺测量小球直径 d,在不同部位测 3 次,取平均值。

(4)将小球用镊子夹起置量筒中央,刚入液体时释放(若小球不下落,可用镊尖轻轻将小球浸没液面),用秒表测小球落下通过距离 h 所需的时间 t。

(5)重复步骤 3、4,共测 5 个小球。

(6)测量室内温度 t。

(7)计算每个小球下落对应的液体黏滞系数 η_i,并求出平均值。

(8)计算液体黏滞系数 η 的误差,并完整表示其结果。

注意事项

① 实验用的小球事先擦拭干净,不能将灰沙带入液体内,不要将空气带入形成小气泡。

② 将小钢球放在甘油中浸一下,然后用镊子把钢球沿量筒中心轴线放入甘油中。

③ 小球下落时,液体应该是静止的,因此在实验过程中要保持液体处于静止状态,且每下落一个小球时要隔一定时间,不能连续放小球下落。

④ 液体黏滞系数随温度的变化而变化,因此测量时不要用手摸量筒。

⑤ 在观察钢球通过量筒标志线时,要使视线水平,以减小误差。

【数据记录与处理】

蚌埠地区重力加速度 $g=9.7947$ m/s^2，

停表初读数_____ 钢球密度 $\rho=$_____

液体密度 $\rho_0=$_____ 室内温度 $t=$_____

1. 测量筒内径和标线距离

游标卡尺初读数_____ 最小分度_____

被测量的测量次数	量筒内径 D(mm)	标线 A、B 间距 h(mm)
1		
2		
3		
平均值		

2. 测小球直径和下落时间

千分尺初读数_____ 最小分度_____

小球个数	1	2	3	4	5
小球直径 d(mm)					
小球直径平均值 $\overline{d}$(mm)					
下落时间 t(s)					
黏滞系数 η(Pa·s)					
黏滞系数平均值 $\overline{\eta}$(Pa·s)					

3. 液体黏滞系数：$\eta=\dfrac{(\rho-\rho_0)g\overline{d}^2 t}{18\overline{h}\left(1+2.4\dfrac{\overline{d}}{D}\right)}=$_____ Pa·s

4. 计算液体黏滞系数 η 的相对误差

【思考题】

1. 用落球法测液体的黏滞系数时对液体有什么要求？实验中如何近似满足？

2. 为什么小球要沿量筒轴线下落？若玻璃管不铅直,对实验有何影响？

3. 如何保证小球在运动过程中不产生漩涡？

4. 量筒外壁的上标志 A 是否可以选取液面作为标准？为什么？

5. 用同一种甘油,同一小球,在不同的室温下实验,甘油的黏滞系数将有何变化？

【附录】

时间的测量

时间是基本量,也是三个力学基本量之一。在国际单位制中,以秒为单位计时。与长度类似,秒的定义也是几经更新。我们可以用任何自身重复的现象来测量时间间隔。几个世纪以来,一直用地球自转(一天时间)作时间标准,规定 1(平均太阳)日的 1/86400 为 1 s。石英晶体钟充当次级时间标准,这种钟可以达到一年中的计时误差为 0.02 s。为了更好地满足时间标准的需要,人们发展了利用周期性的原子振动作为时间标准(原子钟)。1967 年,国际计量大会采用铯 Cs^{133} 钟为基础的秒作时间标准,秒规定为 Cs^{133} 的特定跃迁的 9192631770 个周期的持续时间,这一规定使时间测量的精度提高到 10^{12} 分之一。

1. 电子秒表

由表面上的液晶显示时间,最小显示为 0.01 s,外形结构如图 3-2-2 所示。S_1 按钮为启动/停止键,可以用来调整计时/计历；S_3 按钮为复零、分段计时和状态选择(按下 S_3 按钮 3 秒后可以作计时、计历和秒表状态的转换)键；S_2 按钮为计时计历调整按钮,一般在实验时将秒表调整到秒表状态,只需要 S_1、S_3 两个按钮的启动、停止或复零三种功能。按钮均有一定的机械寿命,不要随意乱按。

2. 数字毫秒计

数字毫秒计是测量时间间隔的数字仪表,一般测量的时间间隔为 $0.01 \times 10^{-3} \sim 999.9$ s。

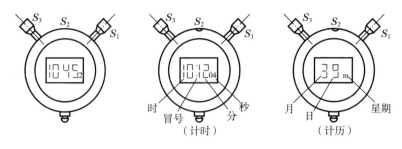

图 3-2-2　电子秒表

数字毫秒计的基本原理是利用一个频率很高的石英振荡器作为时间信号发生器,不断地产生标准时基信号。在实验中,它通过光电元件(传感器)和一系列电子元件所组成的控制电路来控制时基信号进行计时,并在数码管中显示出被测定的时间间隔。为了实验方便.仪器还装有自动清零的装置(即自动复零)。

3.3　静态法测量金属丝的杨氏模量

【实验目的】

(1)掌握用拉伸法测定金属丝的杨氏模量。

(2)学会用光杠杆测量长度的微小变化。

(3)学会用逐差法处理数据。

【实验仪器】

杨氏模量测量仪、光杠杆、镜尺组、卷尺、螺旋测微计、直尺、砝码。

【实验原理】

1. 胡克定律和杨氏弹性模量

当固体受外力作用时,它的体积和形状将要发生变化,这种变化称为形变。物体的形变可分为弹性形变和塑性形变。固体材料的弹性形变又可分为纵向、切向、扭转、弯曲。当外力不太大时,物体的形变与外力成正比,且外力停止作用物体立即恢复原来的形状和体积,这种形变称弹性形变。当外力较大时,物体的形变与外力不成比例,且当外力停止作用后,物体形变不能完全消失,这种形变称为塑性形变。塑性形变的产生,是由于物体形变而产生的内应力(大小等于单位面积上的作用力)超过了物体的弹性限度(屈服极限)的缘故。如果再继续增大外力,当物体内产生的内应力超过物体的强度极限时,物体便被破坏了。

胡克定律指出:在物体的弹性限度内,胁强与胁变成正比,其比例系数称为杨氏模量(记为 Y)。在数值上等于产生单位胁变时的胁强。它的单位是与胁强的单位相同。其中:单位面积上所受到的力称为胁强,胁变是指单位长度上的形变量。杨氏模量用来描述材料抵抗纵向弹性形变的能力。

假设有一根长为 L,横截面积为 S 的钢丝,在外力 F 作用下伸长了 ΔL,由胡克定律可知

$$\frac{F}{S} = Y\frac{\Delta L}{L}, \tag{1}$$

式中的比例系数 Y 称为"杨氏模量",单位为 $N \cdot m^{-2}$。

设实验中所用钢丝直径为 d,则 $S = \frac{1}{4}\pi d^2$,代入上式后得

$$Y = \frac{4FL}{\pi d^2 \Delta L} \tag{2}$$

上式表明,对于长度 L,直径 d 和所加外力 F 相同的情况下,杨氏模量 Y 大的金属丝的伸长量 ΔL 小。杨氏模量是表征固体材料性质的一个重要的物理量,是工程设计上选用材料时常需涉及的重要参数之一,一般只与材料的性质和温度有关,与外力及物体的几何形状无关。对一定材料而言,Y 是一个常数,它仅与材料的结构、化学成分及其加工制造的方法有关。杨氏模量的大小标志了材料的刚性。

为能测出金属丝的杨氏模量 Y,必须准确测出(2)式中右边各量。其中 L、d、F 都可用一般方法测得,唯有 ΔL 是一个微小的变化量,用一般量具难以测准,为了测量细钢丝的微小长度变化,实验中使用了光杠杆放大法间接测量。利用光杠杆不仅可以测量微小长度变化,也可测量微小角度变化和形状变化。由于光杠杆放大法具

有稳定性好、简单便宜、受环境干扰小等特点，在许多生产和科研领域得到广泛应用。

2. 光杠杆和镜尺系统是测量微小长度变化的装置

光杠杆结构如图 3-3-1(a)所示，它实际上是附有 3 个尖足的平面镜。3 个尖足的边线为一等腰三角形。前两足刀口与平面镜在同一平面内(平面镜俯仰方位可调)，后足在前两足刀口的中垂线上。镜尺系统由一把竖立的毫米刻度尺和在尺旁的一个望远镜组成。镜尺系统和光杠杆组成如图 3-3-1(b)所示的测量系统。

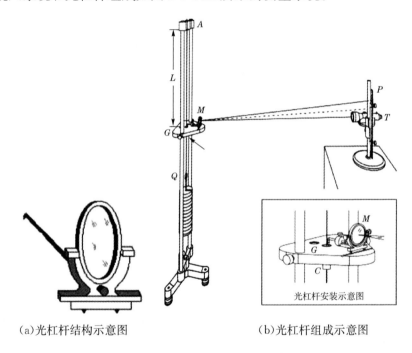

(a)光杠杆结构示意图　　　　(b)光杠杆组成示意图

图 3-3-1　光杠杆结构及组成示意图

将光杠杆和镜尺系统按图 3-3-1(b)安装好，并按仪器调节步骤调节好全部装置之后，就会在望远镜中看到由镜面 M 反射的直尺(标尺)的像。标尺是一般的米尺，但中间刻度为 0。其光路部分如图 3-3-2 所示。M_1 表示钢丝处于伸直情况下光杠杆小镜的位置。从望远镜的目镜中可以看见水平叉丝对准标尺的某一刻度线 n_0，当在钩码上增加砝码(第 i 块)时，因钢丝伸长致使置于钢丝下端附着在平台上的光杠杆后足 P 跟随下降到 P'，PP' 即为钢丝的伸长 ΔL_i，于是平面镜的法线方向转过一角度 θ，此时平面镜处于位置 M_2。在固定不动的望远镜中会看到水平叉丝对准标尺上的另一刻线 n_i，则 $n_i - n_0 = \Delta n_i$。

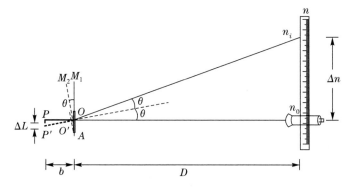

图 3-3-2 光杠杆原理

假设开始时光杠杆的入射和反射光线相重合，当平面镜转一角度 θ，则入射到光杠杆镜面的光线方向就要偏转 2θ，故 $\angle n_0 O n_i = 2\theta$，因 θ 甚小，OO' 也很小，故可认为平面镜到标尺的距离 $D \approx O'n_0$，并有

$$\tan 2\theta \approx 2\theta \approx \frac{n_i - n_0}{D}, \theta \approx \frac{n_i - n_0}{2D} \tag{3}$$

又从 $\triangle OPP'$，得

$$\tan \theta \approx \theta = \frac{\Delta L_i}{b} \tag{4}$$

式中 b 为后足至前足连线的垂直距离，称为光杠杆常数。从以上两式得

$$\Delta L_i = \frac{b(n_i - n_0)}{2D} = \frac{b \Delta n_i}{2D} \tag{5}$$

上式中 b 和 D 可以直接测量，因此只要在望远镜中测得标尺刻线移过的距离 $(n_i - n_0)$，即可算出钢丝的相应伸长 ΔL_i。将 ΔL_i 值代入 (2) 式后得

$$Y = \frac{8LDF}{\pi b d^2 \Delta n_i} \tag{6}$$

常用单位是：牛顿/米^2。式中 d 为钢丝的直径。

【实验内容与步骤】

1. 调整测量装置

（1）夹好钢丝，调整支架呈竖直状态，在钢丝的下端悬一钩码（这些重量不算在以后各次所加重量之内），使钢丝能够自由伸张。

（2）安置好光杠杆，前足刀口置于固定平台的沟内，后足置于钢丝下端附着的平台上，并靠近钢丝，但不能接触钢丝。不要靠着圆孔边，也不要放在夹缝中。调节平面镜 M 俯仰角使之与平台大致垂直。

（3）调节望远镜，使之水平，并与平面镜同一高度。沿望远镜筒上面的缺口和准星观察平面镜 M，要能够看到标尺的像。若看不到标尺的像或只能看到一部分，则需移动望远镜支架直至能在平面镜中完整地看到标尺的像。再次调整平面镜倾角，使看到的标尺刻度大致位于标尺的中部。

（4）调节望远镜目镜调焦旋钮，直至在目镜中能够清楚地看到十字叉丝。

（5）左右转动望远镜，找到视野最亮的区域，然后大范围地调节物镜调焦手轮，直至通过望远镜能清楚地看到标尺的像。（可以用手在标尺前方划动，通过望远镜能看到自己手动的影像，以此确定看到的是自己标尺的像）

2. 测量杨氏模量

（1）记录望远镜中水平叉丝对准的标尺刻度，记录初始读数 n_0（不一定要为零）。再在钢丝下端加一块砝码（0.32 kg），记录望远镜中标尺读数 n_1。以后依次加至五块砝码，并分别记录望远镜中标尺读数，这是增量过程中的读数。然后再每次减少一块砝码，并记下减重时望远镜中标尺的读数，填写在数据记录表格中。

（2）用米尺测量平面镜与标尺之间的距离 D。

（3）将光杠杆取下，用直尺测量光杠杆长度 b（把光杠杆在纸上按一下，留下 z_1，z_2，z_3 三点的痕迹，连成一个等腰三角形，作其底边上的高，即可测出 b）。

（4）用螺旋测微器测量钢丝直径 d，测量6次。可以在钢丝的不

同部位和不同的径向测量。(因为钢丝直径不均匀,截面积也不是理想的圆)

(5) 用卷尺测钢丝长度 L(被固定在上下扎头中的长度)。

(6) 用逐差法计算钢丝在三块砝码拉伸下的伸长量 ΔL。

(7) 计算杨氏模量 $Y = \dfrac{8LDF}{\pi b d^2 \Delta n}$。

(8) 计算杨氏模量误差 ΔY,并完整表示该量。

注意事项

① 实验系统调好后,一旦开始测量,在实验过程中绝对不能对系统的任一部分进行任何调整。否则,所有数据将重新再测。

② 增减砝码时要防止砝码晃动,以免钢丝摆动造成光杠杆移动应使系统稳定后才能读取数据。注意槽码的各槽口应相互错开,防止因钩码倾斜使槽码掉落。

③ 注意保护平面镜和望远镜,不能用手触摸镜面。平面镜用好后应立刻从平台上取下。

④ 待测钢丝不能扭折,如果严重生锈和不直必须更换。

⑤ 光杠杆的支脚 z_1,z_2 的尖端必须放在 V 形槽的最深处,此时光杠杆最平衡。z_3 支脚应放在圆柱夹头的圆平面处,而不能放在圆柱形夹头的顶部夹住钢丝的孔或缝里。

⑥ 因刻度尺中间刻度为零,在逐次加砝码时,如果望远镜中标尺读数由零的一侧变化到另一侧时,应在读数上加负号。规定黑色读正值,红色读负值。

⑦ 测量 D 时应该是标尺到镜面的垂直距离。测量时卷尺应该放水平。

⑧ 实验完成后,应将砝码取下,防止钢丝疲劳。

【数据记录与处理】

1. 钢丝伸长记录

次数	砝码质量（kg）	增重时的读数（cm）	减重时的读数（cm）	两次读数的平均值(cm)	镜内标尺读数的变化 $|\Delta n_i|$（cm）
0				$n_0 =$	
1				$n_1 =$	$\Delta n_1 = n_3 - n_0 =$
2				$n_2 =$	
3				$n_3 =$	$\Delta n_2 = n_4 - n_1 =$
4				$n_4 =$	
5				$n_5 =$	$\Delta n_3 = n_5 - n_2 =$

2. 数据测量记录（单位：mm）

光杆干平面镜到尺子的距离 $D =$ _____ $\Delta D =$ _____

光杆干前后足尖的垂直距离 $b =$ _____ $\Delta b =$ _____

$\Delta L = \dfrac{b\,\overline{\Delta n}}{2D} =$ _____ mm $F = 3mg =$ _____ N

钢丝长度 $L=$ _____ $\Delta L' =$ _____ 每个砝码的

质量 $m=$ _____ kg

3. 钢丝直径

最小分度＝_____ 初读数＝_____

物理量	1	2	3	4	5	6	平均值	平均绝对误差
d_0 (mm)								
d (mm)								

4. 杨氏模量及误差计算

$$Y_0 = \frac{8LDF}{\pi b \bar{d}^2 \overline{\Delta n}} = \underline{\hspace{3cm}} \ (\text{N/m}^2)$$

相对误差 $E = \dfrac{\Delta Y}{Y_0} = \dfrac{\Delta L'}{L} + \dfrac{\Delta b}{b} + \dfrac{2\Delta d}{\bar{d}} + \dfrac{\Delta D}{D} + \dfrac{\Delta(\Delta n)}{\overline{\Delta n}}$ ，（其中不

计砝码质量的误差）。

式中，$\Delta L'$，Δb，ΔD 为仪器的绝对误差，用仪器的最小分度值的一半表示。Δd，$\Delta(\Delta n)$ 为 d 与 Δn 的平均绝对误差。

杨氏模量的误差 $\Delta Y = Y_0 \cdot E$

杨氏模量 $Y = Y_0 \pm \Delta Y =$ ＿＿＿＿＿＿（N/m^2）

【思考题】

1. 根据误差分析，要使本实验做得准确，关键是应该抓住哪几个量的测量？为什么？

2. 材料相同，但粗细长度不同的两根钢丝，它们的杨氏弹性模量是否相同？

3. 为什么在测量中，望远镜中标尺的读数应尽可能在望远镜所在处标尺位置的上下附近？

4. 拉伸法测量钢丝的杨氏弹性模量中需要测量那些物理量？分别用什么仪器测？应估读到哪一位？

5. 什么情况下应用逐差法？逐差法有何优点？

6. 实验中，不同的长度参量为什么要选用不同的量具仪器（或方法）来测量？

7. 从光杠杆的放大倍数考虑，增大 D 与减小 b 都可以增加放大倍数，那么它们有何不同？

8. 光杠杆有何优点，怎样提高光杠杆测量微小长度变化的灵敏度？

9. 如果以胁强为横轴，胁变为纵轴，利用画图法求 Y，图线应该是什么形状？

3.4　金属线胀系数的测量

【实验目的】

(1)学会如何利用光杠杆测量金属棒的线胀系数。

(2)掌握线胀系数的一种测定方法。

(3)学会用光杠杆及尺度望远镜测微小长度变化的方法。

【实验仪器】

线胀系数测定装置,光杠杆,尺度望远镜,温度计,钢卷尺,游标卡尺,待测金属棒。

【实验原理】

1. 金属棒的线胀系数的测量原理

固体的长度一般随温度的升高而增加,其长度 l 和温度 t 之间的关系为

$$l = l_0(1 + \alpha t + \beta t^2 + \cdots) \tag{1}$$

式中,l_0 为温度 $t=0$ ℃时的长度,α、β、$\cdots$是和被测物质有关的常数,都是很小的数值,β 以下各系数与 α 相比甚小,所以在常温下可以忽略,则式(1)可写成

$$l = l_0(1 + \alpha t) \tag{2}$$

其中,α 就是通常所称的线胀系数,单位是℃$^{-1}$。

设物体在温度 t_1（单位是℃）时的长度为 l,温度升到 t_2（单位是℃）时,其长度增加 Δl,根据式(2)可得

$$l = l_0(1 + \alpha t_1)$$

$$l + \Delta l = l_0(1 + \alpha t_2)$$

由此二式相比消去 l_0,整理后得出

$$\alpha = \frac{\Delta l}{l(t_2 - t_1) - \Delta l \cdot t_1} \tag{3}$$

由于 Δl 和 l 相比甚小,即 $l(t_2 - t_1) \gg \Delta l \cdot t_1$,所以(3)式可近似写成

$$\alpha = \frac{\Delta l}{l(t_2 - t_1)} \tag{4}$$

测量线胀系数的主要问题是怎样测准温度变化引起长度的微小变化 Δl,本实验利用光杠杆测量这样的微小长度。

2. 光杠杆的放大原理

本实验利用光杠杆测量微小长度的变化,如图 3-4-1 所示,实验时将待测金属棒直立在线胀系数测定仪的金属筒中,将光杠杆的后

尖置于金属的上端,两前足尖置于固定的台上。

如图 3-4-2 所示,设在温度 t_0 时,通过望远镜和光杠杆的平面镜,看到直尺上的刻度 n_0 刚好在望远镜中叉丝横线(或交点)处,当温度升到 t_i 时,直尺上刻度 n_i 移至叉丝横线上,根据光杠杆原理可得

$$\Delta l = \frac{\mid n_i - n_0 \mid b}{2D} \quad (\text{参看实验 2:杨氏模量的测定}) \qquad (5)$$

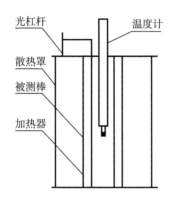

图 3-4-1 线胀系数测定仪的结构示意图

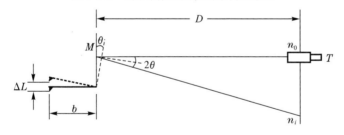

图 3-4-2 光杠杆放大原理示意图

式中 D 为光杠杆镜面到直尺的距离,b 为光杠杆后尖到二前足尖连线的垂直距离,将式(5)代入式(4),则

$$\alpha = \frac{\mid n_i - n_0 \mid b}{2lD(t_i - t_0)} \qquad (6)$$

实验就是根据式(6)测定金属棒的线胀系数的。

【实验内容与步骤】

(1)用米尺测量金属棒长 l 之后,将其插入线胀系数测定仪的金属筒中,直至棒的下端接触底面,上端稍稍露出筒外。

（2）将温度计小心地放入加热管内的被测棒孔内,同时记下初温 t_0 。

（3）将光杠杆放在仪器平台上,其后尖放在金属棒的顶端上,光杠杆的镜面在铅直方向。在光杠杆前 1.5～2.0 m 处放置望远镜及直尺（尺在铅直方向）。调节望远镜,看到平面镜中直尺的像（仔细聚焦以消除叉丝与直尺的像之间的视差）,读出叉丝横线（或交点）在直尺上的位置 n_0 。

（4）给金属筒通电加热,金属棒受热伸长,待温度计的数值每升高 10 ℃ 依次读出叉丝横线所对直尺的数值 n_i,并记下温度 t_i 。

（5）停止加热,测出直尺到平面镜镜面间距离 D ,取下光杠杆及温度计。

（6）将光杠杆在白纸压出三足尖痕,用游标卡尺测其后足尖到两前足尖连线的垂直距离 b 。

（7）根据（6）式求出金属棒的线胀系数,算出相对误差。

注意事项

在测量过程中,要注意保持光杠杆及望远镜位置的稳定,读数时眼睛要与目镜的水平叉丝保持水平。

【数据记录与处理】

1. 数据记录表

表一：

温度 t_0 时棒长 l(mm)	距离 b(mm)	距离 D(mm)

表二：

温度 t(℃)	t_0	t_1	t_2	t_3	t_4
读数 n(mm)	n_0	n_1	n_2	n_3	n_4

2. 求线胀系数： $\alpha = \dfrac{\mid n_i - n_0 \mid b}{2lD(t_i - t_0)} =$

3. 计算线胀系数的相对误差

【思考题】

1. 本实验测量公式(6)中，各个长度量分别用不同仪器测量，是根据什么原则考虑的？ 哪一个量的测量误差对结果影响最大？

2. 你能否设想出另外一种测量微小长度的方法，从而测出材料的线胀系数？

3.5　刚体转动惯量的测量

转动惯量是刚体转动时惯性大小的量度，是表明刚体特性的一个物理量。刚体转动惯量除了与物体质量有关外，还与它转轴的位置和质量分布即形状、大小和密度分布有关。如果刚体形状简单、且质量分布均匀，可以直接计算它绕特定轴的转动惯量。对于形状较复杂或非均质的刚体，计算将非常困难，往往需要用实验方法测定。例如：机械零部件、电机转子及枪炮弹丸等。

测量转动惯量一般是使刚体以一定形式运动，通过表征这种运动特征的物理量与转动惯量的关系进行转换测量。本实验采用扭摆法，由摆动周期及其他参数的测定计算出物体的转动惯量。为了便于和理论计算值相比较，实验中的被测刚体一般采用形状规则的物体。

【实验目的】

(1)观察扭转振动现象。

(2)用扭摆法测定几种不同形状的物体绕定轴转动时的转动惯量，并与理论值相比较。

(3)验证平行轴定理。

【实验仪器】

扭摆装置、数字式计时器、塑料圆柱体、金属细长杆、两金属滑块、游标卡尺、钢卷尺、天平。

【实验原理】

1. 扭摆法测物体转动惯量的原理

扭摆的结构如图 3-5-1 所示,其垂直轴 1 上装有一根薄片状的螺旋弹簧 2,用以产生恢复力矩。在轴的上方可以装上各种待测物体。垂直轴与支座间装有轴承,使摩擦力矩尽可能降低。为了使垂直轴 1 与水平面垂直,可通过底脚螺丝钉 4 来调节;3 为水平仪,用来指示系统调节水平。将套在轴 1 的物体在水平面

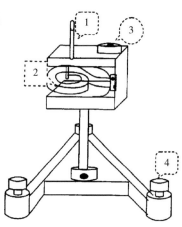

图 3-5-1　扭摆装置结构图

内转过一角度 θ 后,在弹簧的恢复力矩作用下,物体开始绕垂直轴作往返扭转运动。根据胡克定律,弹簧受扭转而产生的恢复力矩 M 与转过的角度 θ 成正比,即

$$M = -K\theta \tag{1}$$

式中,K 是比例系数,称为该金属的扭转常数。负号表示恢复力矩方向与角位移 θ 方向相反。

根据转动定律,有

$$M = I\beta \tag{2}$$

式中,I 是圆盘绕通过它的中心且与盘面垂直的轴的转动惯量,$\beta = \dfrac{\mathrm{d}^2\theta}{\mathrm{d}t^2}$ 为圆盘的角加速度。由(1)、(2)两式可得圆盘的运动方程为

$$\beta = -\frac{K}{I}\theta = -\omega^2\theta$$

其中,$\omega^2 = \dfrac{K}{I}$,忽略轴承的摩擦力矩,则有

$$\beta = \frac{\mathrm{d}^2\theta}{\mathrm{d}t^2} = -\frac{K}{I}\theta = -\omega^2\theta$$

即有

$$\frac{\mathrm{d}^2\theta}{\mathrm{d}t^2} + \omega^2\theta = 0$$

此方程表明忽略轴承摩擦力的扭摆运动是角简谐振动,角加速度与角位移成正比,且方向相反。此方程的解为

$$\theta = A\cos(\omega t + \varphi)$$

其中,A 为简谐振动的角振幅,φ 为初相位,ω 为角频率。此简谐振动的周期为

$$T = \frac{2\pi}{\omega} = 2\pi\sqrt{\frac{I}{K}} \qquad (3)$$

利用公式(3),测得扭摆的周期 T,当 I 和 K 中任何一个量已知时,即可计算出另一个量。如

$$I = \frac{KT^2}{4\pi^2} \qquad (4)$$

本实验用一个转动惯量已知的物体(几何形状规则,根据它的质量和几何尺寸用理论公式计算得到),测出该物体摆动的周期 T,求出弹簧的 K 值。

$$K = \frac{4\pi^2 I}{T^2} \qquad (5)$$

若要测量其他形状物体的转动惯量,需将待测物体安放在本仪器顶部的各种夹具上,测定其摆动周期。如,测出空盘的周期为 T_0,放上圆柱后一起的周期为 T_1,则有

$$\frac{KT_1}{4\pi^2} - \frac{KT_0}{4\pi^2} = I'_1 \qquad (6)$$

用(6)式即可计算待测圆柱的转动惯量 I'_1。

2. 平行轴定理

如果质量为 m 的刚体绕过其质心轴的转动惯量为 I_0,当转轴平行移动距离 x 时,则此刚体对新轴的转动惯量 $I'' = I_0 + mx^2$。

实验时计算出金属细杆的转动惯量 I'_2 和测出金属滑块到中心转轴的距离 x,根据平行轴定理,装有两滑块的金属细杆的转动惯

量为

$$I' = I'_2 + I_3 + 2mx^2 \tag{7}$$

式中 I_3 为两滑块在中心时对转轴的转动惯量，m 为两滑块的质量。

如果再测出带有两滑块的金属细杆的转动周期 T，则可求出其转动惯量

$$I = \frac{KT^2}{4\pi^2} - I_夹 \quad （I_夹 \text{ 是金属夹的转动惯量}） \tag{8}$$

比较 I 与 I' 即可验证平行轴定理。

【实验内容与步骤】

1. 测定塑料圆柱与金属细杆的转动惯量

（1）用游标卡尺测量圆柱体外径 D，用卷尺测量细杆长度 L，各测三次，取平均值。

（2）用托盘天平测量圆柱体的质量 m_1，金属细杆的质量 m_2 与滑块的质量 m_3。

（3）调节扭摆基座底脚螺丝，使其水平。

（4）检测计时器是否正常工作，调好 10 个周期的计时时间。

（5）装上金属载物盘，并调整光电探头的位置，使载物盘在静止时其上螺丝处于光电探头缺口中央，并能遮住发射孔。将圆盘扭转一角度（90°角左右）后放手，使圆盘作扭转振动（使盘面尽可能保持在水平面上，不发生摇晃）。用计时器测出来回 10 次扭动所需要的时间，计算出空盘的摆动周期 T_0，测量三次，取平均值。

（6）在载物盘上放置圆柱体，相同方法测其与盘共同的摆动周期 T_1，测量三次，取平均值。

（7）由 $I'_1 = \frac{1}{8} m_1 \overline{D}^2$，可算出圆柱的转动惯量的理论值 I'_1。

（8）圆柱转动惯量又可表示为 $I'_1 = \frac{KT_1}{4\pi^2} - \frac{KT_0^2}{4\pi^2}$，由此计算出弹簧的扭转常数 $K = 4\pi^2 \dfrac{I'_1}{T_1^2 - T_0^2}$。

（9）计算出空盘与圆柱转动惯量的实验值 $I_0 = \dfrac{K \overline{T_0^2}}{4\pi^2}$，$I_1 = $

$$\frac{K\overline{T}_1^2}{4\pi^2} - I_0 \ .$$

(10) 将空盘取下,放上金属细杆,金属细杆中心和转轴重合,测其摆动周期 T_2,测量三次取平均值。计算金属细杆转动惯量的实验值 $I_2 = \dfrac{K\overline{T}_2^2}{4\pi^2} - I_夹$。

(11) 算出转动惯量理论值 $I'_2 = \dfrac{1}{12}m_2\overline{L}^2$,并与实验值比较。

2. 验证平行轴定理

(1) 将滑块放在细杆两侧凹槽内,滑块质心距转轴的距离分别为 5 cm,10 cm,15 cm,测出摆动周期,各测三次,取平均值。

(2) 计算滑块在不同位置的转动惯量实验值 $I = \dfrac{K\overline{T}^2}{4\pi^2} - I_夹$。

(3) 计算滑块在不同位置的转动惯量的理论值 $I' = I'_2 + I_3 + 2m_3x^2$,并与实验值比较,算出相对误差。

注意事项

①由于弹簧的扭转常数 K 值不是固定常数,它与摆动角度略有关系,摆角在 90°左右基本相同,在小角度时变小。

②为了降低实验时由于摆动角度变化过大带来的系统误差,在测定各种物体的摆动周期时,摆角不宜过小,摆幅也不宜变化过大。

③光电探头宜放置在挡光杆平衡位置处,挡光杆不能和它相接触,以免增大摩擦力矩。

④机座应保持水平状态。

⑤在安装待测物体时,其支架必须全部套入扭摆主轴,并将止动螺丝旋紧,否则扭摆不能正常工作。

【数据记录与处理】

1. 测转动惯量

扭转常数 $K = 4\pi^2 \dfrac{I'_1}{T_1^2 - T_0^2} =$ $I_夹 = 0.321 \times 10^{-4}\,\text{kg} \cdot \text{m}^2$

名称/质量 (kg)	周期 $T(s)$		尺寸 ($\times 10^{-2}$ m)		转动惯量理论值 (kg·m²)	转动惯量实验值 (kg·m²)
金属载物盘	T_0					$I_0 = \dfrac{K\overline{T_0^2}}{4\pi^2}$ =
	$\overline{T_0}=$					
塑料圆柱 $m_1=$	T_1		D		$I'_1 = \dfrac{1}{8}m_1\overline{D}^2$ =	$I_1 = \dfrac{K\overline{T_1^2}}{4\pi^2} - I_0$ =
	$\overline{T_1}=$		$\overline{D}=$			
金属细杆 $m_2=$	T_2		L		$I'_2 = \dfrac{1}{12}m_2\overline{L}^2$	$I_2 = \dfrac{K\overline{T_2^2}}{4\pi^2} - I_夹$
	$\overline{T_2}=$		$\overline{L}=$			=

2. 验证平行轴定理

$m_3 = $ _____ kg　　　　　　$I_3 = 0.772\times10^{-4}$ kg·m²

$x(10^{-2}$ m)	5	10	15
摆动周期 $T(s)$			
$\overline{T}(s)$			
实验值 (kg·m²) $I = \dfrac{K\overline{T}^2}{4\pi^2} - I_夹$			
理论值 (kg·m²) $I' = I'_2 + I_3 + 2m_3 x^2$			
相对误差 $E = \dfrac{\lvert I - I' \rvert}{I}\times100\%$			

【思考题】

1. 测量周期时为什么要测 10 个周期的时间？

2. 能否用扭摆法测定螺旋桨绕中心轴转动时的转动惯量？如能,应如何测？

3. 试分析本次实验中 I 的实验值与理论值不一致的原因及修正方法。

【附录】

TH-2 型转动惯量测试仪

TH-2 型转动惯量测试仪由扭摆、光电计时装置及几种待测物体(实心塑料圆柱体、细金属杆,金属滑块)组成。光电计时装置由主机和光电传感器两部分组成。主机采用单片机作为控制系统,用于测量物体转动周期(计时)和旋转体的转速;光电传感器主要由红外发射箱和红外接收管组成,它将光信号转变为脉冲电信号送入主机,控制单片机工作。

仪器使用方法简介:

(1) 调节光电传感器在固定支架上的高度,使被测物体上的挡光杆能自由往返地通过光电门,再将光电传感器的信号传输线插入主机输入端(位于主机背面)。

(2) 开启主机电源。"摆动"指示灯亮(按"功能"键,可选择"扭摆"、"转动"两种计时功能,开机或复位默认值为"扭摆")。参量指示为"P_1",数据显示为"————"。若情况异常如死机,可按"复位"键,即可恢复正常,或关机重新启动。

(3) 本机默认累计计时的周期数为 10,也可根据需要重新设定计时的周期数。方法为:按"置数"键,显示"$n=10$",按"上调"键,周期数依次加 1,按"下调"键,周期数依次减 1,调至所需的周期数后,再按"置数"键确认,显示"F_1end"(表明扭摆周期预置确定)或"F_2end"(表明转动周期预置确定),周期数只能在 1~20 范围内作任意设定。更改后的周期数具有记忆功能,一旦关机或按"复位"键,便恢复原来的默认周期数。面板图如图 2-5-2 所示。

(4) 按"执行"键,数据显示为"000.0",表示仪器处在等待测量状态,当被测物体上挡光杆第一次通过光电门时开始计时,直至仪器所设置的周期数时,便自动停止计时,由"数据显示"给出累计的时间,同时仪器自行计算摆动周期 T,并予以存储,以供查询和作多次测量求平均值。至此 P_1(第一次测量)测量完毕。

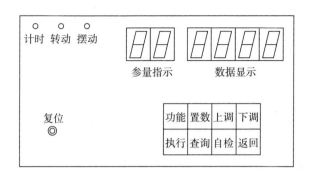

图 3-5-2　光电计时器

（5）按"执行"键，"P_1"变为"P_2"，数据显示又回到"000.0"，仪器处于第二次待测状态。本机设定的重复测量次数为 5 次，即（P_1,P_2,P_3, P_4,P_5）。通过"查询"键可得知每次测量的周期值 $T_i (i = 1 \sim 5)$ 和它们的平均值 $\overline{T_i}$ 以及当前的周期数 n，若显示"NO"表示没有数据。

（6）按"自检"键，仪器应显示"$N-1$"，"SCGOOD"，并自动复位到"$P_1------$"，单片机工作正常。

（7）按"返回"键，系统将无条件地回到初始状态，清除当前状态的所有执行数据，但预置的周期数不改变。

（8）按"复位"键，实验所得数据全部清除，所有参数恢复初始默认值。

3.6　空气声速的测量

【实验目的】

（1）了解超声压电换能器的结构和功能，进一步掌握函数信号发生器和示波器的使用。

（2）加深对驻波及波的振动合成理论的理解。

（3）学会用驻波法和相位比较法测量空气中超声波的传播速度。

【实验仪器】

THSS-1 型声速测试仪，双踪示波器，函数信号发生器，屏蔽导线 3 对。

【实验原理】

声波在媒质中的传播速度与媒质的特性及状态有关,因而通过媒质中声速的测定,可以了解媒质的特性和状态变化。声速的测量在声波定位、探伤、测距中有广泛的应用。在石油工业中,常用声波测井获取孔隙度等地层信息,在勘探中常用地震波勘测地层剖面寻找油层。在弹性介质中,频率从 20 Hz 到 20 kHz 的振动所激起的机械波称为可闻声波,高于 20 kHz,称为"超声波",超声波的频率范围在 $2 \times 10^4 \sim 5 \times 10^8$ Hz 之间。由于超声波具有波长短、易于定向发射等优点,因而在超声波段进行声速测量能够有效避免其他各种声音的干扰,测量精确度高。

振动状态在弹性媒质中传播形成波,波速完全由媒质的物理性质决定。声波在空气中的传播,是由于空气的压强在平衡位置附近的瞬时起伏在空间激起疏密区,这些疏密区向前传播,从而形成声波。

空气压强变化引起的空间疏密区在向前传播时,相邻两疏区(或密区)之间的距离是一个波长。由波动学原理可知,波速 v、波长 λ 和波的频率 f 之间的关系为:

$$v = f \cdot \lambda \tag{1}$$

此式即为本实验的测量公式。频率 f 可通过测定声源(信号源)振动频率而得到,波长 λ 可分别用驻波法和相位法进行测量,λ 的测量是本实验的一个重要内容。

1. 用驻波法(共振干涉法)测量波长

如图 3-6-1 所示,声速测试仪的压电陶瓷换能器 S_1(电声转换)作为声波发射换能器,S_2(声电转换)作为接收换能器,面对面平行放置,其端面间距为 L,S_1 发射的超声波在被 S_2 接收的同时又被垂直反射回一部分,使声波在 L 区间内不断地来回反射、叠加。

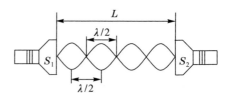

图 3-6-1　驻波法测量波长原理

设入射波的方程为

$$y_1 = A\cos 2\pi\left(ft + \frac{x}{\lambda}\right)$$

反射波方程为

$$y_2 = A\cos 2\pi\left(ft - \frac{x}{\lambda}\right)$$

两波相遇干涉时，在空间某点的合振动方程为（驻波方程）

$$y = y_1 + y_2 = A\cos 2\pi\left(ft + \frac{x}{\lambda}\right) + A\cos 2\pi\left(ft - \frac{x}{\lambda}\right)$$

$$= \left(2A\cos 2\pi\frac{x}{\lambda}\right)\cos 2\pi ft$$

当 $x = \dfrac{n\lambda}{2}$ $(n=1,2,\cdots)$ 位置时，声振动振幅最大，为 $2A$，称为波腹，

当 $x = \dfrac{(2n-1)\lambda}{4}$ $(n=1,2,\cdots)$ 位置上声振动振幅为零，这些点称为

波节。其余各点的振幅在零和最大值之间。两相邻波腹（或波节）间的距离为 $\lambda/2$ 即半波长。

　　当 $L = n \cdot \lambda/2$ 时，在 S_1 与 S_2 端面间的声波干涉场内产生共振，形成驻波。两相邻波节（或波腹）之间的距离是 $\lambda/2$。

　　由波动理论知，波腹处声压最大，转换后的电压信号也最强，在示波器上观察到的信号振幅达到极大。移动 S_2 可在示波器上看到信号振幅由大到小呈周期性变化。因此，只要测出两相邻极大值时 S_2 的位置值，就可测出声波的波长。即：

$$\Delta L = |L_{n+1} - L_n| = \lambda/2, \lambda = 2\Delta L \tag{2}$$

　　需要说明的是：实际测量中由于波阵面的发散和能量的消耗，随着间距增大，电信号振幅的极大值会逐渐减小，但两相邻极大值的间距不变。

2. 用相位比较法测量波长

由 S_1 发出的超声波在被 S_2 接收并反射回一部分后,在 S_1 与 S_2 端面间形成声波场。声波场中任一点(S_2 所处的位置)的振动相位是随时间变化的,但该点与 S_1 之间的相位差却不随时间变化。其相位差为

$$\Delta\varphi = 2\pi fL/v = 2\pi L/\lambda$$

当 $L = n\lambda$ 时,位相差 $\Delta\varphi = 2n\pi$,S_2 与 S_1 同位相。

当 $L_n = (n+1)\lambda$ 时,位相差 $\Delta\varphi = 2(n+1)\pi$,$S_2$ 与 S_1 再次同位相。

则两换能器间距

$$\Delta L = |L_n - L| = \lambda, \quad \lambda = \Delta L \tag{3}$$

当 $L' = (2n+1)\lambda/2$ 时,位相差 $\Delta\varphi = (2n+1)\pi$,$S_2$ 与 S_1 反位相。

则

$$\Delta L' = |L' - L| = \lambda/2, \quad \lambda = 2\Delta L' \tag{4}$$

由于两振动频率相同,可将两振动信号分别输入示波器上的两个通道,进行 X、Y 轴方向振动的合成,当发射和接收信号的相位差随着两换能器位置的改变而改变时,示波器上将看到李萨如图形由椭圆到直线的周期性变化如图 3-6-2 所示。其中在同相位看到的是斜率为正的直线和反相位时看到的是斜率为负的直线。显然,相邻两条斜率不同的直线所对应的位置差是 $\Delta L'$,波长是 $\lambda = 2\Delta L'$,相邻两条斜率相同的直线所对应的波长是 $\lambda = \Delta L$。

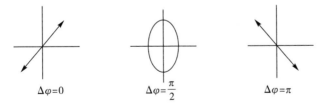

$$\Delta\varphi = 0 \qquad\qquad \Delta\varphi = \frac{\pi}{2} \qquad\qquad \Delta\varphi = \pi$$

图 3-6-2　李萨如图形

【实验内容与步骤】

1. 调仪器至待测状态

(1)连接线路。按实验原理图(图 3-6-3)连接线路,让示波器开

机预热。

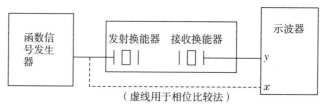

（虚线用于相位比较法）

图 3-6-3　声速测量实验装置

（2）调整换能器系统的谐振频率。一个振动系统,当激励频率接近系统固有频率时,系统的振幅达到最大,称为"共振",当信号发生器的输出频率调节到换能器的谐振频率时,换能器能较好的进行声能和电能的相互转换,声波波腹处的振幅达到相对最大值,此时更便于测出波长 λ 。

首先,让信号源开机预热。摇动手柄,缓慢移动 S_2,当在示波器上看到正弦波首次出现振幅较大时,固定 S_2,再仔细微调信号发生器的输出频率（37kHz 左右）,使屏幕上正弦波幅值达到最大,此时信号源频率等于换能器的谐振频率,接收换能器的输出信号亦为最大。改变 S_1 和 S_2 的距离,使示波器显示的正弦波振幅最大,再次调节信号频率,直至示波器显示的正弦波振幅达到最大值,共测 5 次取平均频率,得到后面实验要用的谐振频率。

2. 驻波法测量波长

测试系统工作在谐振状态,调节示波器,使荧光屏上显示出稳定波形。摇动手柄,使两换能器表面间距由 1 cm 左右逐渐增大,同时观察示波器接收信号,找到波形幅度最大,记下此时 S_2 的坐标值 L_1,然后向同方向转动鼓轮,依次记录每一次振幅达极大值时 S_2 的位置 L_2……L_{10},连续测 10 次。由逐差法处理数据得到声波波长。

3. 相位比较法测量波长

保持驻波法测量状态不变,另 S_1 与示波器 Y_2 通道连接,分别调节 Y_1、Y_2 通道所对应的灵敏度开关,使荧光屏上显示比例恰当的椭圆形或直线形李萨如图形。

缓慢移动 S_2,使其与 S_1 的间距逐渐增大（或减小）,荧光屏显示李萨如图形由直线到椭圆呈周期性变化。记录每一次图形为斜直线时,直线的斜率和 S_2 的位置读数,连续测 10 次,由逐差法处理数据得到声波波长。

4. 最后记录室温 t_0,关闭电源,整理仪器

① 声速测试仪采用螺旋测微读数装置,测量时应缓慢向同一方向转动手柄,防止产生回程误差。

② 用驻波法测量时,如正弦波振幅超出荧光屏以外,则需调节 Y_1 通道偏转因数(或调 Y_1 位移进行单向观察)。

③ 通电后换能器的两端面不可接触,否则发射换能器的谐振频率会被改变。

④ 测量时应注意观测信号发生器的频率变化情况。

【数据记录与处理】

1. 对两组测量数据用逐差法进行处理和声速的计算

实验室温度 $t_0 = $ _____ ℃

谐振频率(kHz)										
测量次数	1	2	3	4	5	6	7	8	9	10
驻波法(cm)										
相位比较法(cm)										

谐振频率: $f = \overline{f} = \dfrac{f_1 + f_2 + f_3 + f_4 + f_5}{5}$

分别计算出共振干涉法和相位比较法测得的平均波长:

$$\lambda = \frac{2}{25}\big[\,|\,l_{10} - l_5\,| + |\,l_9 - l_4\,| + \cdots + |\,l_6 - l_1\,|\,\big]$$

分别计算出共振干涉法和相位比较法测得的声速: $v = \lambda f$

2. 计算声速理论值

声波在空气中的传播速度与其自身频率无关,只取决于空气本身的性质,理论上有

$$v_s = v_0 \cdot \sqrt{\frac{T}{T_0}} = v_0 \cdot \sqrt{\frac{T_0 + t_0}{T_0}}$$

式中, $v_0 = 331.45\ \text{m/s}$ 是标准状态下干燥空气中的声速,$T_0 = $

273.15 K为绝对温度，t_0为测量时的室温。

3. 计算出两种方法的相对误差,分析误差产生的原因

$$\Delta v = v - v_S \qquad E = \frac{\Delta v}{v_S} \times 100\%$$

【思考题】

1.用逐差法处理数据的优点是什么?

2.如何用本实验方法测量声速在其他媒质(如固体和液体)中的传播速度?

3.为什么换能器要工作在谐振频率条件下进行声速的测量?换能器的谐振频率随着 S_1 和 S_2 的间距的改变一定都相同吗?

【附录】

压电换能器

有些物质在沿一定方向受到压力或拉力作用而发生形变时,其表面会产生电荷,去掉外力时又回到不带电状态,这种现象叫做“压电效应”;具有该效应的物质为压电材料;利用压电材料的压电效应制成的换能器叫做压电换能器。当交流电信号加在发射换能器上时产生逆压电效应,发射换能器端面产生与施加的电信号同频率的机械振动从而在空气中激发出声波。当声波传递到接收换能器表面时,激发起其他端面的振动,产生正压电效应,将声压信号转换成同频率的电信号输出至示波器观察。

压电换能器(如图 3-6-4 所示)由压电陶瓷片和轻、重两种金属组成,能实现声压和电压之间的转换。压电陶瓷片(如钛酸钡,锆钛酸铅等)是一种由多晶结构的压电材料做成,在一定的温度下经极化处理后,具有压电效应。在简单情况下,压电材料受到与极化方向一致的应力 T 时,在极化方向上产生

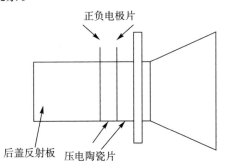

图 3-6-4　压电换能器示意图

一定的电场强度 E,它们之间有一简单的线性关系 $E=gT$;反之,当与极化方向一致的外加电压 U 加在压电材料上时,材料的伸缩形变 S 与电压 U 也有线性的关系 $S=dU$。比例常数 g,d 称为压电常数,与材料性质有关。由于 E,T,S,U 之间具有简单的线性关系,因此我们可以将正弦交流信号转变成压电材料纵向长度的伸缩,成为声波的声源,同样可以使声压变化转变为电压的变化,用来接收声信号。在压电陶瓷片的头尾两端胶粘两块金属,组成夹心形振子。头部用轻金属做成喇叭形,尾部用重金属做成柱形,中部为压电陶瓷圆环,紧固螺钉穿过环中心。这种结构增大了辐射面积,增强了振子与介质的耦合作用,由于振子是以纵向长度的伸缩直接影响头部轻金属作同样的纵向长度伸缩(对尾部重金属作用小),这样所发射的波方向性强,平面性好。

3.7　电子元件伏安特性的测量

【实验目的】

(1)测绘电阻和晶体二极管的伏安特性曲线,学会用图像表示实验结果。

(2)了解晶体二极管的单向导电特性。

(3)学会分析伏安法测量的系统误差。

【实验仪器】

毫安表,伏特表,滑线变阻器,直流稳压电源,装有待测电阻和晶体二极管的接线板,若干导线,开关等。

【实验原理】

1. 线性元件和非线性元件

根据欧姆定律,如果测出一个电子元件两端的电压和通过它的电流,就可算出该电子元件的电阻值。若电子元件两端的电压与通过它的电流成正比，则伏安特性曲线为一条直线，这类元件称为"线性元件"；若电子元件两端的电压与通过它的电流不成比例，则伏安特性曲线不再是直线，而是一条曲线，这类元件称为"非线性元件"。

一般的金属导体是线性电阻，其阻值与所加电压的大小和方向无关，其伏安特性曲线是一条直线，如图 3-7-1 所示。

半导体二极管（如图 3-7-2 所示），是电子线路中最常用的一种器件，根据它的性能不同，可用作检波、整流、稳压和发光等。由于性能不同，它们的伏安特性也不一样，但是有两点特征是共同的：一个是单向导电性；另一个是它们的伏安特性是非线性的。图 3-7-3 所示是一种典型的二极管伏安特性曲线。

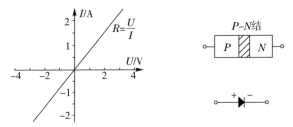

图 3-7-1　线性电阻的伏安特性　　图 3-7-2　P—N 结示意图和符号

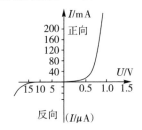

图 3-7-3　二极管的伏安特性

2. 伏安法测量的系统误差

伏安法测量电阻实验中，由于电表有一定的内阻，必然就会给实验带来一定的误差。伏安法测电阻的接法有两种：一是电流表接在电压表的内侧，称为"内接法"，如图 3-7-4 所示；二是电流表接在电压表的外侧，称为"外接法"，如图 3-7-5 所示。现将内、外接法的系统误差介绍如下。

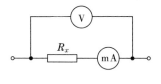 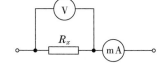

图 3-7-4　电流表内接法　　　　图 3-7-5　电流表外接法

（1）内接法。所测电流是通过待测电阻 R_x 的电流,但所测电压是 R_x 与电流表两端电压之和。由欧姆定律可得

$$U = I(R_A + R_X)$$

把 $\dfrac{U}{I}$ 作为电阻的测量值,即

$$R_{测} = \frac{U}{I} = R_A + R_X$$

则测量的系统误差为

$$\Delta R_X = R_{测} - R_X = R_A$$

从上面结果看,采用内接法所得到的 $R_{测}$ 总比实际的要大。

测量的相对误差为

$$E_1 = \frac{\Delta R_X}{R_X} = \frac{R_A}{R_X}$$

可见,只有在 $R_x \gg R_A$ 时,内接法才有一定的准确度。若已知 R_A ,可用下式修正系统误差。

$$R_x = R_{测} - \Delta R_X = R_{测} - R_A = R_{测}\left(1 - \frac{R_A}{R_{测}}\right)$$

（2）外接法。所测电压是 R_X 上的电压,但所测电流是流过电阻 R_X 和电压表的电流总和。

由欧姆定律可得

$$U = I \cdot R_V R_X / (R_V + R_X)$$

把 $\dfrac{U}{I}$ 作为电阻的测量值,则

$$R_{测} = \frac{U}{I} = R_V R_X / (R_V + R_X)$$

测量的系统误差为

$$\Delta R_X' = R_{测} - R_X = -R_X / (R_V + R_X)$$

因此用外接法测量的电阻总比实际电阻小。

测量的相对误差为

$$E_2 = \frac{\Delta R_X{}'}{R_X} = -R_X/(R_V + R_X)$$

可见，只有在 $R_V \gg R_X$ 时，外接法才有一定的准确度，上式还可以写成

$$|E_2| = \frac{R_X}{R_V}$$

若已知 R_V，可用下式修正系统误差

$$R_X = R_测 - \Delta R_X{}' = R_测\left(1 + \frac{1}{R_V}\right)$$

（3）根据被测电阻选择接法。上述两种伏安法测电阻的电路连接方式，都会给实验结果带来一定的系统误差，为了减小上述误差，我们可以根据待测电阻与电表内阻的大小来选择合适的电路连接方式。

可以看出：若 $R_X > \sqrt{R_A R_V}$，内接法的误差小于外接法的误差，应采用内接法；若 $R_X < \sqrt{R_A R_V}$，则外接法的误差小于内接法的误差，应采用外接法；若两种方法的相对误差都比较小，可以忽略不计，则两种接法都可以选用。

【实验内容与步骤】

1. 测绘碳膜电阻的伏安特性曲线

（1）按图 3-7-6 所示接好线路，取电源电压 15 V，电压表取 15 V 的量程，毫安表量程取 100 mA。

（2）调节滑线变阻器的滑动端，使电压从零开始逐步增大，每隔 1 V 读出相应的电流值记入数据表中。

（3）将电压调为零，改变加在电阻上的电压方向（可将电阻 R_X 两端接线对调），从零开始每隔 1 V 读出相应的电流值记入表 1 中。

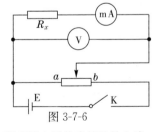

图 3-7-6

测碳膜电阻伏安特性的电路

（4）以电压 U 为横坐标，电流 I 为纵坐标，在毫米坐标纸上绘出

碳膜电阻的伏安特性曲线。根据曲线判断碳膜电阻是线性电阻还是非线性电阻。

（5）用图解法求电阻值 $R_{测}$，计算其系统误差并做出修正，最后求出相对误差。

2. 测绘晶体二极管的伏安特性曲线

（1）测二极管的反向伏安特性。按图 3-7-7（a）电路接线，取电源电压 15 V，电压表取 15 V 的量程，毫安表量程取 100 mA。调节滑线变阻器的滑动端，使电压从零缓慢地增加，每隔 4 V 读数一次，将相应的电流值记入数据表中。

（2）测二极管的正向伏安特性。按图 3-7-7（b）所示电路接线，取电源电压 1.5 V，电压表量程取 3 V，毫安表量程取 200 mA。检查电路后，接上电源。调节滑线变阻器的滑动端，使电压从零缓慢地增加，每隔 0.10 V 读出相应的电流值记入数据表中，一般止于 0.8 V 左右，但以不超过毫安表量程为准。确认数据无错误和遗漏后断开电源，拆除线路。

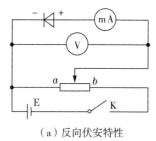
（a）反向伏安特性

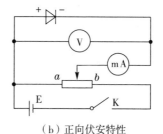
（b）正向伏安特性

图 3-7-7　测二极管伏安特性的电路

（3）根据所记录的数据，绘出二极管的正、反向伏安特性曲线。因为正、反向电压、电流值相差较大，作图时正、反向可取不同的比例，但必须分别标出。

注意事项

① 每次连接线路时，一定要把接线柱拧紧，防止接触不良！拆线时应先断开电源，并拆除电源一端连线后，再拆其他导线，防止电源短路。

② 电表使用方法：电表要平放在桌上，先调零，读数时三线合一

（指针及像和眼睛），读数与量程要结合，注意单位！电表有极性，接线时不能接反。

③ 测量晶体二极管伏安特性时，要防止电压过高，把二极管击穿。

④ $R_A \approx 1\,\Omega$, $R_V \approx 3\mathrm{k}\,\Omega$, $R_X \approx 500\,\Omega$ 。

【数据记录与处理】

1. 碳膜电阻的伏安特性

$U(\mathrm{V})$	0	1	2	3	4	5	6	7	8
$I(\mathrm{mA})$									
$U(\mathrm{V})$	0	-1	-2	-3	-4	-5	-6	-7	-8
$I(\mathrm{mA})$									

2. 二极管的反向伏安特性

$U(\mathrm{V})$	0	4	8	12
$I(\mathrm{mA})$				

3. 二极管的正向伏安特性

$U(\mathrm{V})$	0	0.1	0.2	0.3	0.4	0.5	0.6	0.7	0.8
$I(\mathrm{mA})$									

【思考题】

1. 什么叫线性元件、非线性元件？某元件的伏安特性曲线斜率代表什么？

2. 伏安法测电阻时，产生的系统误差的原因是什么？如何进行修正？

3. 为什么测二极管的正向特性用外接法？测二极管的反向特性用内接法？

4. 用量程为 2.5 V，内阻为 50 kΩ 的电压表和量程为 250 μA、内阻 400 Ω 的电流表测量阻值约为 400 Ω、4 kΩ 和 40 kΩ 左右的三只电阻，确定并画出测量的线路图。

5. 以加在某元件上的电压为横坐标,该元件的电阻(即 $\frac{U}{I}$)为
纵坐标所作出的曲线称为该元件的伏—欧特性曲线,线性元件与非
线性元件的伏—欧特性曲线有何不同? 根据所测二极管的正向伏
安特性曲线用作图法作出二极管的正向伏—欧特性曲线。

3.8　电桥法测电阻

"电桥"是一种用电位比较法进行测量的仪器,被广泛用来精确
测量许多电学量和非电学量;在自动控制测量中也是常用的仪器之
一。电桥按其用途可分为平衡电桥和非平衡电桥;按其使用的电源
又可分为直流电桥和交流电桥;按其结构可分为单臂电桥和双臂电
桥。本实验介绍的是单臂电桥测量电阻,也称为"惠斯登电桥"。

【实验目的】

(1)理解并掌握单臂电桥测电阻的原理和方法。
(2)学会自搭电桥并学习用交换法减少和修正测量误差。
(3)学会用惠斯登电桥测量中值电阻。

【实验仪器】

直流稳压电源,检流计,万用电表,箱式电阻箱,待测电阻,开
关,FQJ－Ⅲ型直流单臂电桥等。

【实验原理】

用伏安法测电阻时,由于电表精度的制约和电表内阻的影响,
测量结果准确度较低。于是人们设计了电桥,它使用的是平衡比较
的测量方法。而表征电桥是否平衡,用的是检流计示零法。只要检
流计的灵敏度足够高,其示零误差即可忽略。

用电桥测电阻的误差主要来自于比较,而比较是在待测电阻和
标准电阻间进行的,标准电阻越准确,电桥法测电阻的精度就越高。

1. 单臂(惠斯登)电桥的工作原理

单臂电桥线路如图 3-8-1 所示,被测电阻 R_x 与三个已知电阻

R_1、R_2、R_0、连成电桥的四个臂。四边形的一条对角线 B、D 接有检流计，称为"桥"，检流计的作用是将"桥"两端的电位 U_B 和 U_D 进行比较，另一个对角线 A、C 上接电源 E。接通电源，电桥线路中各支路均有电流通过。

当 B、D 两点之间的电位相等时，"桥"路中的电流 $I_g = 0$，检流计指针指零，这时电桥处于平衡状态。此时

$$I_1 = I_x, \quad I_2 = I_0$$

同时，由于 $V_B = V_D$，有

$$I_1 R_1 = I_2 R_2$$

$$I_x R_x = I_0 R_0$$

根据电桥的平衡条件，若已知其中三个臂的电阻，就可以计算出另一个桥臂的电阻，因此，电桥测电阻的计算式为

$$\frac{R_x}{R_0} = \frac{R_1}{R_2}$$

即

$$R_x = \frac{R_1}{R_2} R_0 \qquad (1)$$

电阻 R_1、R_2 为电桥的比率臂，R_0 为比较臂，R_x 所在的臂称为"待测臂"。

2. 交换法减小和修正电桥的误差

在用电桥法测量电阻时，采用适当的处理方法可使由 R_1，R_2 和 R_0 引起的误差减小到最小，通常采用的方法是交换法。

由（1）式，根据仪器误差传递公式，有

$$\frac{\Delta R_x}{R_x} = \frac{\Delta R_1}{R_1} + \frac{\Delta R_2}{R_2} + \frac{\Delta R_0}{R_0}$$

若将图 3-8-1 所示中的桥臂电阻 R_0 和 R_x 交换一下，则就变成为图 3-8-2 所示的电桥。调节 R_0 到 R'_0，若电桥平衡，则有

$$\frac{R_1}{R_2} = \frac{R'_0}{R_x}$$

即

$$R_x = \frac{R_2}{R_1} R'_0 \qquad (2)$$

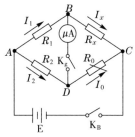
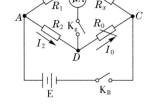

图 3-8-1　单臂电桥电路原理图

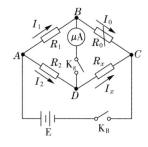

图 3-8-2　交换法测量电阻

将(1)式与(2)式相乘得

$$R_x^2 = R_0 \cdot R'_0$$

即

$$R_x = \sqrt{R_0 \cdot R'_0} \tag{3}$$

此时,根据仪器误差的传递,有

$$\frac{\Delta R_x}{R_x} = \frac{1}{2}\left(\frac{\Delta R_0}{R_0} + \frac{\Delta R'_0}{R'_0}\right) \approx \frac{\Delta R_0}{R_0} \tag{4}$$

由此可见,使用了交换法,电桥所测电阻值的误差只来源于 R_0 的误差。一般 R_0 为精确度较高的一种电阻箱,实验室中常用的电阻箱的精度为 0.1 级,根据电阻箱仪器误差计算公式有

$$\Delta R_0 = 0.001R_0 + 0.002m$$

式中 R_0 为电阻箱的指示值,m 为使用的转盘数。

3. 电阻箱的灵敏度

检流计在"桥"上的作用是确定桥路中有无电流,从而判断电桥是否达到平衡。为了使电桥测量电阻时的误差小,总是希望检流计的灵敏度高一些,但是灵敏度越高,调节平衡也越困难。在电桥平衡以后,若比较臂 R_0 改变一个 ΔR_0,则电桥应失去平衡,有电流 I_g 通过检流计,但如果 I_g 小到检流计反映不出来,那么实验者仍认为电桥处于平衡,因此说 ΔR_0 就是检流计由于灵敏度不够所带来的误差。

电桥的灵敏度 S 可定义为

$$S = \frac{\Delta d}{\Delta R_x / R_x} \tag{5}$$

式中的 Δd 是对应于电桥平衡后待测电阻相对于改变量所引起的检流计偏转的格数。所以，电桥的灵敏度 S 越高，对电桥平衡的判断越准确，带来的误差越小，测量结果就更准确。例如，当 $S=100$ 时，即

$$S = \frac{1}{0.01}$$

R_x 变化 0.01，检流计偏转 1 格。事实上，检流计只要偏转 0.2 格，实验者就可以察觉。因此，对于灵敏度为 100 的电桥，有

$$S = \frac{0.2}{\Delta R_x/R_x} = 100 \tag{6}$$

即

$$\Delta R_x/R_x = 0.2\%$$

相对误差在 0.2% 之内。

【实验内容与步骤】

1. 用自搭单臂电桥测量电阻

（1）用万用表粗测待测电阻的阻值，以便选定比率臂，估算 R_0 的值。

（2）调节、检查稳压电源，使其输出为"0"，将检流计机械调零。

（3）将各个元件按图 3-8-1 所示搭好电桥，K_g，K_B 断开。取电源电压为 2.5 V，检流计量程为 1 mA。

（4）选定比率臂 $\frac{R_1}{R_2}$ 值。

（5）根据所选比率臂，准确预估出 R_0 的值。闭合开关，微调 R_0，使得检流计指"0"，记下相应 R_0 的值。

（6）选择比率臂的不同比值，按上述方法，计算不同比例臂下待测电阻的电阻值。

2. 用交换法研究电桥的误差

（1）选择 $\frac{R_1}{R_2} = \frac{1000}{2000}$。

（2）交换 R_0 和 R_x，按图 3-8-2 所示接好，调节电桥平衡，记下此时相应 R'_0 的值。

（3）计算 R_x 的相对误差，并用仪器误差表示结果。

3. 用 FQJ－Ⅲ型惠斯通电桥测电阻

（1）将对应旋钮转到"单桥"和"单桥 5 V/15 V"档。

（2）在 R_x 和 R_{x1} 间接待测电阻，并将 R_{x1} 两旋钮短接。

（3）根据要求选定比率臂的比值，按内容 1 的方法测出待测电阻的阻值。

注意事项

① 接通电路时，先合上电键 K_B，后合上电键 K_g；实验结束时，先断开电键 K_g，后断开电键 K_B。

② 若测量过程中，发现检流计指针剧烈偏转，则应当立即断开 K_g。

③ 在调节电桥平衡时，检流计的量程开始时取 1 mA，在熟练了以后可以适当调低。电源电压也可以从 0 逐渐增加至 2.5 V，注意观察在此过程中对实验的影响。

【数据记录与处理】

1. 自搭单臂电桥测电阻及交换法

R_1/R_2	R_0	R_x	R'_0
1000/1000			——
1000/2000			
2000/1000			
1000/4000			——

2. FQJ－Ⅲ型惠斯通电桥测量电阻

R_1/R_2	R_0	R_x
100/1000		
1000/1000		
1000/100		

【思考题】

1. 电桥法测量电阻的原理是什么？实验中如何估算 R_0 的值？

为什么要这样估算？

2. 下列因素是否会使电桥测量误差增大？

（1）电源电压不太稳定；

（2）导线电阻不能完全忽略；

（3）检流计没有调到零点；

（4）检流计灵敏度不够高。

3. 如果测量电阻要求相对误差小于万分之五。那么电桥的灵敏度应多大？

4. 试写出使电桥较快地达到平衡的操作步骤。

【附录】

1. ZX21a 直流电阻箱

ZX21a 直流电阻箱面板如图 3-8-3 所示。

（1）结构与特点。ZX21a 型直流电阻箱为六个开关串联而成的多值电阻器，每个十进制盘由 10 个电阻元件组成，能转换 0～10 之间的任何数值，整个电阻箱能在 0～111111.0 Ω范围内，作最小步进为 0.1 的转换。

图 3-8-3　ZX21a 直流电阻箱面板

（2）主要技术参数

① 调节范围：$10(0.1+1+10+100+1000+10000)\Omega$。

② 电阻箱的参考功率 0.05W，标称使用功率 0.1W，极限功率 0.2W。

③ 电阻箱的残余电阻：$(15+5)m\Omega$。

2. FQJ23－Ⅲ型非平衡直流电桥

FQJ23－Ⅲ型惠斯登电桥面板如图 3-8-4 所示。

1—待测电阻接线柱；

2—检流计按钮开关 G；

3—电源按钮开关 B；

4—检流计显示窗口；

5—功能、电压选择；

6—双桥量程倍率选择；

7—比率臂，即上述电桥电路中 R_1/R_2 的比值，直接刻在转盘上；

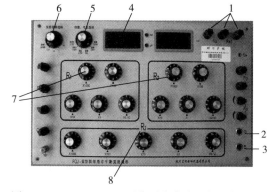

图 3-8-4　FQJ23－Ⅲ9 型非平衡直流电桥面板

8—比较臂，即上述电桥电路中电阻箱 R_0（本处为 4 个转盘）。

用惠斯登电桥测量电阻（二端法测量）：

① 量程倍率设置：为了提高学生的动手能力，电桥的量程倍率可视被测电阻的大小自行设置，方法是：通过面板上的 R_1、R_2 两组开关来实现。例如，"×1"倍率，可分别在 R_1、R_2 两组的"×1000"盘上打"1"，其余的盘上均为"0"；"×10^{-1}"倍率，可在 R_1 的"×100"盘上打"1"，其余的盘上为"0"，R_2 的"×1000"盘上打"1"，其余的盘上为"0"……由此可组成各种倍率。

FQJ－Ⅲ型非平衡直流电桥参数表

倍率（比率臂）	测量范围(Ω)	检流计	电源电压	准确性
×10^{-3}	1～9.999	内附	4.5	±2%
×10^{-2}	10～99.99	内附	4.5	±0.2%
×10^{-1}	100～999.9	内附	4.5	±0.2%
×1	10^3～9999	内附	4.5	±0.2%
×10	10^4～$4×10^4$	内附	6	±0.5%
×10	$4×10^4$～$9.999×10^4$	内附	15	±0.5%
×100	10^5～$9.999×10^4$	内附	15	±0.5%
×1000	10^6～$9.999×10^4$	内附	15	±2%

② 将"双桥量程倍率选择"开关置于"单桥"位置，"功能、电压选择"开关置于"单桥 5 V"或"单桥 15 V"，并接通电源。

③ 按图 3-8-5 所示，在"R_x"与"R_{x1}"之间接上被测电阻，R_0 测量

盘打到与被测电阻相应的数字,按下 G、B 按钮,调节 R_0,使电桥平衡。

$$R_x = \frac{R_1}{R_2} R_0$$

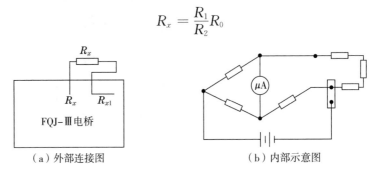

（a）外部连接图　　　　　　　　（b）内部示意图

图 3-8-5　FQJ－Ⅲ型惠斯通电桥示意图

3.9　示波器的使用

【实验目的】

(1)了解示波器的基本工作原理。

(2)熟悉示波器和函数信号发生器的各旋钮的功能和调节使用方法。

(3)学会用示波器观测电信号波形及测量电压、频率、周期等参数。

(4)学会用李萨如图形测量正弦信号的频率。

【实验器材】

YB4324 示波器,YB1600 函数信号发生器、连接线等。

【实验原理】

电子示波器简称示波器,主要由示波管和复杂的电子线路组成。用示波器能直接观察电信号的波形,并能测定信号电压、频率等量值。由于电学量及各种非电学量转换来的电信号均可利用示波器进行观察和测量,所以示波器是现代科学技术各领域中应用非常广泛的测量工具。

1. 示波器的基本结构

示波器的主要部分有示波管、带衰减器的 Y 轴放大器、带衰减器的 X 轴放大器、扫描发生器（锯齿波发生器）、触发同步和电源等，其结构方框图如图 3-9-1 所示。为了适应各种测量的要求，示波器的电路组成是多样而复杂的，这里仅就主要部分加以介绍。

（1）示波管。如图 3-9-1 所示，示波管主要包括电子枪、偏转系统和荧光屏三部分，全都密封在玻璃外壳内，里面抽成高真空。下面分别说明各部分的作用。

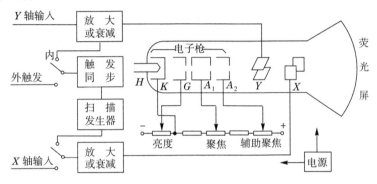

图 3-9-1　示波管组成

① 荧光屏：它是示波器的显示部分，当加速聚焦后的电子打到荧光上时，屏上所涂的荧光物质就会发光，从而显示出电子束的位置。当电子停止作用后，荧光剂的发光需经一定时间才会停止，称为"余辉效应"。余辉时间的长短和发光物质的成分有关。荧光屏不仅能将电子的动能转换成光能，同时还转换成热能。因此荧光屏上的光点长时间停在固定位置，可能将该处的发光物质烧毁，成为一暗斑，所以在操作时要注意不要使光点过亮以及长时间停留在一处。

② 电子枪：由灯丝 H、阴极 K、控制栅极 G、第一阳极 A_1、第二阳极 A_2 五部分组成。灯丝通电后加热阴极。阴极是一个表面涂有氧化物的金属筒，被加热后发射电子。控制栅极是一个顶端有小孔的圆筒，套在阴极外面。它的电位比阴极低，对阴极发射出来的电子起控制作用，只有初速度较大的电子才能穿过栅极顶端的小孔然后在阳极加速下奔向荧光屏。示波器面板上的"亮度"调整就是通

过调节栅极电位以控制射向荧光屏的电子流密度,从而改变了屏上的光斑亮度。阳极电位比阴极电位高很多,电子被它们之间的电场加速形成射线。当控制栅极、第一阳极、第二阳极之间的电位调节合适时,电子枪内的电场对电子射线有聚焦作用,所以第一阳极也称聚焦阳极。第二阳极电位更高,又称加速阳极。面板上的"聚焦"调节,就是调第一阳极电位,使荧光屏上的光斑成为明亮、清晰的小圆点。有的示波器还有"辅助聚焦",实际是调节第二阳极电位。

③ 偏转系统:它由两对相互垂直的偏转板组成:一对垂直偏转板 Y（简称 Y 轴）,一对水平偏转板 X（简称 X 轴）。偏转板不加电压时,光点在荧光屏中央。在偏转板上加以适当电压,电子束通过时,其运动方向发生偏转,从而使电子束在荧光屏上的光斑位置也发生改变（水平方向有电压则光点左或右偏转,垂直方向有电压则光点上或下偏转）。

容易证明,光点在荧光屏上偏移的距离与偏转板上所加的电压成正比,因而可将电压的测量转化为屏上光点偏移距离的测量,这就是示波器测量电压的原理。

(2) 信号放大器和衰减器:示波管本身相当于一个多量程电压表,这一作用是靠信号放大器和衰减器实现的。由于示波管本身的 X 及 Y 轴偏转板的灵敏度不高（$0.1\sim1\,\text{mm/V}$）,当加在偏转板的信号过小时,要预先将小的信号电压加以放大后再加到偏转板上。为此设置 X 轴及 Y 轴电压放大器。衰减器的作用是使过大的输入信号电压变小以适应放大器的要求,否则放大器不能正常工作,使输入信号发生畸变,甚至使仪器受损。对一般示波器来说,X 轴和 Y 轴都设置有衰减器,以满足各种测量的需要。

(3) 扫描系统:扫描系统也称时基电路,用来产生一个随时间作线性变化的扫描电压,这种扫描电压随时间变化的关系如同锯齿,故称锯齿波电压,这个电压经 X 轴放大器放大后加到示波管的水平偏转板上,使电子束产生水平扫描。这样,屏上的水平坐标变成时间坐标,Y 轴输入的被测信号波形就可以在时间轴上展开。扫描系统是示波器显示被测电压波形必需的重要组成部分。

（4）电源则是示波器各部件正常工作的保障。

2. 示波器显示波形的原理

如果只在竖直偏转板上加一交变的正弦电压,而水平偏转板上不加任何电压,则在竖直偏板间产生一个随正弦电压变化而变化的电场,电子束在此电场的作用下在 Y 方向上下偏转,于是荧光屏上的亮点在 Y 方向随时间做正弦振荡,如果电压频率较高,由于屏上荧光余辉和人眼的视觉暂留作用,则看到的是一条竖直亮线,亮线的长度则和交变电压的峰值成正比。

要能显示波形,必须同时在水平偏转板上加一扫描电压,使电子束的亮点沿水平方向拉开。这种扫描电压的特点是电压随时间呈线性关系增加到最大值,最后突然回到最小,此后再重复地变化。这种扫描电压即前面所说的"锯齿波电压",如图 3-9-2 所示。把扫描发生器输出的锯齿电压加在水平偏转板两端,则平行板间产生一个随锯齿电压变化而变化的电场,此变化电场使电子束在荧光屏上的光点移动,锯齿形的正程电压使光点从右向左匀速地移动(这个过程叫作"扫描"),而逆程电压则使光点迅速从右端返回左端(这个过程叫作"回描")。

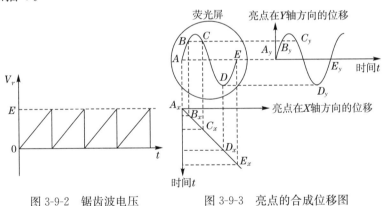

图 3-9-2　锯齿波电压　　　　图 3-9-3　亮点的合成位移图

如果在竖直偏转板上加上正弦电压,同时在水平偏转板上加上锯齿形电压,则电子束同时参与水平和竖直两个方向上的运动,故屏上亮点的位移将是方向相垂直的两种位移的合成位移,此时,我们看到屏上是与纵偏转信号一致的正弦图形(示波器屏上图形形成的原理和沙斗实验中纸板上漏沙径迹的道理类似),如图 3-9-3

所示。

如果示波器的 X 轴和 Y 轴偏转板上输入的都是正弦电压,荧光屏上亮点的运动将是两个互相垂直振动的合成。当两个正弦电压信号的频率相等或成简单整数比时,荧光屏上亮点的合成轨迹为一稳定的闭合曲线,叫李萨如图形。

李萨如图形可以用来由已知交流电压的频率确定另一未知交流电压的频率,测量关系式如下

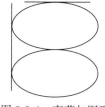

$$\frac{f_y}{f_x} = \frac{n_x}{n_y} \qquad (1)$$

图 3-9-4 李萨如图形

式中,f_y 为加在 Y 轴输入端的待测频率;f_x 为加在 X 轴输入端的待测频率;n_x 和 n_y 分别为平行于 X 轴和 Y 轴的直线与李萨如图形相切的切点数。例如,图 3-9-4 所示李萨如图形中,$n_x=1$,$n_y=2$,则 $f_y=1/2\,f_x$。

3. 同步的概念

如果正弦波和锯齿波电压的周期稍微不同,屏上出现的是一移动着的不稳定图形。这种情形可用图 3-9-5 所示说明。设锯齿波电压的周期 T_x 比正弦波电压周期 T_y 稍小,比方说 $T_x/T_y=7/8$。在第一扫描周期内,屏上显示正弦信号 $0\sim4$ 点之间的曲线段;在第二周期内,显示 $4\sim8$ 点之间的曲线段,起点在 4 处;第三周期内,显示 $8\sim11$ 点之间的曲线段,起点在 8 处。这样,屏上显示的波形每次都不重叠,好像波形在向右移动。同理,如果 T_x 比 T_y 稍大,则好像在向左移动。以上描述的情况在示波器使用过程中经常会出现。其原因是扫描电压的周期与被测信号的周期不相等或不成整数倍,以致每次扫描开始时波形曲线上的起点均不一样所造成的。为了使屏上的图形稳定,必须使 $T_x/T_y=n(n=1,2,3,\cdots)$,$n$ 是屏上显示完整波形的个数。

为了获得一定数量的波形,示波器上设有"扫描时间"(或"扫描范围")、"扫描微调"旋钮,用来调节锯齿波电压的周期 T_x(或频率 f_x),使之与被测信号的周期 T_y(或频率 f_y)成合适的关系,从而在示波器屏上得到所需数目的完整的被测波形。

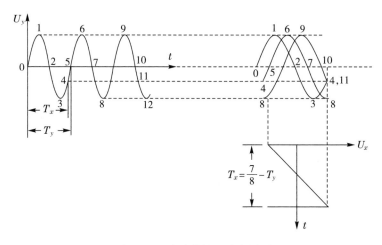

图 3-9-5　移动着的不稳定图形

　　输入 Y 轴的被测信号与示波器内部的锯齿波电压是互相独立的。由于环境或其他因素的影响,它们的周期(或频率)可能发生微小的改变。这时,虽然可通过调节扫描旋钮将周期调到整数倍的关系,但过一会儿又变了,波形又移动起来。在观察高频信号时这种问题尤为突出。为此示波器内装有扫描同步装置,让锯齿波电压的扫描起点自动跟着被测信号改变,这就称为整步(或同步)。有的示波器中,需要让扫描电压与外部某一信号同步,因此设有"触发选择"键,可选择外触发工作状态,相应设有"外触发"信号输入端。

【实验内容与步骤】

1. 熟悉示波器面板上各旋钮的功能和用法

2. 用探极校准信号检测示波器信号通道

　　将机内校准信号输入到通道 1 即 CH1(或 CH2),调节扫描速率("SEC/DIV"旋钮)和 CH1(或 CH2)的灵敏度选择开关("VOLTS/DIV"旋钮),及触发电平等旋钮使得到清晰、稳定的方波。观察波形信息,与校准信号自身参数比对,以此检测示波器信号通道是否正常。

3. 观察信号发生器信号波形,测出各波形的周期、频率和电压

　　用信号发生器作为信号源,分别输出不同频率和电压的正弦波、方波、三角波信号至示波器的通道(或 CH2),观察示波器显示波形,记录各波形的扫描速率、水平宽度、波的幅度,由此计算出电压与频率,并绘出波形。

4. 利用李萨如图形测量信号频率

（1）将信号发生器信号源背面 50 Hz 正弦波输出端口（OUTPUT）接至 CH1(X 轴)通道,信号源正面输出端接至 CH2(Y 轴)通道。

（2）调节"SEC/DIV"旋钮使示波器处于 $X-Y$ 工作状态下。

（3）调节信号源的信号输出幅度,使出现的李萨如图限制在屏幕范围内。

（4）接入到 CH1(X 轴)的信号作为标准信号,接入 CH2(Y 轴)的信号设为待测信号。仔细调出数据表 2 中所示频率比的较稳定的李萨如图形,把相应观察结果填入表中。

注意事项

① 测信号电压时,一定要将电压衰减旋钮的微调顺时针旋足（校正位置)；测信号周期时,一定要将扫描速率旋钮的微调顺时针旋足（校正位置)。

② 不要频繁开关机,示波器上光点的亮度不可调得太强,也不能让亮点长时间停在荧光屏的一点上,如果暂时不用,把辉度降到最低即可。

③ 动旋钮和按键时必是有的放矢,不要将开关和旋钮强行旋转、死拉硬拧,以免损坏按键、旋钮和示波器,电缆与插座的配合方式类似于挂口灯泡与灯座的配合方式,切忌生拉硬拽。

④ 示波器的标尺刻度盘与荧光屏不在同一平面上,之间有一定距离,读数时要尽量减小视差。

⑤ 注意公共端的使用,接线时严禁短路。

【数据记录与处理】

1. 观察机外信号波形

	VOLTS/DIV	纵向格数	SEC/DIV	横向格数	波形图	计算结果
方波 5 V，1000 Hz						$V=$ $T=$ $f=$
三角波 10 V，2000 Hz						$V=$ $T=$ $f=$
正弦波 15 V，5000 Hz						$V=$ $T=$ $f=$

2. 由李萨如图形求待测信号频率

$$f_x = 50\,\text{Hz}$$

频率比 $f_x : f_y$	CH2 信号源显示的频率 f_y	观察到的图形	$n_x : n_y$	$f_y = \dfrac{n_x}{n_y} f_x (\text{Hz})$
1：1				
1：2				
1：3				
2：3				

【思考题】

1. 如果示波器是正常的，但开机后荧屏上不见亮斑或直线，应如何调节？

2. 用示波器观察正弦波，在荧光屏上出现下列现象如何解释？

(1) 屏幕上出现一个亮点；

(2) 屏幕上呈现一竖直的亮线；

(3) 屏幕上呈现一水平的亮线。

3. 如屏幕上显示的信号幅度过小，调节哪个旋钮才能扩大波形?

4.如信号显示波形跑动(或杂乱无章),应调节哪个旋钮才能稳定显示被测信号?

【附录】

1. 示波器

本实验采用的便携式二踪示波器为 YB4324 型通用示波器,如图 3-9-6、图 3-9-7,具有 0～20 MHz 的频带宽度。

（1）YB4324 示波器控制面板上常用按钮

① 电源开关(POWER)。

② 亮度(INTENSITY):光迹亮度调节,顺时针旋转光迹增亮。

③ 聚焦(FOCUS):用以调节示波管电子束的焦点。

④ 光迹旋转(TRACE ROTATION):调节光迹与水平线平行。

⑤ 探极校准信号（PROBE ADJUST）:此端口输出幅度为 0.5 V,频率为 1kHz 的方波信号,用于校准 Y 轴偏转系数和扫描时间系数。

⑥ 耦合方式(AC GND DC):垂直通道 1 的输入耦合方式选择,AC 为信号中的直流分量被隔开,用于观察信号的交流成分;DC 为信号与仪器通道直接耦合,当需要观察信号的直流分量或被测信号的频率较低时应选用此方式;GND 为输入端处于接地状态,用于确定输入端为零电位时光迹所在位置。

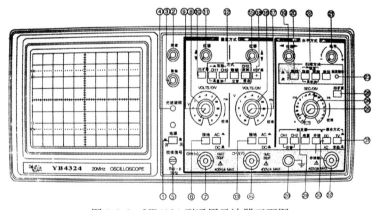

图 3-9-6　YB4324 型通用示波器正面图

⑦ 通道 1 输入插座 CH1(X)：双功能端口,在常规使用时,此端口作为垂直通道 1 的输入口,当仪器工作在 X—Y 方式时,此端口作为水平轴信号输入口。

⑧ 通道 1 灵敏度选择开关(VOLTS/DIV)。

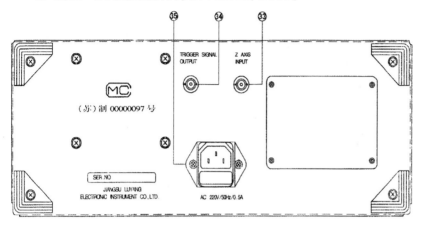

图 3-9-7　YB4324 型通用示波器背面图

⑨ 微调(VARIABLE)：用以连续调节垂直轴的偏转系数,调节范围≥2.5 倍,该旋钮顺时针旋足时为校准位置,此时根据"VOLTS/DIV"开关度盘位置和屏幕显示幅度读取该信号的电压值。

⑩ 通道扩展开关(PULL×5)：按下此开关,增益扩展 5 倍。

⑪ 垂直位移(POSITION)。

⑫ 垂直方式(MODE)：选择垂直系统的工作方式。

⑬ 耦合方式(AC GND DC)：作用于 CH2,功能同控制件⑥。

⑭ 通道 2 输入插座。

⑮ 垂直位移(POSITION)。

⑯ 通道 2 灵敏度选择开关。

⑰ 微调(VARIABLE)：功能同⑨。

⑱ 通道 2 扩展(×5)。

⑲ 水平位移(POSITION)。

⑳ 极性(SLOPE)。

㉑ 电平(LEVEL)：用以调节被测信号在变化至某一电平时触

发扫描。

㉒ 扫描方式（SWEEP MODE）：选择产生扫描的方式。

AUTO：当无触发信号输入时，屏幕上显示扫描光迹，一旦有触发信号输入，电路自动转换为触发扫描状态，调节电平可以使波形稳定的显示在屏幕上，此方式适合观察频率在 50Hz 以上。

NORM：无触发信号输入时，屏幕上无光迹显示，有信号输入时，且触发电平旋钮在合适位置上，电路被触发扫描，当观察频率在 50Hz 以下时必须选择此方式。

锁定：当仪器工作在锁定状态时，无需调节电平即可使波形稳定的显示在屏幕上。

单次：用于产生单次扫描，进入单次状态后，按动复位键，电路工作在单次扫描方式，扫描电路处于等待状态，当触发信号输入时，扫描只产生一次，下次扫描需再次按动复位键。

㉓ 触发指示（TRIG'S READY）：指示灯具有两种功能指示，当仪器工作在非单次扫描方式时，灯亮表示扫描电路工作在被触发状态，当仪器工作在单次扫描方式时，灯亮表示扫描电路在准备状态，此时若有信号输入将产生一次扫描，指示灯随之熄灭。

㉔ 扫描速率（SEC/DIV）：根据被测信号频率的高低，选择合适的档级。当扫描速率"微调"置于校准位置时，可根据度盘的位置和波形在水平轴的距离读出被测信号的时间参数。

㉕ 微调（VARIABLE）：用于连续调节扫描速率，调节范围 $\geqslant$ 2.5倍。顺时针旋足为校准位置。

㉖ 扫描扩展开关（×5）：按入此键，水平速率扩展 5 倍。

㉗ 慢扫描开关：用于观察低频脉冲信号。

㉘ 触发源（TRIGGER SOURCE）：选择触发信号源。

CH_1/CH_2：在双踪显示时，触发信号来自 CH_1/CH_2 通道，在单踪显示时触发信号则来自被显示的通道。

交替：在双踪交替显示时，触发信号交替来自于两个 Y 通道，此方式用于同时观察两路不相关的信号。

电源：触发信号来自于市电。

外接：触发信号来自于触发输入端口。

㉙ ⊥:测试用的接地端。

㉚ AC/DC:外触发信号的耦合方式,当选择外触发源,且信号频率很低时,应将开关置 DC 位置。

㉛ 常态/TV(NORM/TV):一般测量此开关置常态位置,当需观察电视信号时,应将此开关置 TV 位置。

㉜ 外触发输入(EXT INPUT):当选择外触发方式时,触发信号由此端口输入。

㉝ Z 轴输入端(Z AXIS INPUT)亮度调制信号输入端。

㉞ 触发输出(TRIGGER SIGNAL OUTPUT):随触发选择输出约 100 mV/div 的 CH1 或 CH2 通道输出信号,方便于外加频率计等。

交流电源输入端(AC LINE INPUT)

㉟ 带保险丝的电源插座。

(2) 示波器的操作和测量方法

① 基本操作:认识示波器面板上各旋钮的功能和用法。

将下列旋钮置于括号内的位置:垂直位置(中间位置);水平位置(中间位置);辉度 NTENSITY(顺时针旋到亮);扫描方式(AUTO)。

接通电源开关(按入)指示灯亮,调节垂直位移按钮,使扫描线移到屏幕的中间位置;调节"INTENSITY"按钮,使显示图像亮度适当;调节"FOCUS"按钮,使扫描线纤细清晰。

将 CH1 的 AC−GND−DC 选择"AC"档,将函数信号发生器的正弦波电压信号输入 CH1,示波器荧光屏上可出现正弦波形,若波形不稳定,适当调节触发电平"LEVEL"旋钮,或者扫描频率旋钮,即可出现清晰、稳定的正弦波。

② 电压幅度的测量:VOLTS/DIV 开关的内侧旋钮置校准位置时,就可进行电压的定量测量。测量值可由下式计算:

电压(伏)="VOLTS/DIV"设定值(V/格)×波形幅度(格) (2)

若用衰减探头(×10)连接信号,则计算公式为:

电压(伏)="VOLTS/DIV"设定值(V/格)×波形幅度(格)×10

(3)

注意 公式(2)或(3)的幅度都是峰—峰间的幅度，所以由公式(2)或(3)计算得到的电压为峰—峰值，即 V_{p-p}，其有效电压

$$V_{eff} = \frac{V_{p-p}}{2\sqrt{2}} \tag{4}$$

③ 信号频率的测量，常用测量频率的方法有以下两种：

a. 数出一个周期波形所占的格数 T，则频率为

$$f(\text{Hz}) = \frac{1}{T(\text{格}) \times N(\text{S}/\text{格})} \tag{5}$$

b. 数出有效区域中 10 格内的重复周期数 n，则频率为

$$f(\text{Hz}) = \frac{n}{10(\text{格}) \times N(\text{S}/\text{格})} \tag{6}$$

其中，(15)式和(6)式中的 N 是"TIME/DIV"的设定值。

对于频率较低而且又具有简单图形的信号，如正弦波、方波、锯齿波等，还要利用李萨如图形来测量其频率。

2. 信号发生器简介

信号发生器的种类很多，这里介绍的是实验中采用的 YB1600 系列函数信号发生器。YB1600 函数信号发生器为数显，输出频率在 $0.2 \times 10^{-6} \sim 2$ MHz，可输出波形有正弦波、方波、三角波。

(1) 信号发生器面板（如图 3-9-8 所示）。

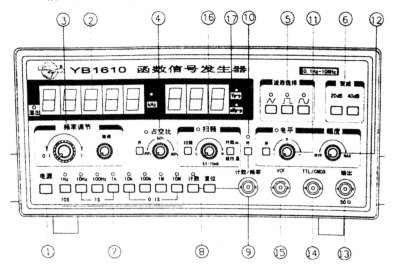

图 3-9-8 信号发生器面板

① 电源开关。

② LED 显示窗口:此窗口指示输出信号的频率,当"外侧"开关按入,显示外侧信号的频率,如超出测量范围,溢出指示灯亮。

③ 频率调节旋钮:调节此旋钮改变输出的信号频率,顺时针旋转,频率增大,逆时针旋转,频率减小,微调旋钮可以微调频率。

④ 占空比:将占空比开关按入,占空比指示灯亮,调节占空比旋钮,可改变波形的占空比。

⑤ 波形选择开关。

⑥ 衰减开关:电压输出衰减,二档开关组合为 20 dB、40 dB、60 dB。

⑦ 频率范围选择开关:根据需要的频率,按下其中一键。

⑧ 计数、复位开关:按计数键,LED 显示开始计数,按复位键,LED 显示为 0。

⑨ 计数/频率端口:计数、外侧频率输入端口。

⑩ 外测开关:此开关按入,显示窗显示外测信号频率或计数值。

⑪ 电平调节:按入电平调节开关,电平指示灯亮,此时调节电平调节旋钮,可以改变直流偏置电平。

⑫ 电压输出端口。

⑬ TTL/CMOS 输出端口:由此端口输出 TTL/CMOS 信号。

函数信号发生器控制键的使用

控制键名称	控制键位置
电源(POWER)	电源开关键弹出
波形开关(WAVEFORM)	任意按入一键
电平	电平开关键弹出
衰减开关(ATTE)	弹出
外测频(COUNTER)	外测频开关弹出
扫频	扫频开关弹出
占空比	占空比开关弹出
频率选择开关	按下任意一键

⑮ VCF:由此端口输入电压控制频率变化。

⑯ 扫频：按入扫频开关。电压输出端口输出信号为扫频信号，调节速率旋钮，可改变扫频速率，改变线性/对数开关可产生扫频和对数扫频。

⑰ 电压输出指示：3 位 LED 显示输出电压值，输出接 50 欧姆负载时应将读数除以 2。

（2）基本操作方法。

打开电源开关前，首先检查输入的电压，将电源线插入后面板上的电源插孔，按"函数信号发生器控制键的使用"表示，设定各个控制键。

实验过程中根据需要调节频率调节旋钮（FREQUENCY）、幅度调节旋钮（AMPLITUDE）及波形选择开关（WAVE　FORM）即可得到所需信号。调节旋钮均为顺时针增大、逆时针减小。

3.10　霍尔效应及其研究

【实验目的】

（1）了解霍尔效应实验原理以及有关霍尔器件对材料要求的知识。

（2）学习用"换向法"消除负效应影响，测绘试样的 $U_H - I_S$ 和 $U_H - I_M$ 曲线。

（3）确定试样的导电类型、载流子浓度及迁移率。

【实验仪器】

TH-H 型霍尔效应实验仪，TH-H 型霍尔效应测试仪。

【实验原理】

1879 年霍金斯大学研究生霍尔（A. H. Hall 1855—1938 年）在研究载流导体在磁场中受力的性质时发现：把一半导体置于磁场中，如果在 x 方向通以电流 I_S，z 方向加以磁场 B 时，则在垂直于电流和磁场的 y 方向上将产生一电势差 U_H，这个现象后来称为霍尔效应。这个半导体器件称作霍尔器件。如今,霍尔效应不但是测定半导体材料电学参数的主要手段,而且利用该效应制成的霍尔器件具有结构简单、小型、频率响应宽、输出电压变化大、自然寿命长等优点,已被广泛用于非电量测量、自动控制和信息处理等方面。在工业生产要求自动检测和控制的今天,作为敏感元件之一的霍尔器件,将有着更广阔的应用前景。了解和掌握这一富有实用价值的实验,对日后的工作将大有益处。

霍尔效应是由于运动电荷在磁场中受到洛伦兹力作用而产生的。半导体中的电流是由载流子(电子或空穴)的定向运动形成的。如图 3-10-1 所示,把一块厚度为 d、宽度为 b 的半导体材料制成的霍尔器件放在垂直于它的磁场 $\boldsymbol{B}$ 中,若在 x 方向通以电流 I_S,则在 y 方

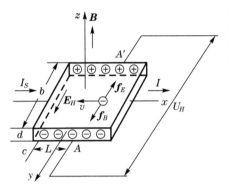

图 3-10-1 霍尔效应示意图

向即试样 A、A' 两侧就开始聚积异号电荷而产生相应的附加电场。电场的指向取决于试样的导电类型。显然,该电场将阻止载流子继续向侧面偏移,当载流子所受的横向电场力 eE_H 与洛伦兹力 evB 相等时,样品两侧电荷的积累就达到平衡,故有

$$eE_H = e\bar{v}B \tag{1}$$

其中,$\boldsymbol{E}_H$ 称为霍尔电场,$\bar{v}$ 是载流子在电流方向上的平均漂移速度。

设试样的宽为 b,厚度为 d,载流子浓度为 n,则

$$I_S = ne\bar{v}bd \tag{2}$$

由上两式可得

$$U_H = E_H \cdot b = \frac{1}{ne} \cdot \frac{I_S B}{d} = R_H \cdot \frac{I_S B}{d} \tag{3}$$

即霍尔电压 U_H(点 A 与点 A' 之间的电压)与乘积 $I_S \cdot B$ 成正比,与试样厚度 d 成反比。比例系数 $R_H = \frac{1}{ne}$ 称为霍尔系数,它是反映材料霍尔效应强弱的重要参数,只要测出 $U_H(\text{V})$ 以及知道 $I_S(\text{A})$、

$B(\mathrm{T})$ 和 $d(\mathrm{m})$ 可按下式计算 $R_H(\mathrm{m}^3 \cdot \mathrm{C}^{-1})$ 。

$$R_H = \frac{U_H \cdot d}{I_s \cdot B} \tag{4}$$

1. 根据 U_H 的正负(或 R_H 的正负)判断半导体的导电类型

半导体中的载流子有两种,带正电(即空穴)的称为 P 型半导体,而带负电(即电子)的称为 N 型半导体。由图 3-10-1 可分析出,当电流和磁场的方向一定时,样品中载流子的正负决定了 A 、A' 两点电压的符号。因此,通过 A 、A' 两点电压的测定,就可以判断出样品中的载流子究竟是带正电还是带负电,即可判断半导体的导电类型。

2. 由 R_H 求载流子浓度 n

$$n = \frac{1}{|R_H|e}$$

应该指出,这个关系式是假定所有载流子都具有相同的漂移速度得到的,严格一点,考虑载流子的速度统计分布,需引入 $\frac{3\pi}{8}$ 的修正因子(可参阅黄昆、谢希德著《半导体物理学》)。

3. 电导率 σ 的测量

σ 可以通过图 3-10-1 所示的 A 、C 电极进行测量,设 A 、C 之间的距离为 L ,样品的横截面积为 $S = b \cdot d$,流经样品的电流为 I_s ,在零磁场下,若测得 A 、C 间的电位差为 U_{AC} (即 U_σ),可由下式求得 σ 。

$$\sigma = \frac{I_s \cdot L}{U_{AC} \cdot S} \tag{5}$$

4. 求载流子的迁移率 μ

电导率 σ 与载流子浓度 n 以及迁移率 μ 之间有如下关系

$$\sigma = ne\mu \tag{6}$$

即 $\mu = |R_H|\sigma$,测出 σ 值即可求 μ 。

根据(6)式可知,要得到大的霍尔电压,关键是要选择霍尔系数大(即迁移率高,电阻率 ρ 亦较高)的材料,因 $|R_H| = \mu\rho$ 。就金属导体而言,μ 和 ρ 均很低,而不良导体 ρ 虽高,但 μ 极小;因而上述两种材料的霍尔系数都很小,不能用来制造霍尔器件。半导体 μ 高、ρ 适中,是制造霍尔元件较理想的材料。由于电子的迁移率比空穴迁移

率大,所以霍尔元件多采用 N 型材料,其次霍尔电压的大小与材料的厚度成反比,因此薄膜型的霍尔器件的输出电压较片状要高得多。就霍尔器件而言,其厚度是一定的,所以实验上采用 $K_H = \dfrac{1}{ned}$ 来表示器件的灵敏度,K_H 称为霍尔灵敏度,单位为 mV/(mA·T) 或 mV/(mA·kg·s),目前一种用高迁移率的锑化铟为材料的薄膜型霍尔器件,其 K_H 可高达 200～300 mV/(mA·T),而通常片状的硅霍尔器件的 K_H 仅为 2 mV/(mA·T)。

【实验内容与步骤】

1. 按照实验箱内部电路图连接实验台

2. 利用 TH-H 型霍尔效应组合仪测半导体样品的有关电学参数

(1) 调节 $I_M = 0.600A$ 并在测试过程中保持不变,调节 I_S 从 1.00～6.00 A,测出相应的 U_1, U_2, U_3, U_4,绘制 $U_H - I_S$ 曲线。

(2) 调节 $I_S = 6.00$ mA 并在测试过程中保持不变,调节 I_M 从 0.100～0.600 A,测出相应的 U_1, U_2, U_3, U_4,绘制 $U_H - I_M$ 曲线。

(3) 在零磁场下($I_M = 0$),取 $I_S = 1.00$ mA,测 U_{AC}(即 U_σ)。

(4) 确定样品的导电类型,并求 R_H、n、σ 和 μ。

注意事项

① 接线时,注意 I_S 和 I_M 不可接反。开机前和关机前,将 I_S 和 I_M 调节旋钮逆时针方向旋到底,使其输入电流趋于最小状态。"U_H、U_σ 切换开关"应始终保持闭合状态。

② 数据处理时特别注意各物理量的单位!

【数据记录与处理】

相关参数:$b = 4.0$ mm $d = 0.50$ mm

$L = 3.0$ mm $1T = 10^4 Gs$ $B = $ 系数 $\times I_M$

1. $U_H - I_S$ 测量数据表

$$I_M = 0.600A$$

I_S (mA)	U_1 (mV) $+B, +I_S$	U_2 (mV) $-B, +I_S$	U_3 (mV) $-B, -I_S$	U_4 (mV) $+B, -I_S$	$U_H = \dfrac{U_1 - U_2 + U_3 - U_4}{4}$ (mV)
1.00					
2.00					
3.00					
4.00					
5.00					
6.00					

2. $U_H - I_M$ 测理数据表

$$I_S = 6.00 \text{ mA}$$

I_M (A)	U_1 (mV) $+B, +I_S$	U_2 (mV) $-B, +I_S$	U_3 (mV) $-B, -I_S$	U_4 (mV) $+B, -I_S$	$U_H = \dfrac{U_1 - U_2 + U_3 - U_4}{4}$ (mV)
0.100					
0.200					
0.300					
0.400					
0.500					
0.600					

【附录】

1. 实验中的负效应及其消除方法

在产生霍尔效应的同时还伴随着各种负效应,实验测到的 U_H 并不是真正的霍尔电压值,这些负效应所产生的附加电压有时甚至远大于霍尔电压,形成测量过程中的系统误差,为减少和消除这些

负效应所引起的附加电压,有必要在测量过程中采取一些措施。实验中存在的主要负效应有:

(1) 不等势电压。如图 3-10-2 所示的不等势电压 U_E,这是由于测量霍尔电压的电极 A 和 A' 的位置很难做到在一个理想的等势面上,因此当有电流 I_S 通过时,即使不加磁场也会产生附加的电压 $U_E = I_S \cdot r$,其中 r 为 A 和 A' 所在的两个等势面之间的电阻。U_E 的符号只与电流 I_S 的方向有关,与磁场 B 的方向无关。因此,U_E 可以通过改变 I_S 的方向予以消除。

(2) 爱廷豪森效应。这是由于构成电流的载流子速度(能量)不同而引起的负效应。如图 3-10-3 所示。若速度为 μ_0 的载流子与洛伦兹力刚好平衡,而速度大于和小于 μ_0 的载流子在电场力或洛伦兹力作用下将向相反方向偏转。从而在与电流和磁场垂直方向引起载流子的平均动能不同,产生温度差,由此产生的温差电效应就引起附加电势差 U_N,其大小和符号与 I_S 和 $\boldsymbol{B}$ 的方向有关,可以通过改变 I_S 和 $\boldsymbol{B}$ 的方向予以消除。

图 3-10-2　不等势电压

图 3-10-3　爱廷豪森效应

(3) 能斯脱效应。由于两个电极与样品的接触电阻不同,在两电极处将产生温度差,如图 3-10-4 所示,因而有一热流产生,即从样品冷端扩散的慢电子比由热源扩散的快电子受磁场作用偏转得多一些,所以产生一电势差 U_R。这一电势差与磁场方向有关,与电流 I_S 方向无关,所以可以通过改变磁场方向加以消除。

(4) 里纪—勒杜克效应。如图 3-10-5 所示,上述的热流 Q 在磁场的作用下,除了在与电流 I_S 和磁场垂直方向产生一个电势差外,同时,由于热电子的速度不同,也在此方向产生一个温度差,这温度差又在该方向上产生附加电压 U_I。$U_I \propto QB$,因此 U_I 的正负也只与 $\boldsymbol{B}$ 有关,这一负效应可以通过改变磁场方向加以消除。

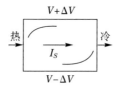

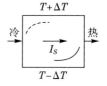

图 3-10-4　能斯脱效应　　　　图 3-10-5　里纪－勒杜克效应

（5）负效应的消除。根据这些负效应产生的电势差符号与 I_S 和 B 的关系，通过改变控制电流 I_S 和磁场 I_M 励磁电流方向来消除，消除负效应的具体步骤如下：

当（ $+I_M$, $+I_S$ ）时，$U_1 = U_H + U_E + U_N + U_R + U_I$

当（ $-I_M$, $+I_S$ ）时，$U_2 = -U_H + U_E - U_N - U_R - U_I$

当（ $-I_M$, $-I_S$ ）时，$U_3 = U_H - U_E + U_N - U_R - U_I$

当（ $+I_M$, $-I_S$ ）时，$U_4 = -U_H - U_E - U_N + U_R + U_I$

综合上面几式，并取平均值，可得

$$U_H = \frac{1}{4}(U_1 - U_2 + U_3 - U_4) - U_N \qquad (7)$$

这样，除了爱廷豪森效应以外其他负效应产生的电压全部消除了，考虑到 U_N 一般比 U_H 小得多，在误差范围内可以忽略，所以霍尔电压 U_H 为

$$U_H \approx \frac{1}{4}(U_1 - U_2 + U_3 - U_4) \qquad (8)$$

2. 仪器介绍

霍尔效应实验组合仪由实验台和测试仪两大部分组成。

（1）电磁铁。磁铁线包绕向为顺时针（操作者面对实验台），根据励磁电流 I_M 的大小和方向可确定磁场强度的数值和方向。

（2）样品和样品架。样品材料为半导体硅，宽度 $b = 4.0\,\text{mm}$，厚度 $d = 0.50\,\text{mm}$，A、C 电极的间距 $L = 3.0\,\text{mm}$，样品置放的方位（操作者面对实验台）。

（3）I_S 和 I_M 换向开关以及 U_H 和 U_σ（即 U_{AC}）测量选择开关。

测试仪包括：

（4）"I_S 输出"为 0～10 mA 样品工作电流源，"I_M 输出"为 0～1A 励磁电流源。两组电流源彼此独立，两路输出电流大小通过 I_S 调节

旋钮及 I_M 调节旋钮进行调节,二者均连续可调。其值可通过"测量选择"按键由同一只数字电流表进行测量,按键测 I_M,放键测 I_S。

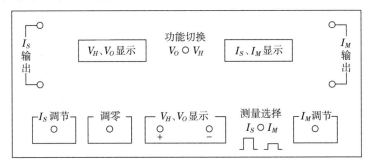

图 3-10-6　测试仪控制面板

(5) 直流数字电压表用来测量 U_H 和 U_σ。U_H 和 U_σ 通过功能切换开关由同一只数字电压表进行测量。测量范围分别为 ± 20 mV,± 200 mV。

3.11　用电位差计测量电动势和内阻

电位差计是利用补偿原理制造的仪器。补偿原理的特点是不从测量对象中支取电流,因而不干扰被测量的数值,测量结果准确可靠。电位差计用途很广,配以标准电池、标准电阻等器具,不仅能在对准确度要求很高的场合测量电动势、电压、电流、电阻等电学量,而且再通过配合各种换能器,还可用于温度、位移等非电量的测量和控制。

【实验目的】

(1)掌握补偿法测量电位差或电动势的原理。
(2)了解箱式电位差计的工作原理和结构特点。
(3)掌握箱式电位差计的使用方法。
(4)学习箱式电位差计测量电池的电动势和内阻。

【实验仪器】

UJ31 型直流低电势电位差计,直流稳压电源,电阻箱,定值电阻,温度计,开关。

【实验原理】

以前用伏特表去测量电位差或电动势时,由于伏特表自身的内阻在电路中有分流作用,往往产生较大的测量误差。而用电位差计测量电位差或电动势时,却不存在这个问题。

箱式电位差计是用来精确测量电池电动势或电位差的专门仪器。它采用电位比较方法,根据补偿原理进行测量。由于与之配合使用的标准电池电动势非常稳定,用作检测电流的灵敏电流计灵敏度很高,加上箱式电位差计的电压比较电路精准度较高,因此,它能精确地测量待测的电位差和电池的电动势。同时,因为箱式电位差计精度很高,所以也常用来校正电压表和电流表。

1. 电压补偿原理

图 3-11-1 为电压补偿原理图。其中, E_x 为待测电势差(电动势), E_0 为可调节的已知电源,G 为检流计。在此回路中,若 $E_0 \neq E_x$,则回路中一定有电流,检流计指针偏转。调节 E_0 ,总可以使检流计 G 指针指零。这就说明此时回路中两电源的电动势必然是大小相等、方向相反,数值上有 $E_0 = E_x$,因而电压互相补偿(平衡)。这种测电位差或电动势的方法称为"补偿法"。电位差计就是用这种补偿原理设计而成的测量电动势或电位差的仪器。

由上可见,构成电位差计需要有一个特定的可调电源 E_0 ,而且它要满足 2 个条件:

①它的大小便于调节,使 E_0 能够和 E_x 补偿。

②它的电压很稳定,并能读出精确的伏特值。

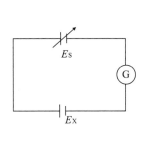 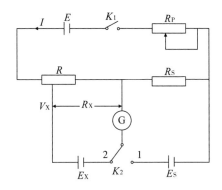

图 3-11-1　电压补偿原理　　　　图 3-11-2　电位差计原理图

2. 电位差计原理

图 3-11-2 为电位差计原理图。电位差计应用的补偿原理,是用可调的已知电压 $E_0 = IR_0$ 与被测电动势 E_x 相比较,当检流计指示零时,两者相等,从而获得测量结果。

由欧姆定律 $U = IR$ 可知,要想得到可调的已知电压 E_0,可先使电流 I 确定为一个恒定的已知标准电流 I_0,然后使 I_0 流过电阻 R,如果 R_x 的大小可调并可知(R_x 是 R 在补偿回路 $E_x K_2 G R_x$ 中的部分),则 R_x 两端的电压降 U 即为可调已知,有 $U = I_0 R_x$,将 R_x 两端的电压 U 引出,并与未知电动势 E_x 进行比较,组成补偿回路,则 U 相当于上面所要求的“E_0”。

在图 3-11-2 中,ERR_sR_p 组成辅助回路,$E_x K_2 G R_x$ 和 $E_s R_s G K_2$ 各组成一个补偿回路。

(1)校准工作电流。

辅助回路中的电流叫“工作电流”。为使 R_x 中通过的电流是已知的标准电流 I_0,在图3-11-2中,使开关 K_2 倒向右端1,调节 R_p 改变辅助回路中的电流,当检流计指示零时,R_s 上的电压降恰与补偿回路中标准电池的电动势 E_s 相等,有 $E_s = I_0 \cdot R_s$,$I_0 = \dfrac{E_s}{R_s}$,由于 E_s 和 R_s 都是很准确的,所以这时辅助回路中的工作电流就被精确地校准到所需要的 I_0 值。

(2)测量未知电动势。

在图 3-11-2 中,把 K_2 倒向左端2,保持 I_0 不变,只要 $E_x \leqslant I_0 R$,总可以滑动 R_x 使检流计再次指示为零,此时可得

$$E_x = I_0 R_x = E_s \frac{R_x}{R_s} \tag{1}$$

由于测量时保证 I_0 恒定不变,所以 E_x 与 R_x 一一对应。一般箱式电位差计在制造时,用可调节的标准电动势取代 E_x 给 R_x 定标,在测量未知电动势 E_x 时就可以从 R_x 示值上直接读出所测电动势 E_x 值。

补偿法具有以下优点:

① 电位差计是一个电阻分压装置,其中被测电压 U_x 和一标准电动势 E_s 二者接近,于是直接加以并列比较。U_x 的值仅取决于电阻比 R_x/R_s 及标准电动势 E_s,因而测量准确度较高。

② 上述"校准"和"测量"两步骤中电流计 2 次均指零,表明测量时既不从标准回路内的标准电动势源(通常用标准电池)中吸取电流,也不从测量的回路中吸取电流。因此,不改变被测回路的原有状态及被测电压值等参量,同时可避免测量回路导线电阻、标准电池内阻及被测回路等效内阻等对测量准确度的影响,这是补偿法测量的准确度较高的另一原因。

3. 用电位差计测量电池电动势(较大)和内阻

若电池的电动势大小在电位差计的量程范围内,可直接测量;若超出量程,则需串联电阻分压,用电位差计测出分压电阻两端的电压,再进一步换算成电池的电动势。

图 3-11-3 为测量电池电动势线路图。电位差计测量出的 U_{AB} 为 R_s 两端的电压,电池的电动势为 E_x,电池的路端电压为 U,外电路的回路电流为 I。

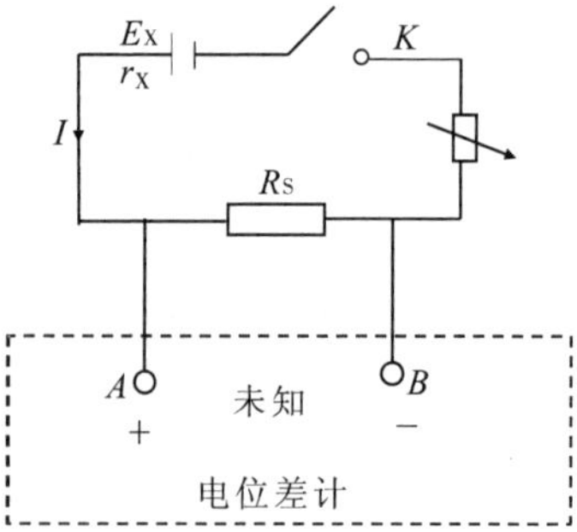

图 3-11-3 测量电池电动势

根据电路,有:$U = E_x - I r_x = E_x - \dfrac{U_{AB}}{R_s} r_x$

同时,$U = I(R + R_s) = \dfrac{U_{AB}}{R_s}(R + R_s)$

两式联立,可得:$U_{AB} = \dfrac{E_x R_s}{R + R_s + r_x}$

两边取倒数,有:$\dfrac{1}{U_{AB}} = \dfrac{1}{E_x R_s} R + \dfrac{R_s + r_x}{E_x R_s}$

若以 R 为自变量,$\dfrac{1}{U_{AB}}$ 为函数作图。则 $\dfrac{1}{E_x R_s}$ 为图线的斜率 K,

$\dfrac{R_s + r_x}{E_x R_s}$ 为图线的截距 b。由此,可得电池的电动势 E_x 和内阻 r_x:

$$E_x = \frac{1}{K \cdot R_s} \quad , \quad r_x = \frac{b}{K} - R_s \tag{2}$$

【实验内容与步骤】

1. 测量前的准备工作

(1)线路没有接通前,先将测量选择开关 K_2 转到"断"的位置,并将面板左下角的按钮全部松开。

(2)因为标准电池的电动势随温度也有微小的变化,所以应按照实验室温度计示值,根据使用时的室温查表得到当时的电动势值,并将温度补偿器 R_T 转到所查得的数值位置上。

(3)将标准电池开关 K_3,工作电源开关 K_4 打至"内附"位。

(4)将检流计 K_5 灵敏度打至高挡位,使用检流计调零旋钮 P_4 调零后,再将 K_5 打至低挡位。

2. 校准工作电流

将测量选择开关 K_2 转到"标准"位置,按下面板中左下角的按钮"粗"按,用工作电流调节器 P_1,P_2,P_3,按粗、中、细顺序校准工作电流,使检流计指示到零位置。再将按钮"细"按下,进一步调节 P_2,P_3,使检流计重新指示到零位置。这时工作电流校准完毕。

电流标准化调节完毕后,在测量过程中,不能再转动任何一个工作电流调节旋钮。

3. 测量电池电动势和内阻

(1)按图 3-11-3 所示连接线路。固定 R_s 为 $100\ \Omega$,调整 R 至 $1000\ \Omega$。根据 R_s 两端的电压,将仪器面板上的量程转换开关 K_1 打至"×10"的位置上。

(2)将仪器面板上的测量选择开关 K_2 转到"未知"位置,按下按钮先"粗"后"细",调节测量盘Ⅰ、Ⅱ、Ⅲ,使检流计指示到零位置。

此时,被测点位差 U_{AB} 即为测量盘上的示数总和乘以 K_1 的倍率乘积。

(3)按要求改变 R 的值,重复步骤(2)、(3),记录所测得的 U_{AB}。注意根据待测电压的变化,改变量程转换开关 K_1 的倍率。

(4)根据数据作出 $\dfrac{1}{U_{AB}} \sim R$ 曲线,并测出图线的斜率 K 和截距 b。

(5)由公式(2)算出电池的电动势 E_x 和内阻 r_x。

4.测量电阻

(1)按图 3-11-4 所示连接线路。电源电压取 1.5 V,R 为 5000 Ω,R_s 为 500 Ω。将量程转换开关 K_1 打至"$\times 10$"的位置上。

(2)校准工作电流按步骤 2 所示的方法校准。

(3)将测量选择开关 K_2 转到"未知 1"位置,按下按钮先"粗"后"细",调节测量盘Ⅰ、Ⅱ、Ⅲ,使检流计指示到零位置。记录 R_s 两端电压 U_S。

(4)重新校准工作电流。将测量选择开关 K_2 转到"未知 2"位置,按下按钮先"粗"后"细",调节测量盘Ⅰ、Ⅱ、Ⅲ,使检流计指示到零位置。记录 R_x 两端电压 U_x。

(5)改变 R 的值,重复步骤(2)～(4)。

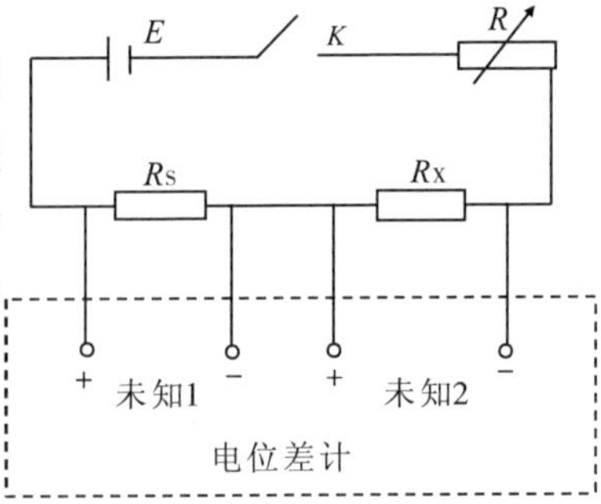

图 3-11-4　用电位差计测电阻

(6)计算电阻 $R_x = \dfrac{U_x}{U_S} R_S$,求 R_x 的平均值和标准误差,并以 $R_x = (\overline{R_x} \pm \sigma_{R_x})$ 表达测量结果。

注意事项

①在连接线路时,各元件(如待测电动势)的极性绝对不可接错,否则不但得不到电压补偿,而且若按下电键按钮,检流计线圈中将有很大电流通过,易使仪器损坏。

②在测量过程中,工作条件经常发生变化(如辅助回路电源 E 不稳定等),为保证工作电流标准化,使测量结果更准确,应经常校

正工作电流,在校正工作电流时,应和调节工作电流一样,K_2 指示在"标准"位置。

③检流计线圈中不允许通过大电流,所以和检流计内部相接的面板左下角的电键必须按照先"粗"后"细"的顺序操作。

5. 选做实验:校正毫伏表

按图 3-11-5 所示连接电路。

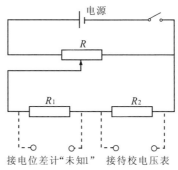

图 3-11-5 用电位差计校准电压表原理图

参照电位差计量程(171 mV)与待校电压表量程,确定分压器 R_1 与 R_2 比值。通过校准的实验数据,得到电表各个刻度的绝对误差。选取其中最大的绝对误差除以量程,即得该电表的标称误差。

$$标称误差 = \frac{最大绝对误差}{量程} \times 100\% 。$$

根据标称误差的大小,将电表分为不同的等级,常记为 K。

例如,若 $0.5\% <$ 标称误差 $\leqslant 1.0\%$,则该电表的等级为 1.0 级。

【数据记录与处理】

1. 测量电池电动势和内阻

室温 $t = $ _____ 标准电池电动势 $E_t = $ _____

R （Ω）	K_1（倍率）	测量盘示数(mv)			U_{AB} （mV）	$\dfrac{1}{U_{AB}}$
		Ⅰ(×1)	Ⅱ(×0.1)	Ⅲ(×0.01)		
1000						
1500						
2000						
2500						
3000						
3500						
4000						
4500						

2. 测量电阻

$R(\Omega)$	K_1	U_S (mV)				U_x (mV)				R_x (Ω)
		I (×1)	II (×0.1)	III (×0.01)	U_S	I (×1)	II (×0.1)	III (×0.01)	U_x	
5000										
5500										
6000										
6500										
7000										
7500										

$\bar{R}_x =$ _____ , $\sigma_{U_S} =$ _____ , $\sigma_{U_X} =$ _____ , $R_x = (\bar{R}_x \pm \sigma_{R_x}) =$ _____

【思考题】

（1）在工作电流标准化过程中，总达不到平衡，即检流计指针总是偏向一边，试分析可能的原因？

（2）怎样运用电位差计较准一电流表？请设计一简单电路。

（3）当用一个已被校准好的箱式电位差计去测电动势时，发现无论如何也达不到平衡，分析哪些因素会导致上述现象发生？

【附录】

1. UJ-31 型电位差计

本实验所用电位差计为 UJ-31 型低电势直流电位差计，图3-11-6是 UJ-31 型电位差计的面板示意图。图 3-11-7 是用电位差计测电源电动势的原理图，图中虚线框内是 UJ-31 型电位差计的原理简图。

UJ-31 型电位差计是一种测量低电位差的仪器，分为量程 17 mV（最小分度 1 μV，测量选择开关 K_1 旋到×1）和量程 170 mV（最小分度 10 μV，测量选择开关 K_1 旋到×10）两档。图 3-11-7 面板示意图上方的五对接线端钮从左到右依次接入标准电池、检流计、5.7～6.4 V直流电源和待测的两组未知电压(未知1和未知2)。面板上各旋钮、开关及调节盘的名称、作用及操作注意事项见表3-11-1。

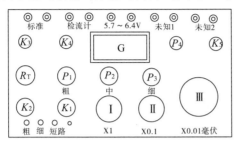

图 3-11-6　UJ-31 型电位差计面板示意图

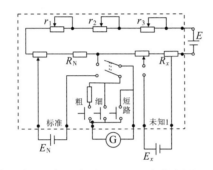

G-灵敏检流计；E_N-标准电池；E-6V 左右的电源；E_x-未知电源

图 3-11-7　UJ-31 型电位差计测电动势

表 3-11-1　UJ-31 型电位差计的面板及操作注意事项

图 3-11-6 中标记及名称		作用、特点及操作注意事项
	K_2：测量选择开关	进行"校准"时 K_2 旋至"标准"位置，"测量"时旋至"未知1"或"未知2"位置，不用时旋至"断"位置
校准	R_T：温度补偿盘	"校准"前根据室温查出当时的标准电池电动势 R_T，将 R_T 盘旋至对应位置，该盘已直接按电池电动势值标注
校准	P_1、P_2、P_3：电流调节盘	"校准"时旋转面板上三个粗、中、细调节盘，使检流计指零，这时 $I_0 = 10.000$ mA
测量	K_1：测量选择开关	"测量"前根据被测电压的约值预先选定，让最大的一位测量盘用上。未知电压=测量盘读数×倍率（有×1和×10两档）
测量	Ⅰ、Ⅱ、Ⅲ：测量盘	测量未知电压用的粗、中、细调节盘，已按倍率为×1时的电压值标定分度，可直接读数

图 3-11-6 中 标记及名称	作用、特点及操作注意事项
粗、细、短路：电流计 按钮开关	进行"校准"或"测量"的操作时，应先按"粗"按钮，这时检流计回路串联有 10 kΩ 电阻，经调节待测检流计几乎指零后再按下"细"按钮继续调节，直至指零。按下"短路"按钮时，检流计被短路，检流计光标或指针能很快停住，当光标或指针左右摆动，长久不停时可用它，一般情况不用

UJ-31 型电位差计的准确度等级为 0.05，在环境温度与 20 ℃ 相差不大等条件下，其基本误差限 ΔU_x 为

$$\Delta U_x = \pm(0.05\% U_x + \Delta U) = \Delta_B$$

当倍率为 ×10 时式中的 ΔU 取 5 μV，当倍率为 ×1 时取 0.5 μV。

2. 标准电池

本实验采用饱和标准电池（电解液为饱和硫酸镉溶液）作标准电动势源。

标准电池 20 ℃ 时的电动势为 $E_N(20)$，可求得 0 ℃ ≤ t ≤ 40 ℃ 时的电动势为

$$E_N(t) = E_N(20) - [39.9(t-20) + 0.94(t-20)^2 - 0.009(t-20)^2] \times 10^{-6}(\text{V})$$

使用标准电池应注意以下几点：

①根据使用时的室温算出或查出当时的电动势值（见表 3-11-2）。

②存放地点温度波动要小，远离热源，并避免强光直接照射到电池上。

③正负极不能接错，严禁短路，流经电池的电流应小于 10 μA。

④轻拿轻放，不得振动和倒置。

表 3-11-2

温度/℃	标准电池 E_S/V	温度/℃	标准电池 E_S/V
10	1.018 91	20	1.018 60
11	1.018 89	21	1.018 56
12	1.018 86	22	1.018 52
13	1.018 84	23	1.018 47

续表

温度/℃	标准电池 E_s/V	温度/℃	标准电池 E_s/V
14	1.018 81	24	1.018 42
15	1.018 78	25	1.018 37
16	1.018 75	26	1.018 32
17	1.018 71	27	1.018 27
18	1.018 68	28	1.018 21
19	1.018 64	29	1.018 16

3.12 电表改装与校准

电表在电学测量中有着广泛的应用,因此如何了解电表和使用电表就显得十分重要。电流计(表头)由于构造的原因,一般只能测量较小的电流和电压,如果要用它来测量较大的电流或电压,就必须进行改装,以扩大其量程。万用表的原理就是对微安表头进行多量程改装而来,在电路的测量和故障检测中得到了广泛的应用。

【实验目的】

1. 按照实验原理设计测量线路。

2. 了解电流计的量程 I_g 和内阻 R_g 在实验中所起的作用,掌握测量它们的方法。

3. 掌握电表的改装、校准和使用的方法,了解电表面板上符号的含义。

【实验仪器】

TKDG-1 型电表改装与校准实验仪 1 台,附专用连接线等。

【实验原理】

常见的磁电式电流计主要由放在永久磁场中的由细漆包线绕制的可以转动的线圈、用来产生机械反力矩的游丝、指示用的指针和永久磁铁所组成。当电流通过线圈时,载流线圈在磁场中就产生一磁力矩 $M_磁$,使线圈转动并带动指针偏转。线圈偏转角度的大小与线圈通过的电流大小成正比,所以可由指针的偏转角度直接指示出电流值。

1. 电流表的扩程

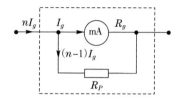

图 3-12-1　分流扩程原理图

磁电式电流表是采用分流的方法扩大量程的,如图3-12-1所示,在表头两端并联电阻 R_P,若原表头的量程为 I_g,内阻为 R_g,扩程后电流表量程为 I,量程扩大倍数为 $n = I/I_g$,根据欧姆定律,有

$$I_g R_g = (n-1)I_g R_P$$

分流电阻阻值为

$$R_P = \frac{R_g}{n-1} \tag{1}$$

根据电流表扩程的要求,由式(1)算出分流电阻 R_P。

2. 电流表改装成电压表

若将量程为 I_g,内阻为 R_g 的电流表改装成测量较大电压的电压表,可采用串联分压电阻的方法实现,如图 3-12-2 所示。

设改装后电压表的量程为 V,根据欧姆定律有

$$V = I_g(R_S + R_P)$$

分压电阻为

$$R_S = \frac{V}{I_g} - R_g \tag{2}$$

因此,串联不同阻值的 R_S,可以得到不同量程的电压表。

3. 电表内阻的测量

测量电路如图 3-12-3 所示。测量时先将开关 K_2 置于 2,调节滑线变阻器 R_0 使电流表 B_1 偏转 I_n,然后把 K_2 倒向 1,调节电阻箱 R_n,使电流表偏转仍为 I_n,这时电阻箱的示值 R_n,等于表头 B_2 的内阻 R_g。

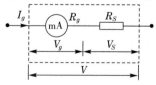

图 3-12-2　串联分压电阻改装图

4. 电表的校正

电表在改装后,还需进行校正。
校正的目的是:

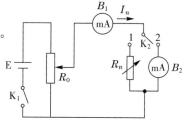

(1) 评定该表在改装后是否
符合原电表的准确度等级。

(2) 绘制校正曲线,以便于对
改装后的电表能准确读数。

图 3-12-3　测量电表内阻电路图

校正方法是将待校正的电表和一个准确度等级较高的标准表同时测量一定的电流或电压,分别读出被校正表各个刻度的示值 I_x(或 V_x)和标准表所对应的示值 I_s(或 V_s)。得到各刻度的修正值 $\delta I_x = I_x - I_s$(或 $\delta V_x = V_x - V_s$),以 I_x(或 V_x)为横坐标,δI_x(或 δV_x)为纵坐标画出电表的校正曲线,如图 3-12-4 所示,校正点之间用直线连接,图形为折线状。在以后使用该表时,可根据校正曲线来修正读数,能得到较为准确的结果。

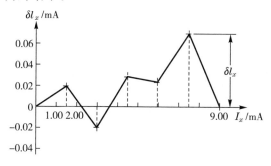

图 3-12-4　电流表校准曲线

对于已知准确度等级的电流表由式(3)确定其任一测量值的最大绝对误差

$$\Delta I_m = \pm a\% \times I_m \qquad (3)$$

式中,I_m 为量程,a 为准确度等级。图 3-12-4 所示校正曲线中的 δI_m 一般不超过 ΔI_m。

【实验内容与步骤】

1. 测量待改装表内阻

按图 3-12-3 所示接线,测量 1 mA 电表的内阻 R_g。

2. 把 1 mA 电流表改装成 10 mA 电流表并校正

（1）根据上一步骤测量出的电表内阻 R_g 值，代入式（1），计算出分流电阻 R_P 值。

（2）按图 3-12-5 所示连线。将电阻箱调到 R_P 值，与微安表并联，就得到了量程为 10 mA 的自制毫安表（虚线框内）。

（3）校正工作分三步进行。

① 先校正零点，再校正量程，最后校正刻度。即校正时，通电前，先调准两表机械零点。

② 校正量程时，若量程和设计值稍有差异，可微调 R_P 使二者相一致，并记下此时的 R'_P 作为 R_P。

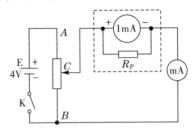

图 3-12-5　电流表改装电路图

③ 校正刻度时，以待校表为整刻度数值，观察并记录标准表的示值。为了减小由于电表内部摩擦力矩和游丝不是严格的弹性形变而带来的误差，应使电流从小到大校正，再使电流从大到小重复校正一遍。将数据记入数据表中，计算时取平均值。

（4）以 δI_x 为纵坐标，待校表示值 I_x 为横坐标，作自制毫安表的校正曲线，即 $\delta I_x - I_x$ 曲线。

3. 把 1 mA 电表改装成量程为 1 V 的电压表并校正

（1）根据电表内阻 R_g，代入公式（2），计算出分压电阻 R_S 值。

（2）按图 3-12-6 所示连线，将电阻箱调到 R_S 值，与微安表串联，就得到 1 V 的自制电压表。

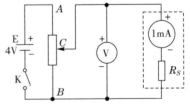

图 3-12-6　电流表改装成电压表电路图

（3）校正时原则基本与内容 2 相同，也是先校准零点，再校正量程和刻度。校正刻度时，使电压由小到大，再由大到小各校正一遍。

（4）以 δV_x 为纵坐标，待校表示值 V_x 为横坐标，作自制电压表的校正曲线，即 $\delta V_x - V_x$ 曲线，并加以讨论。

注意事项

① 注意接入电信号的极性与量程大小,以免指针反偏或过量程时出现"打针"现象;

② 实验仪提供的标准电流表和标准电压表仅作校准时的标准。

【数据表格和数据处理】

1. 自制毫安表的校正数据

$R_P = $＿＿＿＿＿＿＿＿　　　　　　　　$R_P{}' = $＿＿＿＿＿＿＿＿

毫安表读数(mA)	0.2	0.4	0.6	0.8	1.0
自制毫安表 I_x(mA)	2.0	4.0	6.0	8.0	10.0
标准表 I_{s1}(mA)(由小到大)					
标准表 I_{s2}(mA)(由大到小)					
$\overline{I}_s = (I_{s1} + I_{s2})/2$ (mA)					
$\delta I_x = \overline{I}_s - I_x$ (mA)					

2. 自制电压表的校正数据

$R_S = $＿＿＿＿＿＿＿＿　　　　　　　　$R_S{}' = $＿＿＿＿＿＿＿＿

毫安表读数(mA)	0.2	0.4	0.6	0.8	1.0
自制电压表 V_x(V)	0.2	0.4	0.6	0.8	1.0
标准表 V_{s1}(V)(由小到大)					
标准表 V_{s2}(V)(由大到小)					
$\overline{V}_S = (V_{s1} + V_{s2})/2$(V)					
$SV_S = \overline{V}_s - V_s$(V)					

【思考题】

1. 测量电流计内阻应注意什么?是否还有别的办法来测定电流计内阻?能否用欧姆定律来进行测定?能否用电桥来进行测定?

2. 设计 $R_{中} = 10\,\mathrm{k\Omega}$ 的欧姆表,现有两块量程为 $100\,\mu A$ 的电流

表，其内阻分别为 2500 Ω 和 1000 Ω，你认为选哪块比较好？

3. 若要求制作一个线性量程的欧姆表，有什么方法可以实现？

4. 能否把本实验的表头改装成 50 μA 的电流表和 0.1 V 的电压表？

5. 为什么校准电表时要使电流或电压从小到大、从大到小，各做一遍？如果两者完全一致说明什么，不一致又说明什么？

6. 计算改装后的电流表与电压表的内阻，并与原微安表的内阻进行比较，说明电流表及电压表的量程越大，它的内阻是越大还是越小？

【附录】

1. TKDG-1 型电表改装与校准实验仪技术说明

仪器采用组合式设计，包括工作电源、标准电表、被改装表、调零电路和电阻箱等电路和元件。通过学生自己连线，可以将指针式微安表改装成不同量程的电流表、电压表和欧姆表。该仪器具有使用和管理方便，又能培养学生实际动手能力的特点。

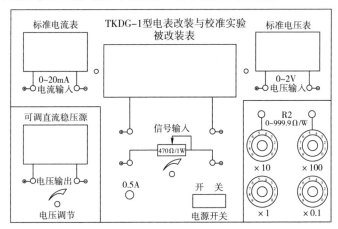

图 3-12-7　TKDG-1 型电表改装与校准实验仪控制面板

2. 仪器主要参数

（1）电压源。电压源设计有 0～2 V、0～10 V 两挡，输出电压连续可调，用按钮开关转换，输出电压值用指针式电压表监测，电压表的满度值与量程开关同步。

（2）被改装电表。采用宽表面表头，量程 100 μA，内阻约 1.6 kΩ，精度 1.5 级。

（3）标准电压表。量程 20 V，4 $\frac{1}{2}$ 位数字式电压表，精度 0.1%。

（4）标准电流表。分为 3 个量程：200 μA，2 mA，20 mA，4 $\frac{1}{2}$ 位数字式电流表，精度 0.1%，用按钮开关转换量程。

（5）电阻箱 R。0～111111 Ω，分辨率 0.1 Ω。

3. 使用注意事项

（1）仪器内部有限流保护措施，但工作时尽可能避免工作电源短路（或近似短路），以免造成仪器元器件等不必要的损失。

（2）实验时应注意电压源的输出量程选择是否正确，0～10 V 量程一般只用于电压表改装，其余电流表及欧姆表改装建议选用 0～2 V 量程。

（3）仪器采用开放式设计，在连续插线时注意：被改装表头只允许通过 100 μA 的小电流，过载时会损坏表头。要仔细检查线路和电路参数无误后才能将改装表头接入使用。

（4）仪器采用高可靠性能的专用连接线，正常的使用寿命很长。但使用时注意不要用力过猛，插线时要对准插孔，避免使插头的塑料护套变形。

3.13　用示波器观察铁磁材料的磁化曲线和磁滞回线

　　磁性材料应用广泛，从常用的永久磁铁、变压器铁芯到录音、录像、计算机存储用的磁带、磁盘等都采用磁性材料。磁滞回线和基本磁化曲线反映了磁性材料的主要特征。通过实验研究这些性质不仅能掌握用示波器观察磁滞回线，还能掌握基本磁化曲线的基本测绘方法，而且能从理论和实际应用上加深对材料磁特性的认识。

　　铁磁材料分为硬磁和软磁两大类，其根本区别在于矫顽力 *Hc*

的大小不同。硬磁材料的磁滞回线宽,剩磁和矫顽力大(达 120～20000 A/m 以上),因而磁化后,其磁感应强度可长久保持,适宜做永久磁铁。软磁材料的磁滞回线窄,矫顽力 Hc 一般小于 120A/m,但其磁导率和饱和磁感强度大,容易磁化和去磁,故广泛用于电机、电器和仪表制造等工业部门。磁化曲线和磁滞回线是铁磁材料的重要特性,也是设计电磁机构的重要依据之一。

本实验采用动态法测量磁滞回线。需要说明的是用动态法测量的磁滞回线与静态磁滞回线是不同的,动态测量时除了磁滞损耗还有涡流损耗,因此动态磁滞回线的面积要比静态磁滞回线的面积大一些。另外,涡流损耗还与交变磁场的频率有关,所以测量的电源频率不同,得到的 B～H 曲线是不同的,这可以在实验中清楚地从示波器上观察到。

【实验目的】

(1)掌握磁滞、磁滞回线和磁化曲线的概念,加深对铁磁材料的主要物理量:矫顽力、剩磁和磁导率的理解。

(2)学会用示波法测绘基本磁化曲线和磁滞回线。

(3)根据磁滞回线确定磁性材料的饱和磁感应强度 Bs、剩磁 Br 和矫顽力 Hc 的数值。

(4)研究不同频率下动态磁滞回线的区别,并确定某一频率下的磁感应强度 Bs、剩磁 Br 和矫顽力 Hc 数值。

(5)改变不同的磁性材料,比较磁滞回线形状的变化。

【实验仪器】

FB310 型动态磁滞回线试验仪,示波器。

【实验原理】

1. 磁化曲线

如果在由电流产生的磁场中放入铁磁物质,则磁场将明显增强,此时铁磁物质中的磁感应强度比单纯由电流产生的磁感应强度增大百倍,甚至在千倍以上。铁磁物质内部的磁场强度 H 与磁感应

强度 B 有如下的关系：

$$B=\mu H$$

对于铁磁物质而言，磁导率 μ 并非常数，而是随 H 的变化而改变的物理量，即 $\mu = f(H)$，其为非线性函数。所以如图 3-13-1 所示，B 与 H 也是非线性关系。

铁磁材料的磁化过程为：其未被磁化时的状态称为"去磁状态"，这时若在铁磁材料上加一个由小到大的磁化场，则铁磁材料内部的磁场强度 H 与磁感应强度 B 也随之变大，其 $B-H$ 变化曲线如图 3-13-1 所示。但当 H 增加到一定值（Hs）后，B 几乎不再随 H 的增加而增加，说明磁化已达饱和，从未磁化到饱和磁化的这段磁化曲线称为材料的起始磁化曲线。如图 3-13-1 中的 OS 段曲线所示。

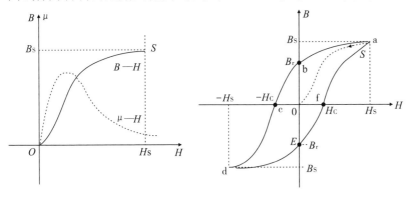

图 3-13-1　磁化曲线和 $\mu \sim H$ 曲线　　图 3-13-2　起始磁化曲线与磁滞回线

2. 磁滞回线

当铁磁材料的磁化达到饱和之后，如果将磁化场减少，则铁磁材料内部的 B 和 H 也随之减少，但其减少的过程并不沿着磁化时的 OS 段退回。从图 3-13-2 可知当磁化场撤销，$H = 0$ 时，磁感应强度仍然保持一定数值 $B = B_r$，其称为剩磁（剩余磁感应强度）。

若要使被磁化的铁磁材料的磁感应强度 B 减少到 0，必须加上一个反向磁场并逐步增大。当铁磁材料内部反向磁场强度增加到 $H = H_c$ 时（图 3-13-2 上的 c 点），磁感应强度 B 才为 0，达到退磁。图 3-13-2 中的的 bc 段曲线为退磁曲线，Hc 为矫顽力。如图 3-13-2 所示，当 H 按 $0 \rightarrow Hs \rightarrow 0 \rightarrow -Hc \rightarrow -Hs \rightarrow 0 \rightarrow Hc \rightarrow Hs$ 的顺序变化时，B 相应沿 $0 \rightarrow Bs \rightarrow Br \rightarrow 0 \rightarrow -Bs \rightarrow -Br \rightarrow 0 \rightarrow Bs$ 顺序变化。图中的

0a 段曲线称起始磁化曲线,所形成的封闭曲线 abcdefa 称为"磁滞回线"。bc 曲线段称为"退曲线"。由图 3-13-2 可知:

(1)当 $H=0$ 时,$B\neq0$,这说明铁磁材料还残留一定值的磁感应强度 B_r,通常称 B_r 为铁磁物质的剩余感应强度(剩磁)。

(2)若要使铁磁物质完全退磁,即 $B=0$,必须加一个反方向磁场 H_c。这个反向磁场强度 H_c,称为该铁磁材料的矫顽力。

(3)B 的变化始终落后于 H 的变化,这种现象称为"磁滞现象"。

(4)H 上升与下降到同一数值时,铁磁材料内的 B 值并不相同,退磁化过程与铁磁材料过去的磁化经历有关。

(5)当从初始状态 $H=0$,$B=0$ 开始周期性地改变磁场强度的幅值时,在磁场由弱到强地单调增加过程中,可以得到面积由大到小的一簇磁滞回线,如图 3-13-3 所示。其中最大面积的磁滞回线称为"极限磁滞回线"。

(6)由于铁磁材料磁化过程的不可逆性及具有剩磁的特点,在测定磁化曲线和磁滞回线时,首先必须将铁磁材料预先退磁,以保证外加磁场 $H=0$,$B=0$;其次,磁化电流在实验过程中只允许单调增加或减少,不能时增时减。在理论上,要消除剩磁 B_r,只需通一反向磁化电流,使外加磁场正好等于铁磁材料的矫顽力即可。实际上,矫顽力的大小通常并不知道,因而无法确定退磁电流的大小。但是我们从磁滞回线得到启示,如果使铁磁材料磁化达到磁饱和,然后不断改变磁化电流的方向,与此同时逐渐减少磁化电流,直到等于零。则该材料的磁化过程中就是一连串逐渐缩小而最终趋于原点的环状曲线,如图 3-13-4 所示。当 H 减小到零时,B 亦同时降为零,达到完全退磁。

实验表明,经过多次反复磁化后,$B-H$ 的量值关系形成一个稳定的闭合的"磁滞回线"。通常以这条曲线来表示该材料的磁化性质。这种反复磁化的过程称为"磁锻炼"。本实验使用的是交变电流,所以每个状态都是经过充分的"磁锻炼"的,随时可以获得磁滞回线。

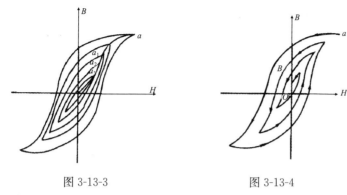

图 3-13-3   图 3-13-4

我们把图 3-13-3 中原点 O 和各个磁滞回线的顶点 $a_1, a_2, \cdots, a$ 所连成的曲线,称为铁磁性材料的"**基本磁化曲线**"。不同的铁磁材料其基本磁化曲线是不相同的。为了使样品的磁特性可以重复出现,也就是指所测得的基本磁化曲线都是由原始状态($\boldsymbol{H}=0, \boldsymbol{B}=0$)开始,在测量前必须进行退磁,以消除样品中的剩余磁性。

在测量基本磁化曲线时,每个磁化状态都要经过充分的"磁锻炼"。否则,得到的 $\boldsymbol{B}-\boldsymbol{H}$ 曲线即为开始介绍的起始磁化曲线,两者不可混淆。

3. 示波器显示 $\boldsymbol{B}-\boldsymbol{H}$ 曲线的原理线路

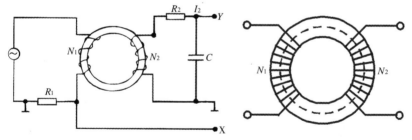

图 3-13-5 测量 $\boldsymbol{B}-\boldsymbol{H}$ 曲线的线路图   图 3-13-6   待测铁磁物质式样

示波器测量 $\boldsymbol{B}-\boldsymbol{H}$ 曲线的实验线路如图 3-13-5 所示。

本实验研究的铁磁物质是一个环状式样(如图 3-13-6 所示)。在式样上绕有励磁线圈 N_1 匝和测量线圈 N_2 匝。若在线圈 N_1 中通过磁化电流 i_1 时,此电流在式样内产生磁场,根据安培环路定律 $HL = N_1 i_1$,磁场强度 $\boldsymbol{H}$ 的大小为:

$$H = \frac{N_1 i_1}{L} \tag{1}$$

其中 L 为环状式样的平均磁路长度。（在图 3-13-6 中用虚线表示）。

由图 3-13-5 可知示波器 X 轴偏转板输入电压为：

$$U_x = U_R = i_1 R_1 \tag{2}$$

由式(1)和式(2)得：

$$U_x = \frac{LR_1}{N_1} H \tag{3}$$

上式表明在交变磁场下，任一时刻电子束在 X 轴的偏转正比于磁场强度 $\mathbf{H}$。

为了测量磁感应强度 $\mathbf{B}$，在次级线圈 N_2 上串联一个电阻 R_2 与电容 C 构成一个回路，同时 R_2 与 C 又构成一个积分电路。取电容 C 两端电压 U_c 至示波器 Y 轴输入，若适当选择 R_2 和 C 使 $R_2 \gg \dfrac{1}{\omega C}$，则：

式中 ω 为电源的角频率，E_2 为次级线圈的感应电动势。

因交变的磁场 $\mathbf{H}$ 的样品中产生交变的磁感应强度 $\mathbf{B}$，则：

式中 S（$S = \dfrac{(D_2 - D_1)h}{2}$）为环式样的截面积，设磁环厚度为 h，则：

$$U_y = U_c = \frac{Q}{C} = \frac{1}{C}\int I_2 \mathrm{d}t = \frac{1}{CR_2}\int E_2 \mathrm{d}t = \frac{N_2 S}{CR_2}\int \mathrm{d}B = \frac{N_2 S}{CR_2} B \tag{4}$$

上式表明接在示波器 Y 轴输入的 U_y 正比于 B。

R_2C 构成的电路在电子技术中称为积分电路，表示输出的电压 U_c 是感应电动势 E_2 对时间的积分。为了如实地绘出磁滞回线，要求：

(1) $R_2 \gg \dfrac{1}{2\pi f_C}$。

(2)在满足上述条件下，U_c 振幅很小，不能直接绘出大小适合需要的磁滞回线。为此，需将 U_c 经过示波器 Y 轴放大器增幅后输至 Y 轴偏转板上。这就要求在实验磁场的频率范围内，放大器的放大系数必须稳定，不会带来较大的相位畸变。事实上示波器难以完全达到这个要求，因此在实验时经常会出现如图 3-13-7 所示的畸变。观

测时将 X 轴输入选择"AC",Y 轴输入选择"DC"档,并选择合适的 R_1 和 R_2 的阻值,可避免这种畸变,得到最佳磁滞回线图形。

这样,在磁化电流变化的一个周期内,电子束的径迹描出一条完整的磁滞回线。适当调节示波器 X 和 Y 轴增益,再由小到大调节信号发生器的输出电压,即能在屏上观察到由小到大扩展的磁滞回线图形。逐次记录其正顶点的坐标,并在坐标纸上把它联成光滑的曲线,就得到样品的基本磁化曲线。

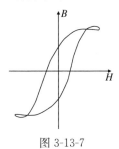

图 3-13-7

4. 示波器的定标

从前面说明中可知从示波器上可以显示出待测材料的动态磁滞回线,但为了定量研究磁化曲线磁滞回线,必须对示波器进行定标。即还须确定示波器的 X 轴的每格代表多少 H 值(A/m),Y 轴每格实际代表多少 B 值(T)。

一般示波器都有已知的 X 轴和 Y 轴的灵敏度,设 X 轴灵敏度为 S_x(V/格),Y 轴的灵敏度为 S_y（V/格）。(上述 S_x 和 S_y 均可从示波器的面板上直接读出),则有:

$$U_x = S_x X, \quad U_Y = S_Y Y$$

式中 X, Y 分别为测量时记录的坐标值(单位:格。注意,指一大格)。

由于本实验使用的 R_1、R_2 和 C 都是阻抗值已知的标准元件,误差很小,其中的 $R_1 R_2$ 为无感交流电阻,C 的介质损耗非常小。这样就可结合示波器测量出 H 值和 B 值的大小。

综合上述分析,本实验定量计算公式为:

$$H = \frac{N_1 S_X}{LR} X \tag{5}$$

$$B = \frac{R_2 C S}{N_2 S} Y \tag{6}$$

式中各量的单位为：R_1，R_2 为 Ω；L 为 m；S 为 m^2；C 为 F；S_x，S_y 为 V/格；X，Y 为格（分正负向读数）；H 的单位为 A/m；B 的单位为 T。

【实验内容与步骤】

实验前先熟悉实验的原理和仪器的构成。使用仪器前先将信号源输出幅度调节旋钮逆时针到底（多圈电位器），使输出信号为最小。

标有红色箭头的线表示接线的方向，样品的更换是通过换接接线来完成的。

注意：由于信号源、电阻 R_1 和电容 C 的一端已经与地相连，所以不能与其他接线端相连接。否则会短路信号源、U_R 或 U_C，从而无法正确做出实验。

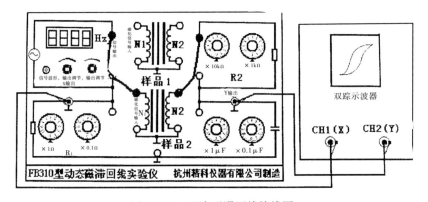

图 3-13-8　观察磁滞回线接线图

1. 显示和观察 2 种样品在 25 Hz、50 Hz、100 Hz、150 Hz 交流信号下的磁滞回线图形

（1）按图 3-13-8 所示的原理线路接线。

①逆时针调节幅度调节旋钮到底，使信号输出最小。

②调示波器显示工作方式为 X－Y 方式，即图示仪方式。

③示波器 X 输入为 AC 方式，测量采样电阻 R_1 的电压。

④示波器 Y 输入为 DC 方式，测量积分电容的电压。

⑤选择样品 1 先进行实验。

⑥接通示波器和 DH4516C 型动态磁滞回线实验仪电源,适当调节示波器辉度,以免荧光屏中心受损。预热 10 分钟后开始测量。

(2)示波器光点调至显示屏中心,调节实验仪频率调节旋钮,频率显示窗显示 25.00 Hz。

(3)单调增加磁化电流,即缓慢顺时针调节幅度调节旋钮,使示波器显示的磁滞回线上 **B** 的值增加缓慢,达到饱和。改变示波器上 X、Y 输入增益段开关并锁定增益电位器(一般为顺时针到底),调节 R_1、R_2 的大小,使示波器显示出典型美观的磁滞回线图形。

(4)单调减小磁化电流,即缓慢逆时针调节幅度调节旋钮,直到示波器最后显示为一点,位于显示屏的中心,即 X 和 Y 轴线的交点。如不在中间,可调节示波器的 X 和 Y 位移旋钮,把图形移到显示屏的中心。

(5)单调增加磁化电流,即缓慢顺时针调节幅度调节旋钮,使示波器显示的磁滞回线上 B 值增加缓慢,达到饱和,改变示波器上 X、Y 输入增益波段开关和 R_1、R_2 的值,示波器显示典型美观的磁滞回线图形。磁化电流在水平方向上的读数为(−5.00,+5.00)格。

(6)逆时针调节幅度调节旋钮到底,使信号输出最小,调节实验仪频率调节旋钮,频率显示窗分别显示 50.00 Hz、100.0 Hz、150.0 Hz,重复上述 3~5 的操作,比较磁滞回线形状的变化。表明磁滞回线形状与信号频率有关,频率越高磁滞回线包围面积越大,用于信号传输时磁滞损耗也大。

(7)换实验样品 2,重复上述 2~6 步骤,观察 25.00 Hz、50.00 Hz、100.0 Hz、150.0 Hz 时的磁滞回线,并与样品 1 进行比较,观察有何异同。

2. 测磁化曲线和动态磁滞回线

(1)在实验仪上接好实验线路,逆时针调节幅度调节旋钮到底,使信号输出最小。将示波器光点调至显示屏中心,调节实验仪频率调节旋钮,频率显示窗显示 50.00 Hz。

(2)退磁。

①单调增加磁化电流,即缓慢顺时针调节幅度调节旋钮,使在示波器显示的磁滞回线上 *B* 值增加变得缓慢,达到饱和。改变示波

器上 X、Y 输入增益和 R$_1$、R$_2$ 的值,示波器显示典型美观的磁滞回线图形。磁化电流在水平方向上的读数为(−5.00,+5.00)格,此后,保持示波器上 X、Y 输入增益波段开关和 R$_1$、R$_2$ 值固定不变并锁定增益电位器(一般为顺时针到底),以便进行 **H**、**B** 的标定。

②单调减小磁化电流,即缓慢逆时针调节幅度调节旋钮,直到示波器最后显示为一点,位于显示屏的中心,即 X 和 Y 轴线的交点,如不在中间,可调节示波器的 X 和 Y 位移旋钮。实验中可用示波器 X、Y 输入的接地开关检查示波器的中心是否对准屏幕 X、Y 坐标的交点。

(3)磁化曲线(即测量大小不同的各个磁滞回线的顶点的连线)。

单调增加磁化电流,即缓慢顺时针调节幅度调节旋钮,磁化电流在 X 方向读数为 0、0.20、0.40、0.60、0.80、1.00、2.00、3.00、4.00、5.00,单位为格,记录磁滞回线顶点在 Y 方向上读数如表1,单位为格,磁化电流在 X 方向上的读数为(−5.00,+5.00)格时,示波器显示典型美观的磁滞回线图形。此后,保持示波器上 X、Y 输入增益波段开关和 R$_1$、R$_2$ 值固定不变并锁定增益电位器(一般为顺时针到底),以便进行 **H**、**B** 的标定。

(4)动态磁滞回线。

在磁化电流 X 方向上的读数为(−5.00,+5.00)格时,记录示波器显示的磁滞回线在 X 坐标为 5.0、4.0、3.0、2.0、1.0、0、−1.0、−2.0、−3.0、−4.0、−5.0 格时,相对应的 Y 坐标,在 Y 坐标为 4.0、3.0、2.0、1.0、0、−1.0、−2.0、−3.0、−4.0 格时相对应的 X 坐标,如表2。

3. 作磁化曲线

(1)根据表1和表2的实验数据,可得表3和表4。

(2)由表3作 **B**−**H** 磁化曲线。

(3)由表4作磁滞回线图 **B**−**H**。

(4)换一种实验样品进行上述实验。

(5)改变磁化信号的频率,进行上述实验。

由前所述,表中 **H**、**B** 的计算公式为:

$$H = \frac{N_1 S_X}{LR_1} \cdot X \quad , \quad B = \frac{R_2 C S_Y}{N_2 S} \cdot Y$$

上述公式中,铁芯实验样品和实验装置参数如下:

$L=0.06$ m,$S=8\times10^{-5}$ m²,$N_1=50$ 匝,$N_2=150$ 匝,R_1、R_2 值根据仪器面板上的选择值计算,$C=1.0\times10^{-6}$ F。

其中,L 为铁芯实验样品平均磁路长度;S 为铁芯实验样品截面积;N_1 为磁化线圈匝数;N_2 为副线圈匝数;R_1 为磁化电流采样电阻,单位为 Ω;R_2 为积分电阻,单位为 Ω;C 为积分电容,单位为 F。S_x 为示波器 X 轴灵敏度,单位 V/格;S_y 为示波器 Y 轴灵敏度,单位 V/格。

【数据记录与处理】

表 1:

序号	1	2	3	4	5	6	7	8	9	10	11	12
X/格	0	0.20	0.40	0.60	0.80	1.00	1.50	2.00	2.50	3.00	4.00	5.00
Y/格												

测试条件:

$f =$ _____ Hz,CH1(X) = _____ V/div,

CH2(Y) = _____ V/div,$R_1 =$ _____ Ω,

$R_2 =$ _____ kΩ,$C =$ _____ μF,

$U_m =$ _____ V,$I_m =$ _____ mA

表 2:

X /格	Y /格	Y /格	X /格
5.00		4.00	
4.00		3.00	
3.00		2.00	
2.00		1.00	
1.00		0	
0		−1.00	
−1.00		−2.00	

续表

X/格	Y/格	Y/格	X/格
-2.00		-3.00	
-3.00		-4.00	
-4.00			
-5.00			

Y 最大值对应饱和磁感应强度 $B_s =$ _____ ；

$X=0,Y$ 读数对应剩磁 $B_r =$ _____ ；

$Y=0,X$ 读数对应矫顽力 $H_c =$ _____ 。

表3 磁化曲线：

序号	1	2	3	4	5	6	7	8	9	10	11	12
X/格	0	0.20	0.40	0.60	0.80	1.00	1.50	2.00	2.50	3.00	4.00	5.00
$H/$(A/m)												
Y/格												
B/mT												

表4 磁滞回线：

X/格	H/(A/m)	Y/格	B/mT	X/格	H/(A/m)	Y/格	B/mT
5.00				-5.00			
4.00				-4.00			
3.00				-3.00			
2.00				-2.00			
1.00				-1.00			
0				0			
-1.00				1.00			
-2.00				2.00			
-3.00				3.00			
-4.00				4.00			
-5.00				5.00			

B 最大值对应饱和磁感应强度 $-B_s =$ _____ mT， $B_S =$

_____ mT。

$H=0$ 时,B 读数对应剩磁 $-B_r=$ _____ mT, $B_r=$ _____ mT 。

$B=0$ 时,H 读数对应矫顽力 $-H_c=$ _____ A/m, $H_c=$ _____ A/m 。

【思考题】

1.测定磁性材料的磁化曲线和磁滞回线有什么意义?

2.测量前为什么要对磁性材料进行退磁?

3.为什么磁滞回线会畸变? 如何消除?

【附录】

FB310 型动态磁滞回线试验仪使用说明

一、试验仪主要结构及实验接线

FB310 型动态磁滞回线试验仪,配合示波器可观察铁磁性材料的基本磁化曲线和磁滞回线。仪器由励磁电源、试样、电路板以及实验接线图等部分组成。

图 3-13-9　FB310 型动态磁滞回线试验仪

二、主要技术参数

1.信号源输出:正弦波、频率 $f=20\sim200\,\text{Hz}$ 连续可调,4 位数显表指示。

2.磁化电流采样电阻 R_1:二盘电阻箱:$(0\sim10)\times(1+0.1)\,\text{k}\Omega$　STEP　$0.1\,\text{k}\Omega$ 。

3.积分电阻 R_2:二盘电阻箱:$(0\sim10)\times(10+1)\,\text{k}\Omega$　STEP

$1 \text{k}\Omega$ 。

4.积分电容 C :二盘电容箱：$(0 \sim 10) \times (1 + 0.1) \mu\text{F}$ STEP $0.1 \mu\text{F}$ 。

5.样品 1：$N = 50 \text{T}$, $n = 150\text{T}$, $L = 60 \text{ mm}$, $S = 80 \text{ mm}^2$ 。

样品 2：除铁芯材料不同,其余参数同上。

6.工作电源:交流市电 $220 \text{ V} \pm 10\%$ 。

7.外形尺寸:$330 \times 230 \times 120 \text{ mm}$ 。

8.总重量:5 kg 。

3.14　薄透镜焦距的测量

【实验目的】

1. 学会调节光学系统使之等高共轴,并了解视差原理的实际应用。
2. 掌握薄透镜焦距的常用测定方法。

【实验仪器】

光具座,凸透镜,凹透镜,物屏,白屏,平面反射镜,光源。

【实验原理】

透镜是组成各种光学仪器的最基本的光学元件。焦距是透镜的重要参数之一。掌握透镜的成像规律,学会光路的分析和调节技术,对于了解光学仪器的构造和正确使用透镜是非常有益的。

当透镜的厚度远比其焦距小得多时,这种透镜称为"薄透镜"。在近轴光线的条件下薄透镜成像的规律可以表示为

$$\frac{1}{u} + \frac{1}{v} = \frac{1}{f} \tag{1}$$

式中, u 表示物距, v 表示像距, f 为透镜的焦距。当物为实物,像为实像,焦点为实焦点时 u 、v 和 f 为正值;反之 u 、v 和 f 分别取负值。凸透镜具有使光线会聚的作用,焦距 f 为正值。当凸透镜对实物成实像时,物距、像距均为正值,则有

$$f = \frac{u \cdot v}{u + v} \tag{2}$$

凹透镜具有使光线发散的作用,其焦距为负值。当凹透镜对虚物成实像时,其成像公式为

$$-\frac{1}{u} + \frac{1}{v} = -\frac{1}{f} \tag{3}$$

则有

$$f = \frac{u \cdot v}{v - u} \tag{4}$$

此处,u、v 和 f 分别为凹透镜的物距、像距和焦距的绝对值。

1. 测量凸透镜的焦距

(1) 自准直法(平面镜法)。

如图 3-14-1 所示,将物 AB 放在凸透镜的前焦面上,这时物上任一点发出的光线经过透镜后成为平行光,被平面镜反射后再经过透镜会聚到透镜的前焦平面上,得到一个大小与原物相同的倒立的实像 $A'B'$。此时,物到透镜的距离即为透镜的焦距。

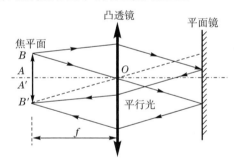

图 3-14-1　自准直法测凸透镜焦距

(2) 物距像距法。

物体发出的光线经过凸透镜折射后成实像在另一侧。利用公式 (1) 可以测得凸透镜的焦距。

(3) 共轭法。

当物与屏之间的距离 $A > 4f$,固定物与屏的位置,只移动透镜,则必能在屏上 2 次成像,如图 3-14-2 所示,物距为 u_1 时成放大像;物距为 u_2 时成缩小像。透镜在 2 次成像之间移动的位移为 l。根据透镜成像公式 ,有

$$\frac{1}{u_1}+\frac{1}{v_1}=\frac{1}{f},$$

$$\frac{1}{u_2}+\frac{1}{v_2}=\frac{1}{f}$$

$\because u_1 \neq u_2 \therefore$ 得 $u_1 = v_2$ ，$u_2 = v_1$ ；又从图 4-22-2 可以看出 $A-l=u_1 +v_2 = 2u_1$ ，

因此，

$$u_1 = \frac{A-l}{2}$$

又 $v_1 = A - u_1 = A - \frac{A-l}{2} = \frac{A+l}{2}$ ；

得

$$f=\frac{u_1 \cdot v_1}{u_1 + v_1}=\frac{\dfrac{A-l}{2} \cdot \dfrac{A+l}{2}}{A}=\frac{A^2-l^2}{4A} \tag{5}$$

只要测出 A,l ，即可算出 f 。

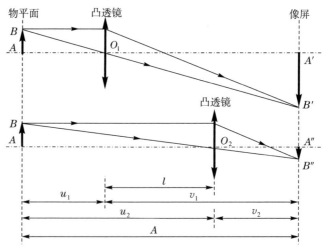

图 3-14-2　共轭法测凸透镜焦距

2. 测量凹透镜的焦距

可以用物距像距法测量凹透镜的焦距。如图 3-14-3 所示，物 AB 先经凸透镜成个缩小像 $A'B'$ 。在 $A'B'$ 与凸透镜之间放置待测凹透镜。就凹透镜而言，$A'B'$ 为虚物，经凹透镜可以成一倒立放大的实像 $A''B''$ 。$|u|$ 、$|v|$ 和 f 分别为凹透镜的物距、像距和焦距的绝对值，则

可利用公式(4)计算凹透镜的焦距 f。

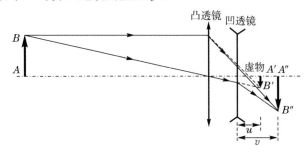

图 3-14-3　物距像距法测量凹透镜的焦距

3. 光学元件的同轴等高调节

透镜成像公式仅在近轴光线的条件下才成立。对于由多个透镜及光学元件组成的光路,应使各个透镜及光学元件的主光轴重合才能满足这一条件。另外,物距、像距以及透镜移动的距离等都是沿着主光轴计算长度的,而长度又是靠光具座上的刻度来读数的。为了准确测量,透镜及各元件的主光轴应该与光具座的导轨平行。习惯上我们把调节各个透镜及光学元件的主光轴重合且与导轨平行的步骤统称为"同轴等高调节"。调节的方法如下:

(1) 粗调。

把透镜、物和像接收屏等光具夹好后,先将它们靠拢,调节其左右、高低位置,使物的中心、透镜中心和接收屏中心大致在一条和导轨平行的直线上,并使物、透镜和接收屏的平面互相平行并且垂直于导轨。这一步骤靠眼睛来判断,比较粗糙。

(2) 细调。

利用其他仪器或成像规律来判断并调节。例如,可以用透镜成像的共轭原理来调节。如图 3-14-4 所示,如果物的中心偏离透镜的光轴,则左右移动透镜时两次成像所得的放大像和缩小像的中心将不重合。如果放大像的中心高于缩小像的中心,说明物的位置偏低(或透镜偏高)。调节时,可以缩小像中心为目标,调节透镜(或物)的上下位置,逐渐使放大像的中心与缩小像的中心完全重合。

对于由多个透镜组成的光学系统,则应先调节好与一个透镜光轴重合的共轴,不再变动,再逐个加入其余透镜进行调节,直到所用光学元件都共轴为止。

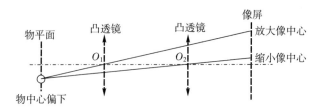

图 3-14-4　光学元件的同轴等高调节

【实验内容与步骤】

1. 测量凸透镜的焦距

（1）对光具座上的各个光学元件进行同轴等高粗调。

（2）自准直法测量凸透镜的焦距。

①打开钠灯使得光通过花瓣形状的孔，将凸透镜和平面反射镜置于导轨上。

②固定物的位置，并记录其位置（坐标）x_s。

③改变凸透镜至物的位置，使得在物平面上得到一个清晰的与物大小相等、倒立的实像。考虑到人眼判断成像清晰度的误差较大，故在找到成像清晰区后，采用左右逼近法读数。先使透镜自左向右移，记下像刚清晰时凸透镜的位置（坐标），称为"左趋近位置（坐标）"；保持物的位置不变，再使透镜自右向左移，记下像刚清晰时的位置（坐标），称为"左趋近位置（坐标）"，取两次位置的平均值作为成像清晰时凸透镜的位置（坐标）。

物的位置和凸透镜的位置，二者之差即为凸透镜的焦距。重复测量 5 次，算出焦距的平均值及其平均绝对误差，并**完整表示测量结果**。

（3）共轭法测量凸透镜的焦距。

①利用自准法测得的凸透镜焦距，选取屏的位置使得物与屏的距离 $A > 4f$。

②对光具座上的各个光学元件进行同轴等高细调。

③记录物的位置（坐标）、屏的位置（坐标）。

④改变凸透镜的位置，采用左右逼近法记录成放大像和缩小像时凸透镜的位置。

重复测量 5 次,计算 $\bar{f}$ 值及其不确定度 U_f ,并完整表示测量结果。

2. 凹透镜焦距的测量

利用物距像距法测量凹透镜焦距。根据图 4-22-3,先用凸透镜成缩小像,记下接收屏的位置(重复测量 5 次)。然后放上待测凹透镜,要注意凹透镜的主光轴应和已调好的主光轴重合。移动屏和凹透镜,使原缩小像(虚物)的位置位于屏和凹透镜之间,且屏上能成清晰的像。然后固定凹透镜移动屏,或者固定屏移动凹透镜,找到能清晰成像时屏或者凹透镜的位置。重复测量 5 次,计算焦距的平均值。

注意事项

实验中的重复测量指的是等精度条件下的重复测量。对于共轭法实验来说,指的是保持相同的物距、像距条件下的重复测量。实验中要注意固定某些元件的位置,以保证在重复测量的过程中物距、像距保持不变。固定元件的位置只需记录一次。

【数据记录与处理】

1. 自准直法测凸透镜焦距

物的位置 x_s _____

测量次数	凸透镜的位置 x_l			焦距 $f = \mid x_s - x_l \mid$
	左趋近	右趋近	平均值	
1				
2				
3				
4				
5				
平均值 $\bar{f} =$			平均绝对误差 $\Delta_f =$	

$f = \bar{f} \pm \Delta_f =$

2. 共轭法测凸透镜焦距

物的位置 x_s _____，像的位置 x_p _____，物屏像屏之间的距离 A _____。

测量次数	凸透镜的位置 x_1			凸透镜的位置 x_2			凸透镜的位移 $l = \vert x_2 - x_1 \vert$	焦 距 $f = \dfrac{A^2 - l^2}{4A}$
	左趋近	右趋近	平均	左趋近	右趋近	平均		
1								
2								
3								
4								
5								
平均值		—			—		—	

焦距的平均值 $\overline{f} =$

焦距的不确定度 $U_f =$

$f = \overline{f} \pm U_f =$

3. 凹透镜焦距

缩小像 $A'B'$ 时：$x'_Q =$ _____，$x''_Q =$ _____，虚物 $A'B'$ 的位置 $x_Q =$ _____；

放大像 $A''B''$ 时：$x'_P =$ _____，$x''_P =$ _____，实像 $A''B''$ 的位置 $x_P =$ _____；

次数		1	2	3	4	5	平均值
凹透镜位置	左						—
	右						—
	平均						—
物距 $u = \vert x_Q - x_1 \vert$							—
像距 $v = \vert x_P - x_1 \vert$							—
焦距 $f = \dfrac{u \cdot v}{v - u}$							$\overline{f} =$

【思考题】

1. 实验对共轴调节有哪些要求？不满足这些要求对测量会产生什么影响？

2. 在自准法测凸透镜焦距时，你观察到了哪些现象，应如何解释？

3. 试分析比较各种测凸透镜焦距方法的误差来源，提出对各种方法优缺点的看法。

4. 为什么说当准直管绕轴转过 180°时，十字线物像不重合是由于十字线中心偏离光轴的缘故？试说明之.

3.15 用牛顿环测量透镜的曲率半径

【实验目的】

(1)加深对等厚干涉现象的理解。

(2)掌握用牛顿环测定透镜曲率半径的方法。

(3)熟悉读数显微镜的使用方法。

【实验仪器】

读数显微镜,牛顿环装置,钠光灯。

【实验原理】

要产生光的干涉,两束光必须满足:频率相同、振动方向相同、相位差恒定的相干条件。实验中获得相干光的方法一般有两种——分波阵面法和分振幅法。等厚干涉属于分振幅法产生的干涉现象。

当一束单色光入射到透明薄膜上时,通过薄膜上下表面依次反射而产生两束相干光。如果这两束反射光相遇时的光程差仅取决于薄膜厚度,则同一级干涉条纹对应的薄膜厚度相等,这就是所谓的等厚干涉。

本实验研究牛顿环装置所产生的等厚干涉。

一块曲率半径很大的平凸透镜的凸面放在一块光学平板玻璃上（如图 3-15-1），在透镜的凸面和平板玻璃间形成一个上表面是球面，下表面是平面的空气薄层，其厚度从中心接触点到边缘逐渐增加。离接触点等距离的地方厚度相同，等厚膜产生的干涉条纹是以接触点为中心，明暗相间、间距不等的同心圆环——牛顿环，如图3-15-2所示。

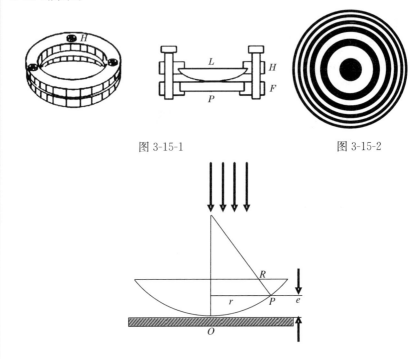

图 3-15-1   图 3-15-2

图 3-15-3

如图 3-15-3 所示，当透镜凸面的曲率半径 R 很大时，在 P 点处相遇的两反射光线的几何程差为该处空气间隙厚度 e 的两倍，即 $2e$。又因这两条相干光线中一条光线来自光密媒质面上的反射，另一条光线来自光疏媒质上的反射，它们之间有一附加的半波损失，所以在 P 点处得两相干光的总光程差为：

$$\Delta = 2e + \frac{\lambda}{2} \tag{1}$$

当光程差满足：

$$\Delta = (2k+1)\frac{\lambda}{2} \qquad\qquad k=0,1,2,\cdots 时,$$

为暗条纹

$$\Delta = 2k \cdot \frac{\lambda}{2} \qquad\qquad k=1,2,3,\cdots$$

时,为明条纹,

设平凸透镜 L 的曲率半径为 R,r 为环形干涉条纹的半径,且半径为 r 的环形条纹下面的空气厚度为 e,则由图 3-15-3 中的几何关系可知:

$$R^2 = (R-e)^2 + r^2 = R^2 - 2\mathrm{Re} + e^2 + r^2$$

因为 R 远大于 e,略去 e^2 项,则可得:

$$e = \frac{r^2}{2R} \qquad\qquad (2)$$

这一结果表明,离中心越远,光程差增加愈快,所看到的牛顿环也变得越来越密。

将(2)式代入(1)式有:

$$\Delta = \frac{r^2}{R} + \frac{\lambda}{2} \qquad\qquad (3)$$

则根据牛顿环的明暗纹条件:

$$\Delta = \frac{r^2}{R} + \frac{\lambda}{2} = (2k+1)\frac{\lambda}{2} \quad k=0,1,2,\cdots (暗纹)$$

$$\Delta = \frac{r^2}{R} + \frac{\lambda}{2} = 2k \cdot \frac{\lambda}{2} \quad k=1,2,3,\cdots (明纹) \qquad (4)$$

由此可得,牛顿环的明、暗纹半径分别为:

$$r_k = \sqrt{kR\lambda} \qquad\qquad (暗纹)$$

$$r_k' = \sqrt{(2k-1)R \cdot \frac{\lambda}{2}} \qquad\qquad (明纹) \qquad (5)$$

式中 k 为干涉条纹的级数,r_k 为第 k 级暗纹的半径,r_k' 为第 k 级明纹的半径。

以上两式表明,当已知时,只要测出第 k 级明纹(或暗纹)的半径,就可计算出透镜的曲率半径 R;相反,当 R 已知时,即可算出

观察牛顿环时会发现,牛顿环中心不是一点,而是一个不甚清晰的暗或明的圆斑。其原因是透镜和平玻璃板接触时,由于接触压力引起形变,使接触处为一圆面;又镜面上可能有微小灰尘等存在,从而引起附加的程差。这些都会给测量带来较大的系统误差。

由于暗环圆心不易确定,故取暗环的直径替换,即取距中心较远处的两个暗环直径,设其为第 m 级暗纹和第 $m+n$ 级暗纹,其直径分别为 D_m , D_{m+n} ,所以有:

$$D_{m+n}^2 - D_m^2 = 4nR\lambda$$

则：
$$R = \frac{D_{m+n}^2 - D_m^2}{4n\lambda} \tag{6}$$

为减少由于平面玻璃和凸透镜的表面缺陷以及读数显微镜的刻度不均匀而引起的未定系统误差,我们选测相继的若干组直径的平方差,然后求平均值。

【实验内容与步骤】

1. 用牛顿环测量透镜的曲率半径

(1)打开钠灯,将牛顿环装置置于读数显微镜的载物台上。

(2)钠灯工作状态稳定后,调节读数显微镜上半反射镜,使得通过目镜能看到明亮的视场。

(3)先调节目镜到清楚地看到叉丝且分别与 X、Y 轴大致平行,然后将目镜固定紧。

(4)调节显微镜的镜筒使其下降(注意:应该从显微镜外面看,而不是从目镜中看)靠近牛顿环时,再自下而上缓慢地再上升,直到看清楚干涉条纹,且与叉丝无视差。观察干涉条纹的特点。

(5)测量牛顿环的直径。

转动测微鼓轮使载物台移动,使主尺读数准线居主尺中央。旋转读数显微镜控制丝杆的螺旋,使叉丝的交点由暗斑中心向右移动,同时数出移过去的暗环环数(中心圆斑环序为0),当数到 40 环时,再反方向转动鼓轮(注意:使用读数显微镜时,为了避免引起螺

距差,移测时必须向同一方向旋转,中途不可倒退,至于是自右向左,还是自左向右测量都可以),移至 34 环外侧处记下相应坐标读数 x,依次直至第 5 环,分别记下对应的读数 x。然后越过中央圆斑继续沿同方向移动镜筒,到第 5 环的内侧记下相应读数 x',依次直至第 34 环内侧,分别记下对应的读数 x',同一环的直径即为 $|x-x'|$。

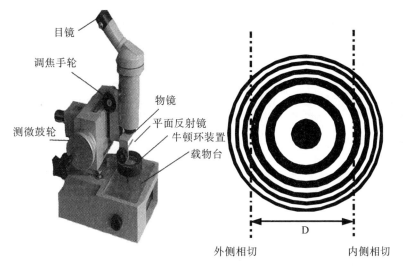

图 3-15-4 读数显微镜结构   图 3-15-5

然后用逐差法可以求出 $D_{34}^2-D_9^2$,$D_{33}^2-D_8^2$,$D_{32}^2-D_7^2$,$D_{31}^2-D_6^2$,$D_{30}^2-D_5^2$ 然后再取它们的平均值,算出平凸透镜的曲率半径的测量值。

注意事项

①使用读数显微镜时,为避免引进螺距差,移测时必须向同一方向旋转,中途不可倒退。

②调节牛顿环装置时三个螺旋不可旋得过紧,以免接触压力过大引起透镜弹性形变;实验完毕后应将螺旋松开。

【数据记录与处理】

钠光波长:λ＝589.3 nm，　　　环数差:25

$m+n/m$	x	x'	$D=|x-x'|$	D^2	$D_{m+n}^2-D_m^2$	$\Delta(D_{m+n}^2-D_m^2)$
34						
	9					
33						
	8					
32						
	7					
31						
	6					
30						
	5					
平　均　值						

计算出牛顿环的曲率半径 R :

$$\bar{R}=\frac{\overline{D_{m+n}^2-D_m^2}}{4n\lambda}= \qquad \Delta R=\frac{\overline{\Delta(D_{m+n}^2-D_m^2)}}{\overline{D_{m+n}^2-D_m^2}}\cdot\bar{R}=$$

牛顿环曲率半径为 $R=\bar{R}\pm\Delta R=$

【思考题】

1.理论上牛顿环中心是个暗点,实际看到的往往是个或明或暗的斑,造成的原因是什么?对透镜曲率半径 R 的测量有无影响?为什么?

2.牛顿环纹各环间的间距是否相等?为什么?

3.牛顿环纹一定会成为圆环形状吗?其形成的干涉条纹定域在何处?

4.从牛顿环仪透射出到环底的光能形成干涉条纹吗？如果能形成干涉环,则与反射光形成的条纹有何不同？

5.实验中为什么要测牛顿环直径,而不测其半径？

6.实验中为什么要测量多组数据且采用多项逐差法处理数据？

7.实验中如果用凹透镜代替凸透镜,所得数据有何异同？

3.16　迈克尔逊干涉测波长

【实验目的】

(1)了解迈克尔逊干涉仪的结构和干涉花样的形成原理。

(2)学会迈克尔逊干涉仪的调节和使用方法。

(3)观察点光源非定域干涉花样,测量 H_c-N_e 激光的波长。

【实验仪器】

SGM-1 迈克尔逊干涉仪(见附录),H_e-N_e 激光器,毛玻璃屏,扩束镜。

【实验原理】

用迈克尔逊干涉仪测量 H_e-N_e 激光波长

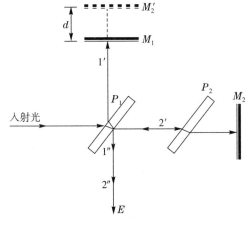

图 3-16-1

迈克尔逊干涉仪的工作原理如图 3-16-1 所示，M_1、M_2 为两垂直放置的平面反射镜，分别固定在两个垂直的臂上。P_1、P_2 平行放置，与 M_2 固定在同一臂上，且与 M_1 和 M_2 的夹角均为 45 度。M_1 和 M_2 由精密丝杆控制，可以沿臂轴前后移动。P_1 的第二面上涂有半透明、半反射膜，能够将入射光分成振幅几乎相等的反射光 $1'$、透射光 $2'$，所以 P_1 称为分光板。$1'$ 光经 M_1 反射后由原路返回再次穿过分光板 P_1 后成为 $1''$ 光，到达观察点 E 处；$2'$ 光到达 M_2 后被 M_2 反射后按原路返回，在 P_1 的第二面上形成 $2''$ 光，也被返回到观察点 E 处。由于 $1'$ 光在到达 E 处之前穿过 P_1 三次，而 $2'$ 光在到达 E 处之前穿过 P_1 一次，为了补偿 $1'$、$2'$ 两光的光程差，便在 M_2 所在的臂上再放一个与 P_1 的厚度、折射率严格相同的 P_2 平面玻璃板，这样就满足了 $1'$、$2'$ 两光在到达 E 处时无光程差，所以称 P_2 为补偿板。由于 $1'$、$2'$ 光均来自同一光源 S，在到达 P_1 后被分成两光，所以两光是相干光。

综上所述，光线 $2''$ 是在分光板 P_1 的第二面反射得到的，这样使 M_2 在 M_1 的附近（上部或下部）形成一个平行于 M_1 的虚像 M_2'，因而，在迈克尔逊干涉仪中，自 M_1、M_2 的反射相当于自 M_1、M_2' 的反射。也就是，在迈克尔逊干涉仪中产生的干涉相当于厚度为 d 的空气薄膜所产生的干涉，可以等效为距离为 $2d$ 的两个虚光源 S_1 和 S_2 发出的相干光束，如图3-16-2。即 M_1 和 M_2' 反射的两束光程差为

$$\delta = 2dn_2\cos i \tag{1}$$

两束相干光明暗条件为

$$\delta = 2dn_2\cos i = \begin{cases} k\lambda & \text{明} \\ (k+\dfrac{1}{2})\lambda & \text{暗} \end{cases} \quad (k = 0,1,2,3,\cdots)$$

$$\tag{2}$$

(2)式中 i 为反射光 $1'$ 在平面反射镜 M_1 上的反射角，λ 为激光的波长，n_2 为空气薄膜的折射率，d 为薄膜厚度。

凡 i 相同的光线光程差相等，并且得到的干涉条纹随 M_1 和 M_2' 的距离 d 而改变。当 $i=0$ 时光程差最大，在 O 点处对应的干涉级数最高。由(2)式得：

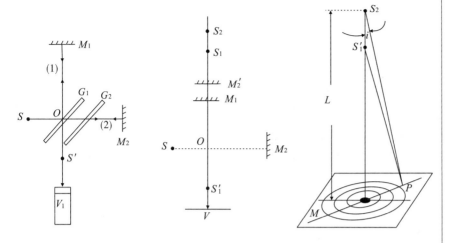

图 3-16-2　等效图

$$2d\cos i = k\lambda$$

$$d = \frac{k}{\cos i} \cdot \frac{\lambda}{2} = k \cdot \frac{\lambda}{2} \tag{3}$$

$$\Delta d = N \frac{\lambda}{2} \tag{4}$$

由(4)可得,当 d 改变一个 $1/2\lambda$ 时,就有一个条纹从中心"涌出"或"陷入",所以在实验时只要数出"涌出"或"陷入"的条纹个数 N 读出 d 的改变量 Δd 就可以计算出光波波长 λ 的值

$$\lambda = \frac{2\Delta d}{N} \tag{5}$$

【实验内容与步骤】

(1)对迈克尔逊干涉仪进行调节。按实验仪器中的图组装、调节仪器,直至观察屏上出现清晰的圆形干涉条纹。

(2)经上述调节后,读出 M_2 移动镜所在的相对位置,此为 d_0 位置,然后沿同一方向转动螺旋测微器,仔细观察屏上的干涉条纹"涌出"或"陷入"的个数。每隔 100 个条纹,记录一次动镜 M_2 的位置。共数 1000 个条纹,记 10 个位置的读数,填入表格中。

(3)由(4)式计算出 $H_e - N_e$ 激光的波长。取其平均值 $\bar{\lambda}$ 与公认值(632.8 nm)比较,并计算其相对误差。

注意事项

①在调节和测量过程中，一定要非常细心和耐心，转动螺旋测微器时要缓慢、均匀。

②为了防止引进螺距差，每项测量时必须沿同一方向转动手轮，途中不能倒退。

③在用激光器测波长时，M_1镜的位置应保持在 30～60 mm 范围内。

④动镜 M_2 移动的距离，是径杠杆放大 20 倍显示的，在处理数据时应注意。

【数据记录与处理】

测量次数（i）	d_i（mm）	测量次数（$i+5$）	d_{i+5}（mm）	$\Delta d_5 = \mid d_{i+5} - d_i \mid$
1		6		
2		7		
3		8		
4		9		
5		10		
平均值 $\overline{\Delta d}$				

1. 用逐差法处理数据，得 $\overline{\Delta d}$ 。

2. 算出波长值，并与标准值 632.8 nm 比较，求出相对误差。

【思考题】

1. 简述本实验所用干涉仪的读数方法。

2. 分析扩束激光和钠光产生的圆形干涉条纹的差别。

3. 怎样利用干涉条纹的"涌出"和"陷入"来测定光波的波长？

【附录】

迈克尔逊干涉仪的介绍

在物理学史上，迈克尔逊曾用自己发明的光学干涉仪器进行实验，精确地测量微小长度，否定了"以太"的存在，这个著名的实验为近代物理学的诞生和兴起开辟了道路，1907 年他获诺贝尔奖。迈克尔逊干涉仪原理简明，构思巧妙，堪称精密光学仪器的典范。随着对仪器的不断改进，还能用于光谱线精细结构的研究和利用光波标定标准米尺等实验。目前，根据迈克尔逊干涉仪的基本原理，研制的各种精密仪器已广泛地应用于生产、生活和科技领域。

1. 迈克尔逊干涉仪的主体结构

SGM-1 型迈克尔逊干涉仪的主体结构如图 3-16-3 所示，对其结构分析如下：

如图 3-16-3 示，分光板 P_1、补偿板 P_2 和两个平面镜 M_1、M_2 及其调节架安装在平台式基座上。利用镜架背后的螺丝可以调节镜面的倾角。M_2 是可移动镜，它的移动量由螺旋测微器经传动比为 20：1 的机构给出，从读数头上读出最小分度值相当于动镜移动 0.0005 mm。在参考镜 M_1 和分束器之间有可以锁紧的插孔，以便作空气折射率实验时固定小气室 A，气压（血压）表可以挂在表架上。

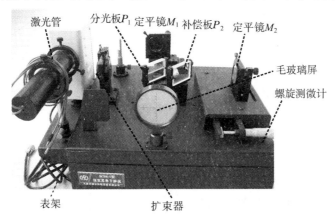

图 3-16-3　迈克尔逊干涉仪实物图

扩束器可上下左右调节，不用时可以转动 90 度，使其离开光路。毛玻璃架有两个位置，一个靠近光源（毛玻璃起扩展光源作用），另一个在观测位置,用于测空气折射率实验中接受激光干涉条纹。

2. 迈克尔逊干涉仪的调整

(1)按图 3-16-3 所示调节 H_e-N_e 激光器的支架,使光束平行于仪器的台面,从分光板 P_1 平面的中心射入。

(2)调整激光光束对分光板 P_1 的水平方向入射角为 45 度。如果激光束对分光板 P_1 在水平方向的入射角为 45 度,那么正好以 45 度的反射角向定镜 M_1 垂直入射,原路返回,这个像斑重新进入激光器的发射孔。调整时,先用一张纸片将动镜 M_2 遮住,以免 M_2 反射回来的像干扰视线,然后调整激光器或干涉仪的位置,使激光器发出的光束经 P_1 折射和 M_1 反射后,原路返回到激光出射口,这已表明激光束对分光板 P_1 的水平方向入射角为 45 度。

(3)调整定臂光路。

将纸片从 M_2 上拿下,遮住 M_1 的镜面。发现从动镜 M_2 反射到激光发射孔附近的光斑有 4 个,其中光强最强的那个光斑就是要调整的光斑。为了将此光斑调进发射孔内,应先调节 M_2 背面的 3 个螺钉,改变 M_2 的反射角度。特别注意,在未调 M_2 之前,这 2 个细调螺钉必须旋放在中间位置。

(4)拿掉 M_1 上的纸片后,要看到两个臂上的反射光斑都应进入激光器的发射孔,且在毛玻璃屏上的两组 3 个光斑完全重合,若无此现象,应按上述步骤反复调整。

(5)用扩束镜使激光束产生点光源,按上述步骤反复调节,直到毛玻璃屏上出现清晰的等倾干涉条纹。

3.17　分光计的调整与三棱镜顶角的测定

【实验目的】

(1)了解分光计的结构,掌握分光计的调节和使用方法。
(2)掌握测定棱镜顶角的方法。

【实验仪器】

分光计、三棱镜、平面镜

【实验原理】

1. 分光计的结构和调整

分光计又称"光学测角计",是一种常用的光学仪器。主要用于精确测量平行光束的偏转角度,借助它并利用折射、衍射等物理现象完成偏振角、折射率、光波波长等物理量的测量,其用途十分广泛。

(1)分光计的结构。

分光计由准直管(又叫"平行光管")、载物台、望远镜、读数装置和底座组成。此外常附一块调节用的光学平行平板。图 3-17-1 是 JJY 型测角计的外貌,其主要部件分别简介如下。

①准直管。它的一端是狭缝,另一端是准直物镜。当被照明的狭缝位于物镜焦平面上时,通过镜筒射出的光为平行光束。

②载物台。是一个放置光学元件用的圆形平台,通过台下的连接套筒装在仪器的中心转轴上,能以该轴为中心转动。台下有 3 个调平螺钉,以调节载物台水平。

③望远镜(阿贝自准直式)。用于确定平行光束方向。

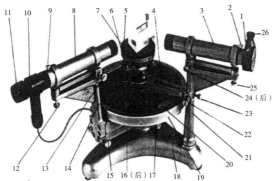

1-狭缝装置;2-狭缝装置锁紧螺钉;3-准直管;4-游标盘止动架;5-载物台;6-载物台调平螺钉(3 个);7-载物台锁紧螺钉;8-望远镜;9-目镜锁紧螺钉;10-阿贝式自准直目镜;11-目镜调节手轮;12-望远镜光轴高低调节螺钉;13-望远镜光轴水平调节螺钉;14-支臂;15-望远镜微调螺钉;16-转座与度盘止动螺钉;17-望远镜止动螺钉;18-底座;19-度盘;20-游标盘;21-立柱;22-游标盘微调螺钉;23-游标盘止动螺钉;24-准直管光轴水平调节螺钉;25-准直管光轴高低调节螺钉;26-狭缝宽度调节手轮

图 3-17-1　分光计

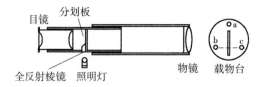

图 3-17-2　自准直式望远镜

自准直式望远镜的结构如图 3-17-2 所示。它由目镜、全反射棱镜、叉丝分划板和物镜等组成。目镜、全反射镜和叉丝分划板以及物镜分别装在可以前后移动的 3 个套筒中。

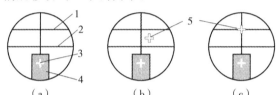

1-上叉丝；2-中心叉丝；3-透光"十"字刻线；4-绿色背景；5-"十"字刻线的反射像(绿色)

图 3-17-3　叉丝分划板和反射"十"字像

分划板上刻有双十字叉丝和透光小"十"字刻线，并且上叉丝与小"十"字透光刻线对称于中心叉丝，如图 3-17-3(a)所示，全反射棱镜的一个直角边紧贴在小"十"字刻线上。开启照明灯，光线经全反射棱镜透过"十"字刻线。当分划板在物镜的焦平面上时，经物镜射出的光即成一束平行光。如有一平面反射镜将这束平行光反射回来，再经物镜成像于分划板上。于是从目镜中可以同时看清叉丝和小"十"字刻线的反射像，并且无视差，见图 3-17-3(b)。如果望远镜光轴垂直于平面反射镜，那么小"十"字反射像将与上叉丝重合，见图 3-17-3(c)。

④读数装置。盘面的圆周被刻线分成 720 等分，每格值 $30'$。在游标盘直径两端有两个游标读数装置。利用游标能够把角度读准到 $1'$。如图 3-17-4 所示，其读数为 $233°13'$。

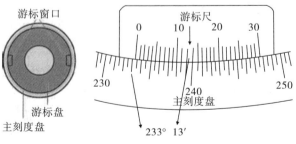

图 3-17-4　读数装置

（2）分光计的调节。

分光计调节需要达到的以下几个要求：

①望远镜调焦至无穷远，其光轴垂直于仪器主轴。

②从准直管射出的光为平行光束，其光轴也垂直于仪器主轴。

③望远镜与平行光管共轴，能接收到平行光，在此基础上，针对不同器件（棱镜、光栅等）的观测要求，调节载物台。

分光计调节的主要步骤是：

①粗调。首先从仪器外部观察，使望远镜居支架中央，并使其光轴大致与仪器主轴垂直，调节载物平台使平台大致与主轴垂直。然后点亮目镜小灯，按图 4-26-2 右方所示在载物台上放置平行平面镜，进而调节镜面与仪器主轴的平行，并用望远镜寻找绿色反射像，若经一镜面反射找不到反射像，可根据判断适当调节螺丝 b、c 和望远镜的倾斜度，直到平面镜转动 180°前后反射像都能够进入望远镜视场。这些粗调对于仪器进一步顺利调节非常重要。

②望远镜的自准调焦。调目镜至看到清晰的分划线。通过全反射小棱镜上的透明十字的光，从望远镜射出，经平行平面镜反射进入望远镜后，需前后移动调焦套筒，得到亮十字的清晰像，即把分划板调到物镜的焦平面上，并消除视差。然后把载物台及平面镜转动 180°，比较被前后二镜面反射的亮十字像，先使最靠近视场上下边缘的亮十字与分划板上方的十字线重合。分别利用载物台和望远镜的调平螺钉各调节亮十字位置与分划板上方十字线差程的一半，再把载物台回转 180°，对另一镜面反射的亮十字作同样的"各半调节"。如此反复调节，直到被平行平面镜两面反射的亮十字都能够与分划板上方的十字线重合，即可完成望远镜光轴与仪器主轴垂直并聚焦在无穷远的调节。

为了检查分划板的方位，可以慢转载物台，看视场内亮十字的横线是否始终沿着分划板的水平线平行移动，若有些偏离，须谨慎地转动目镜筒，校正分划板方位后再加以固定。

③准直管的调节。保持望远镜与载物台状态不变，取下平面镜，使准直管正对光源。将狭缝调成水平状态，转动狭缝宽度调节手轮使得狭缝宽度适当。调节准直管光轴高低调节螺钉使得狭缝

成像在分划板板中间线位置。

　　将狭缝调成竖直状态，调节准直物镜的距离，使狭缝像清晰、铅直，能够与竖直分划线无视差地重合。

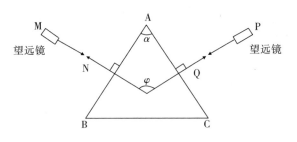

图 3-17-5　自准法光路图

2.三棱镜顶角的测量

　　（1）自准法：利用分光计的望远镜自身光学系统产生的平行光进行测量。

　　（2）反射法：使分光计的平行光管由狭缝发出的平行光入射到三棱镜的顶角，从而被棱镜的两个光学面反射后，在望远镜视场中看到狭缝的像，只要测出这两束反射光之间的夹角 φ，即可求得三棱镜顶角 $\alpha = 180° - \varphi$。

【实验内容与步骤】

1. 分光计的调整

分光计的调整，详见原理部分。调整需达到以下要求：

(1)望远镜聚焦平行光，且其光轴与分光计中心轴垂直。

(2)载物台平面与分光计中心轴垂直。

2. 用自准法测量三棱镜顶角

(1)将待测三棱镜置于载物台上，其两个光学表面的法线应与分光计转轴相互垂直。根据自准原理，用已调好的望远镜进行调整。当望远镜对准光学镜面一边 AB 时，调节螺钉 b_1；当望远镜对准光学面 AC 时，调节螺钉 b_2，最后达到自准，随后固定载物台。

(2)保持望远镜与刻度盘止动状态，转动游标盘使得望远镜对准三棱镜 AB 面，记录两个游标（相对于刻度盘）的位置（坐标），记为

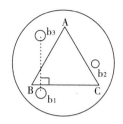

图 4-26-6

ϕ_{1L}、ϕ_{1R}。再次转动游标盘,使得望远镜对准 AC 面记录两个游标的位置,记为 ϕ_{2L}、ϕ_{2R}。

(3)重复测 5 次,数据记录在下表中。注意,对于游标的命名在对准 AB 面时游标以左右区分,一旦命名后,在望远镜转向面对 AC 面时,要注意左边游标即使转到右边,也仍然以左游标对待。

(4)求出三棱镜顶角,并用仪器误差表示测量结果。

注意事项

①不能用手触摸、擦拭光学元件的光学面。

②分光计上的各个螺钉在未搞清楚其作用前不得随意拧动。

③当分光计的调整完成后,望远镜、平行光管的调焦状态、倾角状态都不应再改变,否则分光计的基本调整将被破坏,必须从头再调。

【数据记录与处理】

分光计分度值 $\delta=$				
测量次数	ϕ_{1L}	ϕ_{1R}	ϕ_{2L}	ϕ_{2R}
1				
2				
3				
4				
5				
平均值	$\overline{\phi}_{1L}$	$\overline{\phi}_{1R}$	$\overline{\phi}_{2L}$	$\overline{\phi}_{2R}$

$$\bar{\phi} = \frac{1}{2}(\,|\,\bar{\phi}_{2L} - \bar{\varphi}_{1L}\,| + |\,\bar{\phi}_{2R} - \bar{\phi}_{1R}\,|\,)$$

$$\bar{A} = 180° - \bar{\phi} = \qquad\qquad \Delta A_{仪} = 2\delta$$

测量结果：$A = \bar{A} \pm \Delta A_{仪} =$

【思考题】

1. 为了消除亮十字像与叉丝上水平线间的距离，为什么不能单纯调望远镜或是单纯调载物台，而要采用"减半逐步逼近法"？

2. 分光计完成了基本调整后，测三棱镜顶角时为什么还必须调节光学面的方位，而不能马上进行测量？

3.18 用衍射光栅测定光波波长

【实验目的】

(1)进一步熟悉分光计的调节和使用方法。

(2)通过分光计观察光栅的衍射光谱。

(3)学会利用光栅测定光波波长的方法。

【实验仪器】

分光计、汞灯、平面透射光栅、平面镜。

【实验原理】

平面光栅可看成是一系列密集的、均匀且平行排列的狭缝，相邻两狭缝之间的距离 d 称为"光栅常数"。根据夫琅禾费衍射理论，当一束波长为 λ 的平行光垂直投射到光栅平面时，光波将在每个狭缝处发生衍射，经过所有狭缝衍射的光波又彼此发生干涉，这种由衍射光形成的干涉条纹是定域于无穷远处的。若在光栅后面放置一个汇聚透镜，则在各个方向上的衍射光经过汇聚透镜后都汇聚在它的焦平面上，得到衍射光的干涉条纹。根据光栅衍射理论，衍射光谱中明条纹的位置由下式决定：

$$d\sin\phi_k = \pm k\lambda \quad (k = 0,1,2,3,\cdots) \tag{1}$$

或 $(a+b)\sin\phi_k = \pm k\lambda$

式(1)称为"光栅方程",式中 $d = (a+b)$ 是相邻两狭缝之间的距离,称为"光栅常数",λ 为入射光的波长,k 为明条纹的级数,ϕ_k 是 k 级明条纹的衍射角。

如果入射光不是单色光,而是包含几种不同波长的光,则由式(1)可以看出,在中央明条纹处($k=0$、$\phi_k = 0$),各单色光的中央明条纹重叠在一起,而其他的同级谱线,因各单色光的波长 λ 不同,其衍射角 ϕ_k 也各不相同,如图 3-18-1 所示。因此,在透镜焦平面上将出现按波长次序排列的彩色谱线,称为光栅的"衍射光谱"。相同 k 值谱线组成的光谱就称为"k 级光谱"。

如果已知光栅常数 d,用分光计测出 k 级光谱中某一条纹的衍射角 ϕ_k,按(1)式即可算出该条纹所对应的单色光的波长 λ;若已知某单色光的波长为 λ,用分光计测出 k 级光谱中该色条纹的衍射角 ϕ_k,即可算出光栅常数 d。

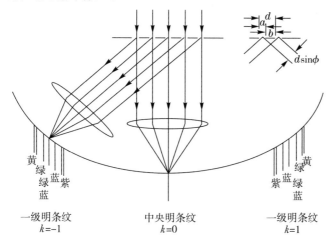

图 3-18-1　栅衍射光谱示意图

【实验内容与步骤】

1. 调整分光计

为满足入射条件及衍射角的准确测量,分光计的调整必须达到如下条件:平行光管发出平行光,望远镜聚焦于无穷远,并能接收到平行光,且两者的光轴都垂直于分光计的转轴（详细的调整方法参见其他实验）。

2. 调整光栅

(1)调节光栅平面与平行光管的光轴垂直。

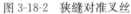

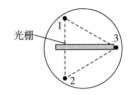

图 3-18-2　狭缝对准叉丝　　　图 3-18-3　光栅的放置方法

调节方法:用汞灯把平行光管上的狭缝照亮,使望远镜中的叉丝对准狭缝像,见图3-18-2,然后固定望远镜。把光栅放在载物台上,放置方法和平面镜的放置方法一样,见图 3-18-3。用自准直法严格调节光栅平面垂直望远镜光轴,此时只能调节载物台上的螺钉1或螺钉2,不能再动望远镜的仰俯调节螺钉,直到光栅平面反射回来的绿十字像被调到自准位置,这时光栅平面与望远镜光轴垂直,即与分光计转轴平行,固定游标盘。调节时,只需对光栅的一面进行调节即可,不需要调节另一个面。

(2)调节光栅刻线与分光计转轴平行。

调节方法:松开望远镜锁紧螺钉,转动望远镜,就可以观察到一级和二级谱线,正负极对称地位于零级的两侧,注意观察分划板的叉丝的中心是否处在谱线的中央。如果不在中央,应调节载物台上的螺钉3(见图3-18-3),不能再动其他螺钉,使各级谱线中央都过分划板的中心,即正负极谱线等高。调好后,要重新检查光栅平面是否仍保持与望远镜光轴垂直,若有改变,反复调节,直到上述两个条件同时满足为止。这样做的目的是使各条衍射谱线的等高面垂直分光计转轴,以便从圆刻度盘上正确读出各条谱线的衍射角。

3. 测定光栅常数 d

以汞灯为光源,照亮平行光管的狭缝,以波长为 546.1 nm 的绿光谱为标准,测出其在 $k = \pm 1$ 级时的衍射角,测量 3 次,数据记入表格。按公式(1)可计算出光栅常数 d。

4. 测定汞灯光谱中紫光、黄光外侧谱线波长

记录实验室给定的光栅常数 d 的值。利用上述方法,测量汞灯光

谱中在 $k=\pm 1$ 级的紫光、黄光处侧谱线波长的衍射角的平均值,再由(1)式求出紫光、黄光外测谱线的波长。将测量值与公认值比较,计算相对误差。

注意事项

1. 零级谱线很强,长时间观察会伤害眼睛,观察时必须在狭缝前加毛玻璃或白纸以减弱光强。

2. 水银灯的紫外线很强,不可直视。

3. 水银灯在使用时不要频繁启闭,否则会降低其寿命。

【数据记录与处理】

1. 光栅常数的测定

绿光波长 $\lambda=546.1$ nm		分光计的分度值 $\delta=$		
测量次数	$\phi_{+1左}$	$\phi_{+1右}$	$\phi_{-1左}$	$\phi_{-1右}$
1				
2				
3				
平均值				

$$\overline{\beta_1}=\frac{1}{2}(\,|\,\overline{\phi_{-1左}}-\overline{\phi_{+1左}}\,|+|\,\overline{\phi_{-1右}}-\overline{\phi_{+1右}}\,|\,)$$

$$\overline{\phi_1}=\frac{\overline{\beta_1}}{2}= \qquad \overline{d_1}=\frac{\lambda}{\sin\overline{\phi_1}}=$$

2. 紫光及黄光外测谱线波长测定

光栅常数 $d=$			黄光外测谱线波长公认值 $\lambda=579.0\ nm$	
测量次数		$\phi_{+1左}$	$\phi_{+1右}$	$\phi_{-1左}$	$\phi_{-1右}$

	测量次数	$\phi_{+1左}$	$\phi_{+1右}$	$\phi_{-1左}$	$\phi_{-1右}$
紫光	1				
	2				
	3				
	平均值				
黄光外测谱线	1				
	2				
	3				
	平均值				

光谱的衍射角 $\overline{\phi_1}=\dfrac{\overline{\beta_1}}{2}=\dfrac{1}{4}(\,|\,\overline{\phi_{-1左}}-\overline{\phi_{+1左}}\,|+|\,\overline{\phi_{-1右}}-\overline{\phi_{+1右}}\,|\,)$

紫光波长：$\overline{\lambda}=d\cdot\sin\overline{\phi}_{1紫}$　　黄光外测谱线波长：$\overline{\lambda}=d\cdot\sin\overline{\phi}_{1黄外}$

$$E=\frac{|\,\overline{\lambda}-\lambda\,|}{\lambda}\times100\%=$$

【思考题】

1. 对于同一光源，分别利用光栅和棱镜进行分光，所产生的光谱有何区别？

2. 用式(1)测量时应保证什么条件，如何保证？

3. 实验中如果两边光谱线不等高，对实验结果有何影响？

4. 如果光栅平面与转轴平行，但刻痕与转轴不平行，则整个光谱有什么异常？

3.19 布儒斯特角法测玻璃的折射率

【实验目的】

1. 观察反射光的偏振现象。
2. 学会用布儒斯特角法测玻璃的折射率。
3. 进一步熟悉分光计的调节和使用方法。

【实验仪器】

分光计,钠光灯,平板玻璃片,偏振片。

【实验原理】

如图 3-19-1 所示,当自然光以入射角 i 射到折射率分别为 n_1 和 n_2 的两种介质的分界面时,会产生反射和折射。由光的电磁理论可知,在反射光中,垂直于入射面的光振动较强;在折射光中,在入射面之内的光振动较强。反射光和折射光都是部分偏振光。

如果改变入射角 i,反射光的偏振程度也随之改变。如图 3-19-2 所示,当入射角 $i = i_0$ 满足一定条件,即

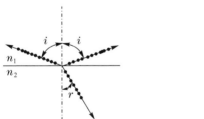
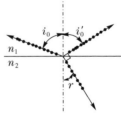

图 3-19-1 反射光和折射光的偏振　图 3-19-1 入射角为布儒斯特角时,反射光为偏振光

$$\tan i_0 = \frac{n_2}{n_1} \tag{1}$$

时,反射光成为完全偏振光,其光振动垂直于入射面;而折射光仍为部分偏振光。这一规律称为"布儒斯特定律"。i_0 称为"布儒斯特角",并称为"起偏振角"。

在本实验中,$n_1 = 1$ 为空气的折射率,n_2 为玻璃的折射率,式

(1)可简化为

$$\tan i_0 = n_2 \tag{2}$$

光源 S 发出的单色光,经平行光管后,射到平板玻璃片面上,于是从望远镜中可观察到反射光。当入射角 $i = i_0$ 时,反射光成为完全偏振光。此时若用偏振片作为检偏器,套在望远镜的物镜上,当旋转偏振片时,可以观察到偏振现象。测出布儒斯特角 i_0 后,根据式(2),即可求出玻璃的折射率 n_2。

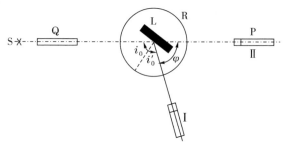

S-钠光灯;Q-平行光管;L-平板玻璃片;P-望远镜;R-载物台。

图 3-19-3　实验装置示意图

【实验内容与步骤】

1. 调节分光计

调节方法见实验二十三。本实验中调整的要求为:

(1)使望远镜对无穷远聚焦。

(2)平行光管能发出平行光。

(3)望远镜的光轴和平行光管的光轴与仪器的主轴相垂直。还要使载物台平面与仪器的主轴相垂直。

2. 测量布儒斯特角

(1)将平板玻璃片放到分光计的载物台上,并按图 3-19-3 放置。

(2)打开钠光灯,平行光管的狭缝宽度调节为 0.15 mm 左右。当光线经平行光管以入射角 i 射到平板玻璃片面时,将望远镜转到适当位置,使通过望远镜能看到清晰的狭缝反射像。此时将偏振片套在望远镜的物镜上,并旋转偏振片,可观察到狭缝反射像的光强变化。

(3)取下偏振片,转动分光计的游标盘,并同时转动望远镜,使狭缝反射像始终在望远镜的视场中,这时可以观察到狭缝反射像的光强逐渐变弱。当望远镜转到位置 I 时(图 3-19-3),光强最弱。此时将偏振片套在望远镜的物镜上,并旋转偏振片,可观察到狭缝反射像的光强除有强弱变化外,还出现消光现象。此时入射角即为布儒斯特角。微调望远镜位置,使垂直刻度线对准狭缝反射像中央。从左、右游标上读取角度 θ 和 θ',并填入下表中。

(4)测定入射光方向。保持载物台不动,移去平板玻璃片。将望远镜对准平行光管,微调望远镜位置,使垂直刻线对准狭缝像中央,从左、右游标上读取角度 θ_0 和 θ'_0 并填入下表中。

(5)按 $\phi = \frac{1}{2}(|\theta - \theta_0| + |\theta' - \theta'_0|)$ 计算出,再按 $i_0 = \frac{1}{2}(180° - \phi)$ 计算出布儒斯特角 i_0,重复测量三次,算出 i_0 的平均值。

(6)将 i_0 代入式(2),计算出玻璃的折射率 n_2。

【数据记录与处理】

测量布儒斯特角

次数	游标	反射光线位置	入射光线位置	$\phi = \frac{1}{2}(|\theta - \theta_0| + |\theta' - \theta'_0|)$	i_0
1	左	$\theta =$	$\theta_0 =$		
	右	$\theta' =$	$\theta'_0 =$		
2	左	$\theta =$	$\theta_0 =$		
	右	$\theta' =$	$\theta'_0 =$		
3	左	$\theta =$	$\theta_0 =$		
	右	$\theta' =$	$\theta'_0 =$		

$\overline{i_0} = $ _____ ,$n_2 = $ _____

【思考题】

如何用布儒斯特角测定非透明物质的折射率?

第 4 章

选做实验

4.1　气轨上滑块速度与加速度的测量

【实验目的】

(1)熟悉气垫导轨的构造,掌握正确的使用方法。

(2)熟悉光电计时系统的工作原理,学会用光电计时系统测量短暂时间的方法。

(3)学会测量物体的速度和加速度。

(4)验证牛顿第二定律。

【实验仪器】

气垫导轨(如图 4-1-1 所示),气源,通用电脑计数器,游标卡尺,物理天平,砝码及托盘等。

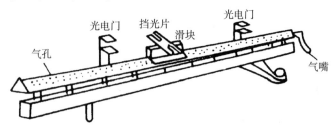

图 4-1-1　气垫导轨

【实验原理】

牛顿第二定律的表达式为

$$F = ma \tag{1}$$

（1）验证 m 一定时，a 与 F 成正比。

（2）验证 F 一定时，a 与 m 成反比。

把滑块放在水平导轨上，如图 4-1-2 所示。滑块和砝码相连挂在滑轮上，由砝码盘、滑块、砝码和滑轮组成的这一系统，其系统所受到的合外力大小 F 等于砝码（包括砝码盘）的重力 G 减去阻力，在本实验中阻力可忽略，因此砝码的重力 G 就等于作用在系统上合外力的大小 F。系统的质量 m 就等于砝码的质量 m_1、滑块的质量 m_2 和滑轮的折合质量 $\dfrac{I}{r^2}$ 的总和，按牛顿第二定律，有

$$F = \left(m_1 + m_2 + \frac{I}{r^2} \right) a$$

其中，I 是滑轮转动惯量，r 是滑轮半径。在导轨上相距 S 的两处放置两光电门 k_1 和 k_2，测出此系统在砝码重力作用下滑块通过两光电门的速度 v_1 和 v_2，则系统的加速度 a 等于

$$a = \frac{v_2^2 - v_1^2}{2S} \tag{2}$$

在滑块上放置双挡光片（见图 4-1-3），同时利用计时器测出经两光电门的时间间隔，则系统的加速度为

$$a = \frac{1}{2S}(v_2^2 - v_1^2) = \frac{\Delta d^2}{2S}\left(\frac{1}{\Delta t_2^2} - \frac{1}{\Delta t_1^2} \right) \tag{3}$$

其中，Δd 为遮光片两个挡光沿的宽度（如图 4-1-3 所示）。在此测量中实际上测定的是滑块上遮光片（宽 Δd）经过某一段时间的平均速度，但由于 Δd 较窄，所以在 Δd 范围内，滑块的速度变化比较小，故可把平均速度看成是滑块上遮光片经过两光电门的瞬时速度。同样，如果 Δt 越小（相应的遮光片宽度 Δd 也越窄），则平均速度越能准确地反映滑块在该时刻运动的瞬时速度，所以式（3）实际测量时由下式代替：

$$a = \frac{v_2 - v_1}{\Delta t} \tag{4}$$

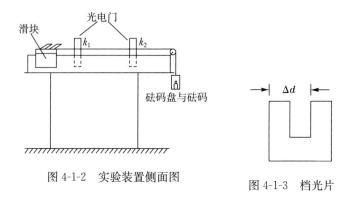

图 4-1-2　实验装置侧面图

图 4-1-3　档光片

【实验内容与步骤】

（1）调整气垫导轨，让滑块能在气垫导轨上做匀速运动。

①粗调。将两个光电门置于相距 60～70 cm 的位置上，开始供气，调节底座螺旋，使滑块能停在两光电门的中间处，2s 基本不移动（少于 1 cm）。

②细调。将滑块从导轨的右端推一下（用力不要过猛），测量出它通过两光电门的时间 Δt_1，Δt_2，调节底座螺旋使 Δt_1，Δt_2 尽量接近，调节导轨底座调平螺丝，使其水平。只要导轨水平，滑块在导轨上的运动就是匀速运动，只要是匀速运动，对于同宽度的挡光片而言，滑块经过两光电门的时间就相等，即 $\Delta t_1 = \Delta t_2$（至少两者的相对差异小于 1%）。

（2）将细尼龙线的一端接在滑块上，另一端绕过滑轮后悬挂到一个装有砝码的砝码盘上，将滑块置于第一个光电门外侧，使挡光片距光电门约 20 厘米处，松开滑块，测出滑块通过两个光电门的时间 Δt_1 和 Δt_2，以及滑块从第一个光电门到第二个光电门的时间 Δt，然后算出 v_1、v_2 $\left(v_1 = \dfrac{\Delta d}{\Delta t_1} , v_2 = \dfrac{\Delta d}{\Delta t_2} \right)$，并由（4）式计算出加速度 a。

（3）逐次从滑块上取下砝码加到砝码盘上，重复上述的测量，并计算出不同的作用力下的加速度填入表中。

（4）分析质量一定时加速度和外力的关系。作 $a - F$ 图像，横轴 F 是砝码（包括盘）的重量，纵轴为加速度 a。所得图线若是一条直线，则从实验上验证了牛顿第二定律的成立。

（5）分析外力一定时，系统的加速度和质量的关系。保持外力不变，计算系统质量不同时的加速度，验证牛顿第二定律（折合质量 $\dfrac{I}{r^2}$ 由实验室提供）。

注意事项

① 防止碰伤轨面和滑块。轨面和滑块之间只有不到 $0.2\,\text{mm}$ 的间隙，如果轨面和滑块内表面被碰伤或变形，则可能出现接触摩擦使阻力显著增大。

② 检查轨面喷气孔是否堵塞。给导轨通气，用小薄纸条逐一检查气孔，发现堵塞要用细钢丝通一下。

③ 使用前要用沾了少许酒精的纱布擦拭轨面及滑块的内表面。

④ 选择合适的挡光片。首先检查计时装置是否正常，将计时装置与光电门连接好，要注意套管插头和插孔要正确插入。将两光电门按在导轨上，双挡光片第一次挡光开始计时，第二次挡光停止计时就说明光电计时装置能正常工作；挡光片放在滑块上，再把滑块置于导轨上。

⑤ 气轨不供气时，不要在轨上推动滑块。

⑥ 调节导轨底座调平螺丝，使其水平。只要导轨水平，滑块在导轨上的运动就是匀速运动，只要是匀速运动，对于同一个挡光片而言，滑块经过两光电门的时间就相等，即 $\Delta t_1 = \Delta t_2$。

⑦ 实验后取下滑块，盖上布罩。

【数据记录与处理】

1. 数据记录填入下表中

挡光片的挡光距离 $\Delta d =$ ＿＿＿＿＿＿ cm

次数	砝码质量 $m(\text{g})$	光电门 1 $\Delta t_1(\text{ms})$	光电门 2 $\Delta t_2(\text{ms})$	两光电门 $\Delta t(\text{ms})$	速度 1 $v_1(\text{cm/s})$	速度 2 $v_2(\text{cm/s})$	加速度 $a(\text{cm/s}^2)$
1							
2							

次数	砝码质量 $m(\mathrm{g})$	光电门 1 $\Delta t_1(\mathrm{ms})$	光电门 2 $\Delta t_2(\mathrm{ms})$	两光电门 $\Delta t(\mathrm{ms})$	速度 1 $v_1(\mathrm{cm/s})$	速度 2 $v_2(\mathrm{cm/s})$	加速度 $a(\mathrm{cm/s^2})$
3							
4							
5							

2. 作图验证牛顿第二定律

【思考题】

1. 造成本实验的系统误差的因素有哪些？怎样避免或减少？

2. 实验中如果导轨未调平，对验证牛顿第二定律有何影响？

3. 你能否提出验证牛顿第二定律的其他方案？

4.2　气轨上动量守恒定律的研究

【实验目的】

（1）在弹性碰撞和完全非弹性碰撞两种情形下验证动量守恒定律。

（2）学习使用气垫导轨和数字毫秒计。

（3）了解弹性碰撞和完全非弹性碰撞的特点。

【实验仪器】

气垫导轨、滑块、光电门、挡光片、数字毫秒计、游标卡尺、尼龙粘胶带。

【实验原理】

动量守恒定律指出：若一个系统受到的合外力等于零，则该系统的总动量（包括方向和大小）保持不变。即总动量

$$P = \sum_{i=1}^{n} m_i v_i = 恒量 \tag{1}$$

上式中 m_i 和 v_i 分别是系统中第 i 个物体的质量和速度，n 是组成该系统的物体的个数。

若系统所受合力在某一方向的分量为零，则此系统在该方向的总动量守恒。

本实验研究两个物体沿一直线碰撞的情况，如图 2-8-1 所示。由于水平气轨上滑块的运动可近似看作无摩擦阻力的，且空气阻力及黏滞力可忽略不计，故可认为两个滑块是一个合外力为零的封闭系统，该系统在运动方向上动量守恒，若设定了速度的正方向，则有下列关系

$$m_1 v_{10} + m_2 v_{20} = m_1 v_1 + m_2 v_2 \qquad (2)$$

其中，m_1、m_2 为两滑块的质量，v_{10}、v_{20} 为两滑块碰撞前的速度，v_1、v_2 为它们碰撞后的速度。

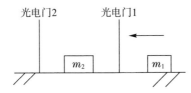

图 4-2-1　碰撞示意图

下面分两种情况讨论。

(1) 完全弹性碰撞。

完全弹性碰撞情况下系统的动量守恒，机械能也守恒。实验中，将两滑块相碰端装上缓冲弹簧，由于缓冲弹簧形变后能迅速恢复原状，系统的机械能近似无损失，从而实现两滑块的碰撞为弹性碰撞。由于两滑块碰撞前后无势能的变化，故系统的机械能守恒就体现为系统的总动能守恒。即

$$\frac{1}{2}m_1 v_{10}^2 + \frac{1}{2}m_2 v_{20}^2 = \frac{1}{2}m_1 v_1^2 + \frac{1}{2}m_2 v_2^2 \qquad (3)$$

若两个滑块质量相等，即 $m_1 = m_2 = m$，且 $v_{20} = 0$，则由式(2)和(3)，并考虑物理上的实际情况，将得到两个滑块彼此交换速度，即

$$v_1 = 0, \qquad v_2 = v_{10}$$

若两个滑块质量不相等，即 $m_1 \neq m_2$，仍令 $v_{20} = 0$，则有

$$m_1 v_{10} = m_1 v_1 + m_2 v_2$$

$$\frac{1}{2} m_1 v_{10}^2 = \frac{1}{2} m_1 v_1^2 + \frac{1}{2} m_2 v_2^2$$

将上面两式联立，可解得

$$v_1 = \frac{m_1 - m_2}{m_1 + m_2} v_{10} \tag{4}$$

$$v_2 = \frac{2m_1}{m_1 + m_2} v_{10} \tag{5}$$

由上两式可见，若 $m_1 < m_2$ ，$v_1 < 0$、$v_2 > 0$，即两滑块相向运动；若 $m_1 > m_2$ ，两滑块则始终同向运动。

（2）完全非弹性碰撞。

若两滑块相碰后，以同一速度沿直线运动而不分开，则称这种碰撞为完全非弹性碰撞，其特点是碰撞前后系统的动量守恒，而机械能不守恒。在实验中将滑块碰撞端装上橡皮泥，以使两滑块碰撞后粘在一起以同一速度运动，从而实现完全非弹性碰撞。

设碰撞后两滑块的共同速度为 v，即式（2）中 $v_1 = v_2 = v$，且令 $v_{20} = 0$，则有

$$m_1 v_{10} = (m_1 + m_2) v$$

$$v = \frac{m_1 v_{10}}{m_1 + m_2} \tag{6}$$

当 $m_1 = m_2$ 时，且 $v_{20} = 0$ 则有

$$v = \frac{1}{2} v_{10}$$

【实验内容与步骤】

（1）将气轨调平，使数字毫秒计处于正常工作状态。

（2）取两滑块 m_1、m_2 ，用物理天平称 m_1 、m_2 的质量（包括挡光片）。将两滑块分别装上弹簧钢圈，滑块 m_2 置于两光电门之间（两光电门距离不可太远），使其静止。用 m_1 碰 m_2 ，分别记下 m_1 通过第一个光电门的时间 Δt_{10} 和经过第二个光电门的时间 Δt_1 ，以及 m_2 通过第二个光电门的时间 Δt_2 ，重复三次，记录所测数据，填入表格中。

（3）利用测得的数据分别验证每次碰撞前后的动量是否守恒，并计算 $\frac{\Delta p}{p}$ 。

(4)同上,观察完全非弹性碰撞情况,考察碰撞前、后动量是否守恒。

(5)根据所验证结果及实验情况,分析产生误差的原因。

注意事项

① 实验过程中,在滑块上安装碰撞弹簧时,应注意对称和牢固,以保证对心碰撞,尽量避免碰撞时滑块的晃动。

② 实验时,最好不要用手直接推滑块 1 去撞滑块 2,可通过缓冲弹簧来推动滑块 1,也可在滑块 1 后面再加一小滑块,用小滑块去推动滑块 1,以保证推力和轨平行。

【数据记录与处理】

1. 完全弹性碰撞

次数	Δt_{10} (s)	v_{10} (cm/s)	Δt_2 (s)	v_2 (cm/s)	Δt_1 (s)	v_1 (cm/s)	$m_1 v_{10}$ (g·cm/s)	$m_1 v_1 + m_2 v_2$ (g·cm/s)
1								
2								
3								

$m_1 =$ _____ g, $m_2 =$ _____ g, $v_{20} = 0$, 挡光板宽度 $\Delta x =$ _____ cm

2. 完全非弹性碰撞

次数	Δt_{10} (s)	v_{10} (cm/s)	$\Delta t = \Delta t_1 = \Delta t_2$ (s)	$v = v_1 = v_2$ (cm/s)	$m_1 v_{10}$ (g·cm/s)	$(m_1 + m_2)v$ (g·cm/s)
1						
2						
3						

$m_1 =$ _____ g, $m_2 =$ _____ g, $v_{20} = 0$, 挡光板宽度 $\Delta x =$ _____ cm

【思考题】

1. 实验时气轨是否要调水平?若没有调平,气轨向右或向左倾斜时,对实验有何影响?

2. 当光电门距离碰撞点的位置不同时,对实验有否影响? 试比较把光电门放在靠近或远离碰撞位置时的实验结果。

3. 对你使用的实验装置,如果取 $m_1 = m_2$, $v_{20} = 0$,并且认为 $v_1 = 0$,将给结果引入多大的误差。

4.3　液体表面张力系数的测定

【实验目的】

(1)了解焦利氏秤测微小力的原理、结构和方法。
(2)用拉脱法测量室温下水的表面张力系数。
(3)掌握用逐差法处理数据。

【实验仪器】

焦利氏秤,Ⅱ型金属丝框,砝码,游标卡尺,玻璃杯,酒精,金属镊子,温度计及蒸馏水。

【实验原理】

许多涉及液体的物理现象都与液体的表面性质有关,液体表面的主要性质就是表面张力。例如液体与固体接触时的浸润与不浸润现象、毛细现象、液体泡沫的形成等,工业生产中使用的浮选技术,动植物体内液体的运动,土壤中水的运动等都是液体表面张力的表现。

液体表面层中分子的受力情况与液体的内部不同。在液体内部,任一个分子受其他分子引力、斥力在各方向上均相等,则所受的合力为 0。而在表面层,由于液体上方气体分子密度较小,液体表面层分子间的距离大于正常距离,这时引力大于斥力。这种状态下,整个液面如同绷紧的弹性薄膜,这时产生的沿液面并使之收缩的力称为液体表面张力,用表面张力系数 α 来描述。

液体的表面张力系数 α 与液体的性质、杂质情况、温度等有关。当液面与其蒸汽相接触时,表面张力仅与液体性质及温度有关。一般来讲,密度小,易挥发液体 α 小,温度愈高,α 愈小。

如果在液体表面想象一条直线段 L,那么,表面张力就表现为线段两边的液面会以一定的拉力 F_α 相互作用,此拉力方向垂直于线段,大小与此线段的长度 L 成正比,即

$$F_\alpha = \alpha L \tag{1}$$

其中,α 为液体表面张力系数,它表示单位长线段两侧液体的相互作用,国际制中单位为牛顿/米,记为 $\text{N} \cdot \text{m}^{-1}$。

拉脱法测定液体表面张力系数是基于液体与固体接触时的表面现象提出的。由分子运动论可知,当液体分子和与其接触的固体分子之间的吸引力大于液体分子的内聚力时,就会产生液体浸润固体的现象。

现将一洁净 Ⅱ 型金属丝浸入水中,由于水能浸润金属,当拉起金属丝时,在 Ⅱ 型金属丝框内就形成双面水膜,如图 4-3-1 所示。设 Ⅱ 型金属丝的直径为 d,内宽为 L,重力 mg,弹簧向上的拉力 P,液体的表面张力为 F_α。则 Ⅱ 型丝的受力平衡条件为

$$P = mg + F_\alpha \tag{2}$$

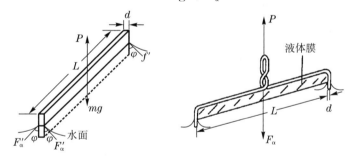

图 4-3-1　拉脱法示意图

设接触角为 φ,由于水膜宽度为 $(L+d)$,则表面张力为

$$F_\alpha = 2\alpha(L+d)\cos\varphi \tag{3}$$

缓慢拉起 Ⅱ 型丝至水面时,接触角 φ 趋近于零,上式中 $\cos\varphi \to 1$。

这里,水膜自身的重力 $m'g$ 很小可忽略。由于金属丝框很细,即体积很小,所以其在水中部分所受的浮力也可以忽略不计。如取 Ⅱ 型丝上边缘恰与水面平齐时为弹簧的平衡位置 x_0,则 Ⅱ 型丝的重力 mg 对弹簧从该平衡位置算起的伸长量 Δx 也将没有贡献。于是可得当缓

慢拉起 Ⅱ 型丝至水膜刚好破裂的瞬间，表面张力 F_a 与弹簧的弹力 P 的大小相等，即有

$$F_a = P \tag{4}$$

由(3)式得 $F_a = 2\alpha(L+d)$，由胡克定律知 $P = k \cdot \Delta x$，代入上式整理，得

$$\alpha = \frac{k \cdot \Delta x}{2(L+d)} \tag{5}$$

其中，k 为焦利弹簧秤的倔强系数，可由实验测出；Δx 为拉膜过程中焦利弹簧的最大伸长量，可由游标的位置计算出来；L 为 Ⅱ 型丝的宽度，d 为 Ⅱ 型丝的直径。通常，与 L 相比 d 是很小的，以至于可以忽略不计，故式(5)可改写为

$$\alpha = \frac{k \cdot \Delta x}{2L} \tag{6}$$

由上式可知，此实验主要有两项内容：一是测量焦利弹簧秤的倔强系数 k，二是通过拉膜过程测出 Δx。

【实验内容与步骤】

(1)安装、调试仪器。安装好支架，装挂好弹簧、小镜、砝码盘及 Ⅱ 型丝框等，调节支架底座螺丝钉使金属杆铅直，使小镜悬在玻璃管中央。

(2)测定焦利氏秤的倔强系数 k。首先，调节支架升降旋钮，使小镜上的水平线 C、玻璃管上的水平线 D 及 D 在小镜中的像 D'"三线重合"，记下标尺读数 x_0。其次，将等量的小砝码(1g)逐个加入砝码盘，每加一个砝码，应重新调节升降旋钮使"三线重合"，再读出游标位置 x_i。最后，再逐个减砝码，每减一个，仍需调节升降旋钮使"三线重合"后，再读出游标位置，与 x_i 对应的游标位置记为 x'_i，用逐差法处理数据，求出倔强系数 k 及 k 的不确定度 U_k。

(3)测定水的表面张力系数 α。

①用游标卡尺测出 Ⅱ 型丝框的宽度 L，重复测量 5 次求平均。

② 将盛有适量蒸馏水的玻璃烧杯置于支架的载物平台上，将 Ⅱ 型丝框用酒精洗净后挂在砝码盘下的小钩上。

③调节载物台和升降钮的高度,使 Ⅱ 型丝完全浸入水中。

④在保证"三线重合"的条件下,一手调节升降钮,一手调节载物台的高度至 Ⅱ 型丝框上边缘刚好与水面平齐时,记下支架上游标的位置 x_0。

⑤在保证"三线重合"的条件下,继续缓慢调节升降旋钮和载物台,至 Ⅱ 型丝框刚好脱离液面为止,记下游标位置 x。

⑥重复(3)～(5)步骤 5 次。

⑦记下实验前、后的室温,取平均后作为测量过程中水的温度 t。

(4)计算水的表面张力系数 α,查表找出 α 标准值,计算 α 相对误差。

注意事项

① 在实验过程中要始终保证小镜悬于玻璃管中央。

② 焦利氏弹簧是精密元件,应轻拿轻放,防止损坏。

③ 测量 Ⅱ 型丝宽度时,应平放于纸上,防止变形。

④ 拉膜时动作要平稳、轻缓,不能在振动不定的情况下测量。

⑤ 测量时要始终保证"三线重合",并在丝框上边缘与水面平齐时读取 x_0。

⑥ 清洁后的玻璃杯和 Ⅱ 型丝不可用手触摸。

【数据记录与处理】

1. 倔强系数 k 的测量

砝码质量(g)	1.00	2.00	3.00	4.00	5.00	6.00
砝码增加时 x_i						
砝码减少时 x'_i						
平均值						

2. 用逐差法求弹簧的伸长量

被测量	1	2	3	4	5	平均值
x_0(cm)						——
x(cm)						——
$x - x_0$						
框边长 L						
水温 T(℃)						

3. 计算 α 及误差

$$\alpha = \frac{k \cdot \overline{\Delta x}}{2L} = \underline{\hspace{3cm}} \qquad \alpha_0 = \underline{\hspace{3cm}}$$

$$不确定度\ U_k = \underline{\hspace{3cm}} \qquad k = \bar{k} \pm U_k = \underline{\hspace{2cm}}$$

$$相对误差\ E = \frac{|\alpha - \alpha_0|}{\alpha} \times 100\% = \underline{\hspace{3cm}}$$

【思考题】

1. 在拉膜时弹簧的初始位置如何确定？为什么？

2. 在拉膜过程中为什么要始终保持"三线重合"？为实现此条件,实验中应如何操作?

3. 如果金属丝、玻璃杯和水不洁净,对测量结果将会带来什么影响?

4. 本实验能否用图解法求焦利秤的倔强系数?

5. 分析引起液体表面张力系数测量不确定度的因素,哪种因素的影响较大?

4.4 用稳恒电流场模拟静电场

【实验目的】

(1)学习用模拟法研究静电场分布规律。

(2)描绘几种静电场的等位线。

(3)加深对静电场,稳恒电流场的了解。

【实验器材】

静电场描绘专用电源,THME-1 型静电场描绘实验仪,模拟电极板,探针,坐标纸。

【实验原理】

1. 静电场的测量及其困难

静止的带电体在它周围的空间产生静电场。静电场可以用电场强度 E 或电势 V 的空间分布来描述。由于标量在测量或计算上比矢量简单得多,所以人们通常总是用电势来描写静电场。

带电体的形状、数目、各自的电势分别及它们之间的相对位置不同,空间的电场分布当然不同。研究和设计一定的电场有助于了解电场中的一些物理现象或控制带电粒子的运动,对科研和生产都是重要的。但是直接对静电场进行测量,是相当困难的。

(1)测量仪器只能采取静电式仪表,而一般常用的是磁电式电表,磁电式电表必须有电流通过才能反应,但静电场不会有电流,自然磁电式电表不起作用。

(2)仪器本身总是导体或电介质,一旦把仪器引入待测静电场中,原静电场将强烈地发生改变,若要使测量仪器的影响降低(如使用电量较小的试探电荷),则测量仪器又不易有足够的灵敏度。

2. 用模拟法测量静电场

模拟法可分为物理模拟和数学模拟两种类型。

(1)物理模拟。保持原测量对象的属性,仅按一定的比例将实物放大或缩小制成样品,对该样品在相同条件下进行测试,再按比例反推出原件的结果,此为物理模拟。故物理模拟中所使用的模型需满足三个条件,即:

① 模型与实物原型有完全相同的物理性质。

② 两者经历完全相同的物理过程。

③ 两者有完全相同的物理量纲和一致的函数关系。

(2)数学模拟。当某一被测量与另一个物理量间具有完全相同的数学表达式，且遵循同样的数学规律时，则可用该物理量及其数学关系相似的表征被测量，此为数学模拟。在数学模拟中，模拟量和被模拟量可以是不同的物理量，可以有不同的量纲。但需要注意：

① 模拟量和被模拟量必须有相识的数学表达式。

② 两者必须具有相似的边界条件。

用稳恒电流场模拟静电场就是用数学模拟法研究静电场的一种最方便的办法。

3. 模拟法测量静电场的依据

模拟法测定静电场的理论依据是因为稳恒电流场与静电场这两种场所服从的物理规律具有完全相同的数学表达式。下表所示为静电场和稳恒电流场所遵循的物理规律。比较两组方程可知，D，E，ε 与 J，E，σ 成一一对应关系。当静电场中的导体的电势分布与恒定电流场中的电极形状相同，并且边界条件相同时，静电场在介质中的电势分布与稳恒电流场在介质中的电势分布完全相同，所以可以用稳恒电流场来模拟静电场。

下表是描述静电场和稳恒电场的数学表达式。

描述静电场与稳恒电流场的数学方程

静电场	稳恒电流场
$D = \varepsilon E$	$J = \sigma E$
$\oiint D \cdot \mathrm{d}S = 0$	$\oiint J \cdot \mathrm{d}S = 0$
$\oint E \cdot \mathrm{d}l = 0$	$\oint E \cdot \mathrm{d}l = 0$
$U_{ab} = \int_a^b E \cdot \mathrm{d}l$	$U_{ab} = \int_a^b E \cdot \mathrm{d}l$

由上表可以看到静电场和稳恒电流场具有相似的数学表达式和相似的边界条件，所以可以用稳恒电流场模拟静电场。

同轴带电圆柱形电场的模拟。设同轴圆柱面是"无限长"的，内、外半径分别为 R_1 和 R_2，电荷线密度为 $+\lambda$ 和 $-\lambda$，柱面间介质的介电系数为 ε。若取外柱面的电位为零，则内柱面的电位为 V_0，就是两柱面间的电位差

$$V_0 = \int_{R_1}^{R_2} \boldsymbol{E} \cdot \mathrm{d}\boldsymbol{r} = \int_{R_1}^{R_2} \frac{\lambda}{2\pi\varepsilon} \cdot \frac{\mathrm{d}r}{r} = \frac{\lambda}{2\pi\varepsilon} \ln \frac{R_2}{R_1} \qquad (1)$$

在两圆柱面间任一点 $r(R_1 \leqslant r \leqslant R_2)$ 的电位 $V(r)$ 是

$$V(r) = \frac{\lambda}{2\pi\varepsilon} \ln \frac{R_2}{r} \qquad (2)$$

比较上面两式,可得

$$V(r) = V_0 \frac{\ln \dfrac{R_2}{r}}{\ln \dfrac{R_2}{R_1}} \qquad (3)$$

现在要设计一稳恒电流场来模拟同轴带电圆柱电场,其要求为:第一,设计的电极与圆柱形带电导体相似,尺寸可以按比例并具有相同的边界条件。第二,导电介质的电阻率比电极大得多,并且各向同性且均匀分布。

当两个电极间施加电压时。其中间形成一稳恒电流场。设径向电流为 I,则电流密度为 $\boldsymbol{j} = I/2\pi r\delta$,这里导电介质厚度取 δ。根据欧姆定律的微分形式 $\boldsymbol{j} = \sigma\boldsymbol{E}$,可得 $\boldsymbol{E} = I/2\pi\sigma r\delta$,显然,场的形式与静电场相同,都是与 r 成反比。因此两极间电位差与式(1)相同,由(3)式可得等位线分布公式

$$r = R_2 \left[\frac{R_2}{R_1} \right]^{\frac{V(r)}{V_0}}$$

4. 静电场的描绘方法

在实际测量中,由于测定电势(标量)比测定场强(矢量)容易实现,所以我们先测定位线,由于等电势线与电场线是正交的,据此我们就可以绘出电场线分布图。

本实验欲模拟的是空气中的静电场分布。为保证模拟结果与实际相符,实验条件需满足:

(1)电流场中应选用电阻均匀和各向同性的导电介质。

(2)静电场中带电体是等势体,电流场中的电极也必须尽量接近等势体。这就要求制作电极的材料的导电率必须比场中介质的导电介质要大得多,以至于可以忽略金属电极上的电压降。

(3)一般各电极的形状、位置分布应与静电场中各导体相同。但在具体问题中可利用对称性合理简化电极的形状。

【实验内容与步骤】

1. 测量均匀同轴圆柱体之间的等势线和电场线分布

（1）取两个同轴圆柱形的电极，接入电源。

（2）取两极间的 $V_A = 10V$，分别记录 $V_p = 2$ V、4 V、6 V、8 V 等位线各点的坐标。

（取：$V_A = 2$ V，记录 $V_p = 0.5$ V、0.6 V、0.8 V、1.0 V）。

（3）在坐标纸上找出较规则的三个等势点，找出轴中心点。

（4）用尺子测量各等势线的平均半径并与理论值比较，求出相对误差。填写下表：

（5）以 O 为圆心，以 $\bar{r}$ 为半径，画出等势线。

（6）根据等势线和电场线的关系，画出电场线。

2. 测绘平行板电容器的等势线和电场线分布

（1）取同轴带电圆形电极，接入电源。

（2）取两极间的 $V_A = 10$ V，分别记录 $V_p = 2$ V、4 V、6 V、8 V 等位线各点的坐标（或取：$V_A = 2$ V，记录 $V_p = 0.4$ V、0.6 V、0.8 V、1.0 V）。

（3）分别画出各等势线分布和电场线分布。

3. 测绘两个等量异号点电荷之间的静电场的等势线和电场场分布

（1）取两个点电荷的电极板，接入电源，

（2）取两极间的 $V_A = 10$ V，分别记录 $V_p = 1$ V、3 V、5 V、7 V、9 V 等位线各点的坐标（体现对称性）。（或取：$V_A = 2$ V，记录 $V_p = 0.5$ V、0.6 V、0.7 V、0.8 V、0.9 V）。

（3）分别画出各等位线分布和电场线分布。

注意事项

① 同心圆环轴中心的求法。

② 测量时表笔用力要均匀，且垂直于电极板。

【数据记录与处理】

同轴圆柱体形成的电场

$a=2.0\,\mathrm{mm}; b=47.0\,\mathrm{mm}$

等势线 V_P(V)	2V	4V	6V	8V
平均半径 $\bar{r}$(mm)				
理论值 r(mm)				
相对误差 $E=\dfrac{|\bar{r}-r|}{r}\times100\%$				

【思考题】

1. 用稳恒电流场模拟静电场的依据是什么？

2. 电场线与等势线有什么关系？电场线起于何处？止于何处？

3. 电压表内阻对测量结果有何影响？

4. 本实验可否采用交流电源？

4.5 电子在电磁场中运动的研究

【实验目的】

(1)了解带电粒子在电磁场中的运动规律,电子束的电偏转、电聚焦、磁偏转、磁聚焦的原理。

(2)学习测量电子荷质比的一种方法。

【实验仪器】

TH—EB电子束试验仪。

【实验原理】

1. 示波管的简单介绍

示波管结构如图 4-5-1 所示。

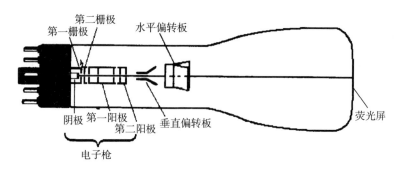

第二栅极　水平偏转板
第一栅极

阴极　第一阳极
　　第二阳极　　垂直偏转板

荧光屏

电子枪

图 4-5-1　示波管结构图

示波管包括:

(1) 一个电子枪,它发射电子,把电子加速到一定速度,并聚焦成电子束。

(2) 一个由两对金属板组成的偏转系统。

(3) 一个在管子末端的荧光屏,用来显示点子上的轰击点。所有部件全都密封在一个抽成真空的玻璃外壳里,目的是为了避免电子与气体分子碰撞而引起的电子束散射。接通电源后,灯丝发热,阴极发射电子。栅极加上相对于阴极的负电压,它有两个作用:一方面调节栅极电压的大小控制阴极发射电子的强度,所以栅极也叫"控制极";另一方面栅极电压和第一阳极电压构成一定的空间电位分布,使得由阴极发射的电子束在栅极附近形成一交叉点。第一阳极和第二阳极的作用一方面构成聚焦电场,使得经过第一交叉点又发散了的电子在聚焦场作用下又会聚起来;另一方面使电子加速,电子以高速打在荧光屏上,屏上的荧光物质在高速电子轰击下发出荧光,荧光屏上的发光亮度取决于到达荧光屏的电子数目和速度,改变栅压及加速电压的大小都可控制光点的亮度。水平、垂直偏转板是互相垂直的平行板,偏转板上加以不同的电压,用来控制荧光屏上亮点的位置。

2. 电子的加速和电偏转

为了描述电子的运动,选用一个直角坐标系,其 Z 轴沿示波管管轴,X 轴是示波管正面所在平面上的水平线,Y 轴是示波管正面所在平面上的竖直线。

从阴极发射出来通过电子枪各个小孔的一个电子,它在从阳极

A_2 射出时在 Z 方向上具有速度 v_z。v_z 的值取决于 K 和 A_2 之间的电位差 $V_2 = V_B + V_C$,如图 4-5-2 所示。

电子从 K 移动到 A_2,位能降低了 eV_2;因此,如果电子逸出阴极时的初始动能可以忽略不计,那么它从 A_2 射出时的动能 $\frac{1}{2}mv_z$ 就由下式确定

$$\frac{1}{2}mv_z = eV_2 \tag{1}$$

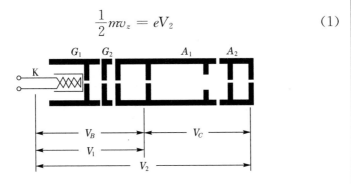

图 4-5-2 示波管内各部分之间的电位示意图

此后,电子再通过偏转板之间的空间。如果偏转板之间没有电位差,那么电子将笔直地通过。最后打在荧光屏的中心(假定电子枪瞄准了中心)形成一个小亮点。但是,如果两个垂直偏转板(水平放置的一对)之间加有电位差 V_d,使偏转板之间形成一个横向电场 E_y,那么作用在电子上的电场力便使电子获得一个横向速度 v_y,但却不改变它的横向速度分量 v_z,这样,电子在离开偏转板时运动的方向将与 Z 轴形成一个夹角 θ,而这个 θ 角由下式决定

$$\tan\theta = \frac{v_y}{v_z} \tag{2}$$

电子束的偏转如图 4-5-3 所示。

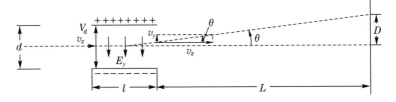

图 4-5-3 电子束的偏转

如果知道了偏转电位差和偏转板的尺寸,那么以上各个量都能

计算出来。

设距离为 d 的两个偏转板之间的电位差 V_d 在其中产生一个横向电场 $E_y = V_d/d$，从而对电子作用一个大小为 $F_y = eE_y = eV_d/d$ 的横向力。在电子从偏转板之间通过的时间 Δt 内，这个力使电子得到一个横向动量 mv_y，而它等于力的冲量，即

$$mv_y = F_y \Delta t = eV_d \frac{\Delta t}{d} \tag{3}$$

于是

$$v_y = \frac{e}{m} \frac{V_d}{d} \Delta t \tag{4}$$

然而，这个时间间隔 Δt，也就是电子以轴向速度 v_z 通过距离 l（l 等于偏转板的长度）所需要的时间，因此 $l = v_z \Delta t$。由这个关系式解出 Δt，代入式（4）

结果得

$$v_y = \frac{e}{m} \frac{V_d}{d} \frac{l}{v_z} \tag{5}$$

这样，偏转角 θ 就由下式给出

$$\tan \theta = \frac{v_y}{v_z} = \frac{eV_d l}{dmv_z} \tag{6}$$

再把能量关系式（1）代入上式，最后得到

$$\tan \theta = \frac{V_d}{V_2} \frac{l}{2d} \tag{7}$$

这个公式表明，偏转角随偏转电位差 V_d 的增加而增大，而且，偏转角也随偏转板长度的增加而增大，偏转角与 d 成反比，对于给定的总电位差来说，两偏转板之间距离越近，偏转电场就越强。最后，降低加速电位差 $V_2 = V_B + V_C$ 也能增大偏转，这是因为这样就减小了电子的轴向速度，延长了偏转电场对电子的作用时间。此外，对于相同的横向速度，轴向速度越小，得到的偏转角就越大。

电子束离开偏转区域以后便又沿一条直线行进，这条直线是电子离开偏转区域那一点的电子轨迹的切线。这样，荧光屏上的亮点会偏移一个垂直距离 D，而这个距离由关系式 $D = L\tan \theta$ 确定；这里是偏转板到荧光屏的距离（忽略荧光屏的微小的曲率），如果更详

细地分析电子在两个偏转板之间的运动,我们会看到:这里的 L 应从偏转板的中心量到荧光屏。于是有

$$D = L \frac{V_d}{V_2} \frac{l}{2d} \tag{8}$$

3. 电聚焦原理

图 4-5-4 所示为电子枪各个电极的截面,加速场和聚焦场主要存在于各电极之间的区域。

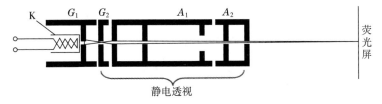

图 4-5-4 电子束的聚焦

图 4-5-5 所示是 A_1 和 A_2 这个区域放大了的截面图,其中画出了一些等位面截线和一些电力线。从 A_1 出来的横向速度分量为 v_r 的具有离轴倾向的电子,在进入 A_1 和 A_2 之间的区域后,被电场的横向分量推向轴线。与此同时,电场 E 的横向分量 E_z 使电子加速;当电子向 A_2 运动,进入接近 A_2 的区域时,那里的电场 E 的横向分量 E_r 有把电子推离轴线的倾向。但是由于电子在这个区域比前一个区域运动得更快,向外的冲量比前面的向内的冲量要小,所以总的效果仍然是使电子靠拢轴线。

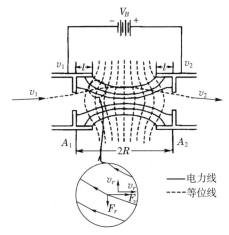

图 4-5-5 $A_1 A_2$ 间区域截面图

4. 电子的磁偏转原理

在磁场中运动的一个电子会受到一个力而加速,这个力的大小与垂直于磁场方向的速度分量成正比,而方向总是既垂直于磁场 **B** 又垂直于瞬时速度 v。从 F 与 v 方向之间的这个关系可以直接导出一个重要的结果:由于粒子总是沿着与作用在它上面的力相垂直的方向运动,磁场力决不对粒子做功,由于这个原因,在磁场中运动的粒子保持动能不变,因而速率也不变。

当然,速度的方向可以改变。在本实验中,我们将观测在垂直于束流方向的磁场作用下电子束的偏转;图 4-5-6 所示中电子从电子枪发射出来时,其速度 v 由下面的能量决定

$$\frac{1}{2}mv^2 = eV_2 = e(V_B + V_C)$$

电子束进入长度为 l 的区域,这里有一个垂直于纸面向外的均匀磁场 **B**,由此引起的磁场力的大小为 $F = evB$,而且它始终垂直于速度,此外,由于这个力所产生的加速度在每一瞬间都垂直于 v,此力的作用只是改变 v 的方向而不改变它的大小,也就是说:粒子以恒定的速率运动。电子在磁场力的影响下做圆周运动。因为圆周运动的向心加速度 v^2/R,而产生这个加速度的力(有时称为向心力)必定为 mv^2/R,所以圆周的半径很容易计算出来。向心力等于 $F = evB$,因而 $mv^2/R = evB$,即 $R = mv/eB$。电子离开磁场区域后,重新沿一条直线运动,最后,电子束打在荧光屏上某一点,这一点对于没有偏转的电子束的位置移动了一段距离。

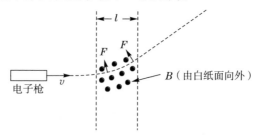

图 4-5-6　电子束在磁场中偏转示意图

5. 磁聚焦和电子荷质比的测量原理

置于长直螺线管中的示波管,在不受任何偏转电压的情况下,

示波管正常工作时,调节亮度和聚焦,可在荧光屏上得到一个小亮点。若第二加速阳极 A_2 的电压为 V_2 ,则电子的轴向运动速度用 v_z 表示,则有

$$v_z^2 = \frac{2eV_2}{m} \tag{9}$$

当给其中一对偏转板加上交变电压时,电子将获得垂直于轴向的分速度(用 v_r 表示),此时荧光屏上便出现一条直线,随后给长直螺线管通一直流电流 I,于是螺线管内便产生磁场,其磁场感应强度用 **B** 表示。众所周知,运动电子在磁场中要受到洛伦磁力 $F = evB$ 的作用(v_z 方向受力为零),这个力使电子在垂直于磁场(也垂直于螺线管轴线)的平面内做圆周运动,设其圆周运动的半径为 R,则有

$$ev_r B = \frac{mv_r}{R} \qquad 即 \qquad R = \frac{mv_r}{eB} \tag{10}$$

圆周运动的周期为

$$T = \frac{2\pi R}{v_r} = \frac{2\pi m}{eB} \tag{11}$$

电子既在轴线方面做直线运动,又在垂直于轴线的平面内做圆周运动。它的轨道是一条螺旋线,其螺距用 h 表示,则有

$$h = v_z T = \frac{2\pi m}{eB} v_z \tag{12}$$

从(11)、(12)两式可以看出,电子运动的周期和螺距均与计算无关。虽然各个点电子的径向速度不同,但由于轴向速度相同,由一点出发的电子束,经过一个周期以后,它们又会在距离出发点相距一个螺距的地方重新相遇,这就是磁聚焦的基本原理,由(12)式可得

$$\frac{e}{m} = \frac{8\pi^2 V_2}{h^2 B^2} \tag{13}$$

长直螺线管的磁感应强度 **B**,可以由下式计算。

$$B = \frac{\mu_0 N I}{\sqrt{L^2 + D^2}} \tag{14}$$

将式(14)代入(13),可得电子荷质比为

$$\frac{e}{m} = \frac{8\pi^2 V_2 (L^2 + D^2)}{\mu_0 N^2 h^2 I^2} \tag{15}$$

μ_0 为真空中的磁导率，$\mu_0 = 4\pi \times 10^{-7}\ h \cdot m^{-1}$。

本仪器的其他参数如下（供参考）：

螺丝管单位长度的线圈匝数：$n_0 = \dfrac{1}{2.9 \times 10^{-4}} \times 3$。

螺线管的长度：$L = 0.246\ \text{m}$。

螺线管的直径：$D = 0.0825\ \text{m}$。

螺距(y 偏转板至荧光屏距离)：$h = 0.18\ \text{m}$。

【实验内容与步骤】

1. 电偏转与磁偏转的准备工作

（1）用专用电缆线连接电子束实验仪和示波管支架上的两个插座。

（2）将实验箱面板上的"电聚焦/磁聚焦"选择开关置于"电聚焦"。

（3）将与第一阳极对应的钮子开关置于上方，剩余的钮子开关均置于下方。

（4）将实验仪后面的励磁电流开关置于"关"。

（5）将"磁聚焦调节"旋钮旋至量小位置。

（6）为减小地磁场对实验的影响，实验时尽量将示波管组件沿东西方向放置，即螺线管线圈在东西方向上。

（7）开启电源开关，调节"阳极电压调节"电位器，使"阳极电压"数显表显示为 800 V，适当调节"辉度调节"电位器，此时示波器上出现光斑，使光斑亮度适中，然后调节"电聚焦调节"电位器，使光斑聚焦，成一小圆点状光点。

2. 电偏转灵敏度的测定

（1）令"阳极电压"显示为 800 V，在光斑聚焦的状态下，将 H_1 对应的钮子开关单独置于上方，此时荧光屏上会出现一条由光点出发的水平射线，方向向左；将 H_2 对应的钮子开关单独置于上方，此时荧光屏上会出现一条由光点出发的水平射线，方同向右。将 H_1、H_2 对应的钮子开关均置于上方，此时荧光屏上会出现一条水平亮线，这是因为水平偏转极板上感应有 50 Hz 交流电压之故。测量时

在水平偏转极板 H_1 和 H_2 之间接通 $0\sim30\,V$ 直流偏转电压，H_1 接正极，H_2 接负极，由小到大调节直流电压输出，应能看到光点向右偏转。分别记录电压为 $0\,V$、$5\,V$、$10\,V$、$15\,V$、$20\,V$ 时光点位置偏移量 D。

（2）将 H_1、H_2 对应的钮子开关均置于下方。将 V_1 对应的钮子开关单独置于上方，此时荧光屏上会出现一条由光点出发的水平射线，方向向上；将 V_2 对应的钮子开关单独置于上方，此时荧光屏上会出现一条由光点出发的水平射线，方向向下。将 V_1、V_2 对应的钮子开关均置于上方，此时荧光屏上会出现一条由光点出发的水平亮线，这是因为垂直偏转极板上感应有 $50\,Hz$ 交流电压之故。测量时在垂直偏转极板 V_1 和 V_2 之间依次接通 $0\,V$、$5\,V$、$10\,V$、$15\,V$、$20\,V$ 直流偏转电压，分别记录光点位置偏移量 D。

（3）将"阳极电压"分别调至 $1000\,V$，$1200\,V$。按步骤 1 的方法使光斑重新聚焦后，按照步骤 2 中（1）（2）的方法重复以上测量，列表记录数据。

（4）作 $D-V_d$ 图，求出曲线斜率得电偏转灵敏度。

（5）求 X 轴 Y 轴不同阳极电压下的偏转灵敏度。

3. 磁偏转

（1）准备工作与电偏转相同。为计算亥姆霍兹线圈中的电流，必须先用万用表测量线圈中的电阻值，并记录。

（2）令"阳极电压"为 $800\,V$，在光斑聚焦的状态下，接通线圈的励磁电压，分别记录电压为 $0\,V$、$2\,V$、$4\,V$、$6\,V$、$8\,V$ 时荧光屏上光点位置的偏移量 D。

（3）调节"阳极电压"分别为 $1000\,V$，$1200\,V$，重复步骤（2），列表记录数据。

（4）作 $D-I$ 图，求出曲线斜率得电偏转灵敏度。

4. 电聚焦和磁聚焦的准备工作

（1）将实验箱面板上的"电聚焦/磁聚焦"选择开关置于"电聚焦"或"磁聚焦"。

（2）电聚焦时，将第一阳极 A_1 对应的钮子开关置于上方，其他电极（7 个）对应的钮子开关均置于下方。实验仪后面的励磁电流开关置于"关"。

（3）磁聚焦时,将所有电极(8个)对应的钮子开关均置于下方。实验仪后面的励磁电流开关置于"开"。

（4）将"磁聚焦调节"旋钮旋至最小位置。

（5）为减小地磁场对实验的影响,实验时尽量将示波管组件沿东西方向放置,即螺线管线圈在东西方向上。

5. 电聚焦

（1）将"阳极电压"调节为 800 V,使光斑在聚焦的状态下,用数字万用表直流电压高量程挡分别测电压 A_1、A_2,记下此时的 V_{A1} 和 V_{A2} 值。

（2）将"阳极电压"分别调至 1000 V,1200 V,并使光斑聚焦,分别记下同一"阳极电压"下的 V_{A1} 和 V_{A2} 值。

（3）计算不同"阳极电压"下的 V_{A1}/V_{A2} 值。

6. 磁聚焦和电子荷质比的测量

（1）将"阳极电压"调节至 800 V。

（2）适当调节"辉度调节"电位器,此时,示波管荧光屏上出现矩形光斑。然后调节"磁聚焦调节"旋钮,可观察到矩形光斑边旋转边聚焦的现象,分别记录使电子束第一次聚焦,第二次聚焦的电流值 I_1,I_2。

（3）将示波管后面的"励磁电流切换"钮子开关打到"反向",改变励磁电流的方向,重复实验步骤(2)。

（4）改变阳极电压至 1000 V、1200 V,重复实验步骤(2)、(3)。

（5）计算电子荷质比,并将计算值和标称值 $e/m = 1.757 \times 10^{11} \text{C} \cdot \text{kg}^{-1}$ 进行比较,计算误差。

注意事项

① 本仪器内示波管电路和励磁电路均存在高压,在仪器插上电源线后,切勿触及印刷板、示波器管座、励磁线圈的金属部分,以免电击危险。

② 本仪器的电源线应插在标准的三芯电源插座上。电源的火线、零线和地线应按国家标准接法之规定接在规定的位置上。

③ 在将实验仪面板上 H_1、H_2 对应的钮子开关均置于上方时，水平偏转板 H_2 和地 GND 之间存在阳极高压，在水平偏转极板 H_1、H_2 之间接通 $0\sim30$ V 直流偏转电压时，千万不要把两手接触到 H_2 和地 GND 之间，以免电击危险。

④ 在将实验仪面板上 V_1、V_2 对应的钮子开关均置于上方的情况下，水平偏转板 V_1 和地 GND 之间存在阳极高压，在水平偏转极板 V_1、V_2 之间接通 $0\sim30$ V 直流偏转电压时，千万不要把两手接触到 V_1 和地 GND 之间，以免电击危险。

⑤ 避免长时间施加励磁电流，当励磁电流较大时，及时记录聚焦电流值，以免励磁线圈过热而烧坏。

⑥ 示波营辉度调节适中，以免影响荧光屏的使用寿命。

【数据记录与处理】

1. 电偏转

	X 偏转板电压(V)					Y 偏转板电压(V)				
	0	5	10	15	20	0	5	10	15	20
800 V 时 D(mm)										
1000V 时 D(mm)										
1200 V 时 D(mm)										

2. 磁偏转

线圈电阻_____

励磁电压(V)	0	2	4	6	8
磁偏电流(A)					
800 V 时 D(mm)					
1000 V 时 D(mm)					
1200 V 时 D(mm)					

3. 电聚焦

	V_{A1}	V_{A2}	V_{A1}/V_{A2}
800 V			
1000 V			
1200 V			

4. 电子荷质比

阳极电压(V)	励磁电流(mA)		$I = \dfrac{1}{3}(I_1 + I_2)$ (mA)	$\dfrac{e}{m} = \dfrac{8\pi^2 V_2 (L^2 + D^2)}{\mu_0 N^2 h^2 I^2}$ (C·kg^{-1})	相对误差
	I_1	I_2			
800 V 正					
800 V 反					
1000 V 正					
1000 V 反					
1200 V 正					
1200 V 反					

【思考题】

1. 电偏转、磁偏转的灵敏度是怎样定义的,它与哪些参数有关?

2. 在不同阳极电压下,为什么偏转灵敏度会不同?

3. 何谓截止栅偏压?

4. 电聚焦与磁聚集的原理是什么? 两者光斑收缩的情况是否相同?

5. 在聚焦实验中,为什么反向聚焦时光点较暗?

6. 在磁聚集实验中,当螺线管中电流 I 逐渐增加,电子射线从一次聚焦到二次、三次聚集,荧光屏的亮暗如何变化? 试解释。

7. 你认为产生误差的因素有哪些? 如何减小测量误差?

4.6　万用电表的原理和初步使用方法

【实验目的】

(1)了解万用电表的结构原理。

(2)学会正确使用万用电表测量电学量。

(3)了解数字万用电表的(正确)使用方法。

【实验仪器】

指针式万用电表、数字式万用电表、直流电源、电阻、二极管、电压表、电流表、滑线变阻器、导线。

【实验原理】

万用电表是最常见的仪表之一。它可以测量交流电压、直流电压、直流电流和电阻等电学量。虽然万用电表的准确度低,但使用方便。因此,在电学实验、电工测量、电子测量等方面得到广泛使用。万用电表类型很多,但结构上都由表头、转换开关、测量电路三部分组成。变动转换开关,便可选择不同的测量及量程。有的万用电表还可以测量交流电流、音频功率、阻抗、电容、电感、半导体三极管的穿透电流或直流放大倍数。

1. 指针式万用电表

指针式万用电表种类很多,面板布置不尽相同,但其面板上都有刻度盘、机械调零螺丝、转换开关、欧姆表"调零"旋钮和表笔插孔。图 4-6-1 所示是 MF47 型万用电表的面板图。

转换开关是用来选择万用电表所测量的项目和量程的。它周围均标有"V"、"Ω"(或"R")、"mA"、"μA"、"V"等符号,分别表示交流电压挡、电阻挡、直流毫安挡、直流微安挡、直流电压挡。"V"、"mA"、"μA"、"V"范围内的数值为量程,"Ω"(或"R")范围内的数值为倍率。在测量交流电压、直流电流和直流电压时,应在标有相应符号的标度尺上读数。例如,当选择旋钮旋到 Ω 区的"×10"挡时,测得的电阻值等于指针在刻度线上的读数×10。测量前如发现指针偏离刻度线左端的零点时，可转动机械调零螺丝进行调整。

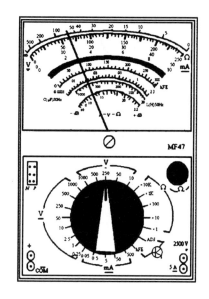

指针式万用电表是由表头、表盘、表箱、表笔、转换开关、电阻和整流器构成。表头一般为磁电式电流表。它允许通过的最大电流（满偏电流）一般为几微安到几百微安。在它的表盘上，有多种标度尺。转换开关是由一些固定触点和活动触点组成，其作用是使被测对象与表内不同测量线路相接。

图 4-6-1　MF47 型万用电表的面板

测量电路是由电阻、整流元件、干电池等组成的，其作用是使表头适用于不同的测量项目和不同的测量范围。对于不同的测量项目，测量线路的结构是不同的。

（1）直流电流挡。其表头本身就是一个测量范围很小的直流电流表。根据分流原理，表头与电阻并联就可增大测量范围。若表头与不同阻值的电阻并联，就可得到不同的量程（即最大测量范围，也称"挡"）。并联电阻越小，量程也就越大。图 4-6-2 所示是多量程直流电流挡原理简图。

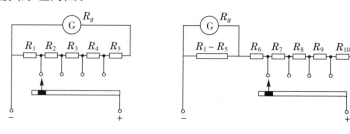

图 4-6-2　多量程直流电流挡　　　　图 4-6-3　多量程直流电压挡

（2）直流电压挡。表头本身也是一个量程很小的直流电压表，其量程为 $V_g = I_g R_g$（I_g 为表头满偏电流，R_g 为表头内阻）。根据分压原理，表头与不同的电阻串联就能得到不同的量程。图 4-6-3 所示是多量程直流电压挡原理简图。

（3）交流电压挡。磁电式表头内永久磁体的磁场方向恒定,当通过交流电时,作用在可动部件上的力矩方向将随电流方向的变化而变化。由于表头可动部分惯性较大,它在某一方向力矩作用下,还来不及转动,力矩的方向又发生了变化,这样,表头的指针实际上不可能转动。所以,必须把交流电转换成直流电,才能测量。图4-6-4所示是多量程交流电压挡原理图,图中 D_1、D_2 为整流元件。

（4）电阻挡。图 4-6-5 所示是欧姆表的原理图,它由表头、电池、电阻 R_i 和调零电阻 R_0 组成。在 a、b 两端即红、黑两表棒之间可接入待测电阻 R_x。

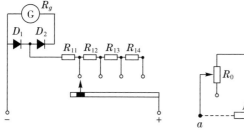
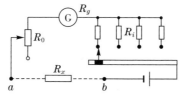

图 4-6-4　多量程交流电压挡　　　　图 4-6-5　欧姆表原理图

测量前,先把两表棒短路即 $R_x = 0$。调节调零电阻 R_0,使表头指针指到刻度线右端的满刻度,即欧姆表的零点。此时,电路中的电流

$$I = I_g = \frac{\varepsilon}{R_g + R_0 + R_i + r} = \frac{\varepsilon}{R_z} \tag{1}$$

式中,$R_z = R_g + R_0 + R_i + r$ 称为欧姆表的综合电阻。这一步骤称为欧姆表的调零。

测量未知电阻 R_x 时,将它接入两表棒之间,则电路中的电流为:

$$I = \frac{\varepsilon}{R_z + R_x} \tag{2}$$

从上式可见,当 ε 和 R_z 恒定时,I 仅随 R_x 而变。它们之间有一一对应的关系。如果在刻度线上不同位置测出相应的电阻值,那么在测量未知电阻时就可以在刻度线上直接读出被测电阻的数值。从公式(2)还可以看出,R_x 越大、I 越小,表头指针偏转的角度越小,

刻度的间隔也越小。当 $R_x \rightarrow \infty$,即 a、b 间开路,I 指针在刻度线左端位置不动,所以刻度线左端的欧姆刻度为 ∞。当 $R_x = R_z$ 时,$I = \frac{\varepsilon}{2R_z} = \frac{1}{2}I_g$,指针将在刻度线的中央,所以 R_z 又称为中值电阻。

综上所述,当 R_x 在 $0 \sim \infty$ 之间变化时,指针将在刻度线右端到左端位置间变化,正好与电流表、电压表的刻度相反。另外,标尺的刻度是不均匀的,R_x 越大,刻度越密。读数时必须注意。

为了精细地读数,万用电表中欧姆挡都有多种档次。不同档次的中值电阻是不同的,不同档次之间通常采用十进制。具体线路较复杂,不在这里讲述了。测量时,究竟应选择哪一档次,这要由被测电阻的值而定。原则上应尽量选用 R_x 在该档次的中值电阻附近。

应该指出,由于新旧电池内阻 r 的变化,或者在换挡使用时,由于电路参数的变化,式(1)的条件往往不能满足。就是说,当 $R_x = 0$ 时,电路中的电流将不等于 I_g ,表头的指针并不指在刻度线右端的零欧姆处,产生了系统误差。因此测量前必须通过调零,以改变 R_0 的阻值来满足式(11)的要求,从而达到 I 与 R_x 的函数关系式(2)不变的目的。

2. 数字式万用电表

数字式万用电表的种类也很多,其面板设置大致相同,都有显示窗、电源开关、转换开关和表笔插孔(型号不同,插孔的作用有可能不同)。图 4-6-6 所示是 DT-831 型数字式万用电表的面板图。

转换开关周围的"Ω"、"DCA"、"ACA"、"ACV"、"DCV"符号分别表示电阻挡、直流电流挡、交流电流挡、交流电压挡和直流电压挡。其周围的数值均为量程。各挡测量数据均由显示窗以数字显示出来。测量时,应将电源开关置于"ON"。

测量直流电压(或交流电压)时,先将转换开关旋至 DCV(或 ACV)区域的适当量程。将黑表棒接入公共(COM)插孔,红表棒连接于"V−Ω"插孔,从显示窗直接读数。

在测量直流电流(或交流电流)时,若待测值小于"200 mA",则将红表棒接在" mA"插孔,黑表棒与公共插孔(COM)相连接,选择旋钮置于相应量程处。若待测值超过"200 mA",则将红表棒改接在

"10A"插孔，转换开关旋至"O"位置。显示窗上读数即为测量值。

测量电阻时，将黑表棒接入公共（COM）插孔，红表棒连接于"V－Ω"插孔。将转换开关旋到"Ω"区域的适当量程，然后直接从显示窗中读出电阻值。

注意 测量时，先要估计被测值，不要让它超出测量范围。若显示"1"或"－1"时，表明测量值超出测量范围。标有"!"提示处指明了最大（MAX）测量范围，测量时应特别小心！

数字式万用表是根据模拟量与

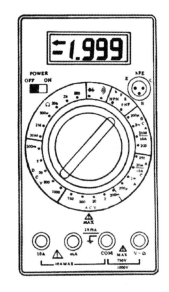

图 4-6-6 DT-831 型数字
万用电表面板图

数字量之间的转换来完成测量的，它能用数字把测量结果显示出来。其原理方框图如图 4-6-7 所示，主要包括直流电压变换器、模－数转换器、计数器、显示器和逻辑控制电路等部件。直流电压变换器的作用是把被测量（如电流、电阻等）变换为电压；模－数转换器则是把电压转换为数字量；计数器可对数字量进行运算，再把结果经过译码系统送往显示器进行数字显示；逻辑控制电路主要对整机进行控制及协调各部件的工作，并能使其自动重复进行测量。

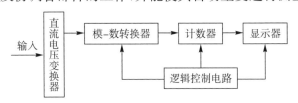

图 4-6-7 数字万用表的工作原理图

【实验内容与步骤】

1. 准备

（1）观察万用表。仔细观察万用表板面，认清各标度尺的意义，并弄清"转换开关"和欧姆"调零"旋钮的使用。

（2）注意指针是否指"0"。若不指"0"，调节"机械调零"旋钮，使指针指"0"。

（3）接好表笔（红表笔应插入标有"＋"号的孔）。

（4）根据待测量的种类（交流或直流电压、电流或电阻等）及大小，将"选择开关"拨到合适的位置。若不知待测量的大小，应选择最大量程（或倍率）先行试测。若指针偏转程度太小，可逐次选择较小量程（或倍率）。

2. 测量

（1）电阻的测量。用两表测出实验板所给的电阻 R_1、R_2、R_3 的阻值。

（2）二极管的测量。用两表测出实验板所给的半导体二极管 D_1、D_2 的正、反向电阻阻值。（黑表笔为正电压端）。

（3）直流电压的测量。串联 3 个电阻如图 4-6-8 所示，在电源电压为 1 V 和 5 V 时测量 V_{BC}。

（4）用数字万用表直流电压挡排除电路故障。按图 4-6-9 所示连好有故障存在的电路。G,H 间为断导线。合上开关 K，接通电源，调节滑线变阻器 R_0 的滑动头 C，应发现电压表指示正常，电流表无指示，这样可以断定故障存在于 F,G 之右，然后再用电压表逐点测量。

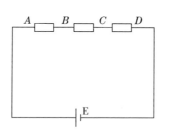

图 4-6-8　串联电路图

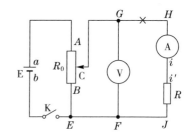

图 4-6-9　有故障的电路图

注意事项

① 在测量电阻时，人的两只手不要同时和测试棒一起搭在内阻的两端，以避免人体电阻的并入。

② 若使用"×1"挡测量电阻时,应尽量缩短万用电表使用时间,以减少万用电表内电池的电能消耗。

③ 测电阻时,每次换挡后都要调节零点,若不能调零,则必须更换新电池。切勿用力再旋"调零"旋钮,以免损坏。此外,不要双手同时接触两支表笔的金属部分,测量高阻值电阻更要注意。

④ 在电路中测量某一电阻的阻值时,应切断电源,并将电阻的一端断开;不能用万用电表测电源内阻;若电路中有电容,应先放电;也不能测额定电流很小的电阻(如灵敏电流计的内阻等)。

⑤ 测直流电流或直流电压时,红表笔应接入电路中高电位一端(或电流总是从红表笔流入电表)。

⑥ 测量电流时,万用电表必须与待测对象串联;测电压时,它必须与待测对象并联。

⑦ 测电流或电压时,手不要接触表笔金属部分,以免触电。

⑧ 绝对不允许用电流挡或欧姆挡去测量电压!

⑨ 试测时应用跃接法,即在表笔接触测试点的同时,注视指针偏转情况,并随时准备在出现意外(指针超过满刻度,指针反偏等)时,迅速将电笔脱离测试点。

⑩ 测量完毕,务必将"转换开关"拨离欧姆挡,应拨到空挡或最大交流电压挡,以保安全。

【数据记录与处理】

用万用表测电阻和二极管

表型	次数	电　阻(Ω)			二极管(Ω)			
					D_1		D_2	
		R_1	R_2	R_3	$R_正$	$R_反$	$R_正$	$R_反$
指针式	1							
数字式	1							

【思考题】

1. 为什么不能用万用电表测电源内阻？

2. 测量电压时，万用电表"转换开关"绝对不能置于电流挡或电阻挡，为什么？

3. 万用表的电压表和电流表的接入方法有什么不同？

4.7 LRC 电路的稳态特性研究

【实验目的】

(1)观察交流信号在 LRC 串联电路中的相频和幅频特性。

(2)掌握用示波器测量相位差的方法。

(3)复习交流电路中的矢量图解法和复数表示法。

【实验仪器】

信号发生器一台、双踪示波器一台、交流毫伏表一台、电阻箱一台、标准电容箱一台、标准电感一台、导线若干。

【实验原理】

1. RC 串联电路的幅频和相频特性

由于交流电路中的电压和电流不仅有大小变化而且有相位差别，因此常用复数及其几何表示——矢量法来研究。利用矢量图解法可以把简谐交流的峰值与矢量的大小相联系，相位或初相位与矢量的方向相联系，它是计算交流电路的一种有用而直观的方法。但是在一些复杂的交流电路中，往往很难画出对应的矢量图。简谐量的复数法可以克服上述的缺点，而且可以得到相应于直流电路的交流欧姆定律和交流基尔霍夫定律的复数形式。对于纯电阻、纯电感和纯电容在交流电路上的作用可以用复阻抗 Z 来表示。

本实验主要研究 RC 和 RL 串联电路中电压值随频率变化的规律（称"幅频特性"），电压与电流间的相位差随频率变化的规律（称

"相频特性")以及 RLC 串联电路的相频特性。

由复电压($\tilde{U}$)和复电流($\tilde{I}$)之比得到的阻抗也是复数即复阻抗(Z)。RC 电路的复阻抗为

$$Z = R - j\frac{1}{\omega C} = \sqrt{R^2 + \left(\frac{1}{\omega C}\right)^2}\, e^{-\frac{1}{\omega CR}j} \tag{1}$$

其中阻抗幅值

$$|Z| = \sqrt{R^2 + \left(\frac{1}{\omega C}\right)^2} \tag{2}$$

由于电阻值和频率无关，电阻两端电压与电流同相位，若用矢量求解法则应以电流为参考矢量，作 U_R、U_C 即其合成的总电压 U 的矢量图，如图 4-7-1(b)所示。

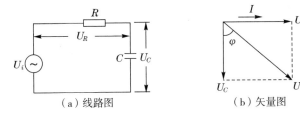

（a）线路图　　　　　　　（b）矢量图

图 4-7-1　RC 串联电路

总电压

$$U = \sqrt{U_R^2 + U_C^2} = I\sqrt{R^2 + \left(\frac{1}{\omega C}\right)^2} \tag{3}$$

U 落后于 I 的相位

$$\varphi = \arctan\frac{1}{\omega CR} \tag{4}$$

R 两端电压

$$U_R = U\cos\varphi = \frac{UR}{\sqrt{R^2 + \left(\frac{1}{\omega C}\right)^2}}$$

$$= \frac{UR\omega C}{\sqrt{1^2 + (\omega RC)^2}} \tag{5}$$

C 两端电压

$$U_C = U\sin\varphi = \frac{U}{\sqrt{1 + (R\omega C)^2}} \tag{6}$$

根据(2)式可画出 $|Z|-\omega$ 曲线,如图 4-7-2(a)所示。当 $\omega \to 0$ 时,$|Z_R|=R$,$|Z_C| \to \infty$,$|Z| \to \infty$;当 $\omega \to \infty$ 时,$|Z| \to R$,$|Z_C|=\dfrac{1}{\omega C} \to 0$,$|Z| \to R$。综上可知:

(1) 总阻抗在低频时趋于 R 值,反映了电容具有"高频短路、低频开路"的性质。

(2) 根据(4)式可画出 $\varphi-\omega$ 曲线,如图 4-7-2(b)所示,φ 表示 RC 串联电路中的总电压落后于电流的相位,φ 随 ω 的增加逐渐趋于零,随 ω 减小而逐渐趋于 $-\dfrac{\pi}{2}$,利用相频特性可组成各种相移电路。

(3) 若总电压 U 保持不变,根据(5),(6)式可画出 U_C、$U_R-\omega$ 曲线,即幅频特性曲线。如图 4-7-2(c)所示。U_C 与 U_R 随 ω 的变化正好相反,由(6)式可知,在低频时总电压要降落在电容器两端,高频时总电压主要降落在电阻两端。利用幅频特性可把各种频率分开,组成各种滤波电路。

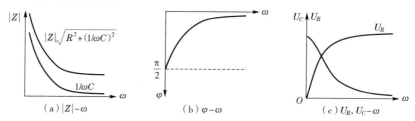

图 4-7-2　RC 串联电路幅频和相频曲线

2. RL 串联电路的幅频特性和相频特性

RL 电路如图 4-7-3(a)所示。

复阻抗

$$Z=R+jL=\sqrt{R^2+(\omega L)^2}\,e^{j\frac{\omega L}{R}} \tag{7}$$

阻抗幅值

$$|Z|=\sqrt{R^2+(\omega L)^2} \tag{8}$$

总电压

$$U=\sqrt{U_R^2+U_L^2}=I\sqrt{R^2+(\omega L)^2}$$

从矢量图解(4-7-3(b)所示)可看出,总电压 U 超前于 I,相位差

$$\varphi = \arctan \frac{\omega L}{R} \tag{9}$$

R 两端电压

$$U_R = U\cos\varphi = \frac{UR}{\sqrt{R^2 + (\omega L)^2}} \tag{10}$$

L 两端电压

$$U_L = U\sin\varphi = \frac{U\omega L}{\sqrt{R^2 + (\omega L)^2}} \tag{11}$$

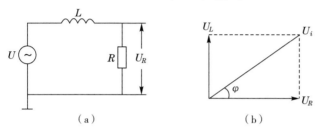

图 4-7-3　RL 串联电路

纵上可知：

（1）RL 串联电路的阻抗随频率增加而增加,反之减小。

（2）根据（9）式,说明总电压的相位始终超前于电流的相位,相位差随频率的增加而逐渐增加,高频时相位差渐近 $+\dfrac{\pi}{2}$。同样利用 RL 的相频特性也可以构成各种相移电路。见图 4-7-4 所示。

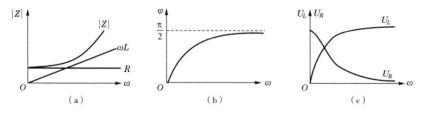

图 4-7-4　RL 串联电路幅频和相频曲线

（3）若总电压维持不变,U_L 与 U_R 随 ω 的变化趋势正好相反,低频时电压主要降落在电阻两端,高频时电压主要降落在电感两端,这说明电感具有"高频开路,低频短路"的性质,利用 RL 幅频特性也可组成各种滤波器。

3. LRC 串联电路的相频特性

LRC 串联电路如图 4-7-5 所示。

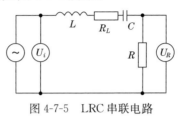

图 4-7-5 LRC 串联电路

复阻抗

$$Z = R + j\left(\omega L - \frac{1}{\omega C}\right) = \sqrt{R^2 + \left(\omega L - \frac{1}{\omega C}\right)^2}\, e^{j\varphi}$$

$$\varphi = \arctan\frac{\omega L - \dfrac{1}{\omega C}}{R} \tag{12}$$

现分下列三种情况讨论：

（1）当 $\omega L = \dfrac{1}{\omega C}$ 时 $\varphi = 0$ ，总电压与电流同相位，电路中阻抗最小，呈纯电阻，此时电路中电流达到最大值，称为"串联谐振频率"

$$f_0 = \frac{1}{2\pi\sqrt{LC}} \tag{13}$$

（2）当 $\omega L - \dfrac{1}{\omega C} > 0$ ，电路呈电感性， $\varphi > 0$ ，表示总电压的相位超前于电流的相位，随 ω 增大 φ 趋于 $\dfrac{\pi}{2}$ 。

（3）当 $\omega L - \dfrac{1}{\omega C} < 0$ ，电路呈电容性， $\varphi < 0$ ，表示总电压的相位落后于电流的相位，随 ω 减小 φ 趋于 $-\dfrac{\pi}{2}$ 。3 种情况矢量图解如图 4-7-6(a)、(b)、(c)所示。

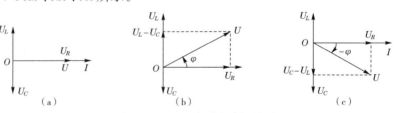

图 4-7-6 LRC 串联电路矢量图

$$\tan\varphi = \frac{\omega L - \dfrac{1}{\omega C}}{R} = \frac{1}{R}\sqrt{\frac{L}{C}}\left(\sqrt{\omega LC} - \frac{1}{\sqrt{\omega LC}}\right)$$

$$= \frac{1}{R}\sqrt{\frac{L}{C}}\left(\frac{\omega}{\omega_0} - \frac{\omega_0}{\omega}\right)$$

而 $Q = \dfrac{1}{R}\sqrt{\dfrac{L}{C}}$,即为 RLC 串联电路的品质因数。则

$$\tan\varphi = Q\left(\frac{\omega}{\omega_0} - \frac{\omega_0}{\omega}\right) = Q\left(\frac{f}{f_0} - \frac{f_0}{f}\right) \tag{14}$$

上式表示,如以 $\left(\dfrac{f}{f_0} - \dfrac{f_0}{f}\right)$ 为自变量 x,以 $\tan\varphi$ 为应变量 y,则函数

$y = Qx$ 为一斜率为 Q 通过原点的直线,而 $\varphi = \arctan\left[Q\left(\dfrac{\omega}{\omega_0} - \dfrac{\omega_0}{\omega}\right)\right]$,

φ 随 $\left(\dfrac{\omega}{\omega_0} - \dfrac{\omega_0}{\omega}\right)$ 的变化曲线如图 4-7-7 所示。

4. 幅频特性的测试方法

这是研究回路电流 I 与 f 的关系。以 RC 串联电路为例,可按如图 4-7-8 所示测量电路。

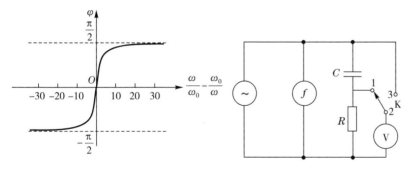

图 4-7-7 LRC 串联电路的相频曲线 图 4-7-8 RC 电路幅频特性测试电路

图中 S 为低频信号发生器,R 为可变电阻箱,C 为可变电容箱,V 为交流毫伏表,K 为单刀双掷开关,f 为数字频率计。

当开关接到"3"时,交流电压表测量 S 的输出电压有效值,调节 S 的输出幅度,保持在各种频率测量时,U 严格恒定。当开关接到 "1"时,交流电压表测量的是 R 两端的电压 U_R。取不同的频率值,U 保持不变,测出各种频率时 U_R 值,并算出 I 值。取 f 为横坐标,I

或 U_R 为纵坐标，就可绘出 RC 电路的电流或电阻两端电压与频率的特性曲线，简称 RC 电路的电流幅频特性曲线。

如果要测 RC 电路中电容两端的电压与频率之间的关系，可将图 4-7-8 中 R 与 C 的位置相互对换进行类似上面的测量。

5. 相频特性的测试方法

这是研究回路电压 U 对回路电流 I 的相位和频率的关系，由于电阻 R 两端电压 U_R 和通过的电流 I 的相位总相同，因而可以用 U_R 代替 I 去和 U 比较相位。

（1）用双踪示波器去比较测量。若要测量 RC 电路中回路电压对回路电流的相位和频率的关系，可按如图 4-7-9 所示的测量线路接线。

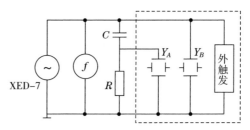

图 3-20-9　U 与 I 的相位差与频率关系测量图

图中虚线框内就是双踪示波器（例如 SBE-20），两个信号输入端 Y_A、Y_B 分别与电阻 R 和信号发生器 S 的输出端相连，此外为了使示波器的水平扫描完全与 Y_A、Y_B 信号同步来测量两信号的相位差，S 输出还与示波器的"外触发"端钮相连，并且将"触发"选择旋钮转到"外"的位置。选择开关是用来对示波器单踪或双踪的工作状态进行选择，当指示"交替"时，表示双踪的工作状态在一个扫描时间内 Y_A 与 Y_B 通过电子交换器，在荧光屏上同时显出两个波形，当指示"断续"时，在一个扫描时间内 Y_A、Y_B 信号分别通过电子交换器 n 次，因此在荧光屏上显示两个断续光点的波形，通常适用于测量低频信号，如图 4-7-10(a)、(b)所示。

调节二波形的水平位置使 x 轴重合，参照图 4-7-10 测量 T 及 Δt 的对应格数 $n(T)$ 及 $n(\Delta t)$，则相位差 $\Delta\varphi$（以弧度为单位）为

$$\Delta\varphi = 2\pi \cdot n(\Delta t)/n(T)$$

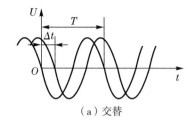

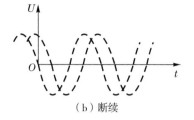

（a）交替　　　　　　　　　（b）断续

图 4-7-10　双波形测量相位差

　　根据上面的方法,可选不同频率的正弦波输出,得到对应的相位差;同样的频率 f 为横坐标,相位差 $\Delta\varphi$ 为纵坐标,就可画出 RC 电路的电流与外加电压 U 之间相位差和频率的关系曲线,简称相频曲线。

　　如果将图 4-7-9 所示中的电容器改用电感线圈 L,就可用来测量 RL 电路的相频特性。如果在 C 和 R 中间再串一只线圈 L,就可用来测量 RLC 电路的相频特性,这里指的相频是总电压和电路中的电流之间的相位差和频率的关系。

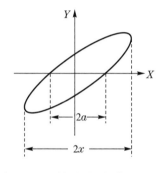

图 4-7-11　椭圆测量相位差

　　（2）用通用示波器去比较测量。将 U_R 和 U 分别接到示波器的 X、Y 输入端,X 选择调离扫描挡,则显示如图4-7-11的椭圆,参照此图测量 $2a$ 和 $2x$ 对应的格数 n_a、n_x,则相位差

$$\Delta\varphi = \arcsin\left(\frac{n_x}{n_a}\right) \tag{15}$$

测量不同频率的 $\Delta\varphi$ 值,作 $\Delta\varphi - f$ 曲线。

　　注意　信号发生器输出端必须正确接线,图 4-7-12 所示画出了各端钮图。按照安全用电规则,发生器的外壳要接地。如果将输出端钮 A、C 或 B 的任一"接地",则其他两端对地的输出波形如图4-7-13所示;如果输出端钮中,没有一个端钮接地,则各输出端对地没有信号输出。

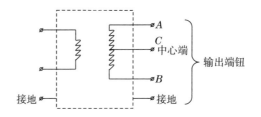

图 4-7-12　信号发生器接线端

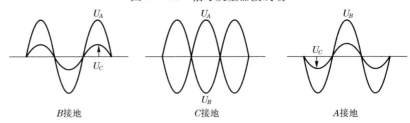

图 4-7-13　不同接地的输出波形

【实验方法与步骤】

1. RC 串联电路幅频特性测定

参照图 4-7-8 的电路，取 $R=500.0\ \Omega$，$C=0.5000\ \mu\text{F}$，在测量不同 f 的 U_R 时，必须使 U 值保持恒定（例如取 $U=1.00\ \text{V}$），频率 f 从 100 Hz 到 1500 Hz 之间变化 10 种。作 I—f 幅频特性或 U_R—f 曲线，按照同样方法测量和描绘 U_C—f 特性曲线。

2. 计算相对偏差

选取 $f=1000\ \text{Hz}$ 所测得的 U_R、U_C 值，根据矢量图解法计算 U 和 φ 值，并与实验值加以比较。

3. RC 串联电路的相频特性的测定

参照图 4-7-9 的电路，取 $R=500.0\ \Omega$，$C=0.5000\ \mu\text{F}$，频率在 $100\sim1500\ \text{Hz}$ 间改变 10 种，测出各频率对应的相位差 $\Delta\varphi$ 值，作 $\Delta\varphi$—f 相频特性曲线。

＊4. RL 串联电路的扶频特性的测定

测量 U_L—f 特性曲线，取 $L=0.01\ \text{H}$，$R=500.0\ \Omega$，电路自行设计。

5. RLC 串联电路相频特性的测定

参照图 4-7-9 所示在电容器 C 的下面串接一线圈。使 RLC 串

联电路的谐振频率 $f=2000$ Hz,根据实验室提供的线圈 L 值(例如, $L=0.01$ H),计算出相应电容器 C 之值。取 $R=500.0$ Ω,测出 U_R 与 $U_总$ 之间的相位差为零时所对应的频率,即为谐振频率(重复测几次)。将测得的谐振频率值与理论值相比较计算其相对偏差。为了考查相频特性可从 f_0 向两侧扩展频率去测量,每侧有 5 个以上数据,所得 $\Delta\varphi$ 值尽量达到 $-50°\sim+50°$。注意,凡是 $U_总$ 超前 U_R, $\Delta\varphi$ 取"$+$",相反则取"$-$"。根据测量值以 $\left(\dfrac{f}{f_0}-\dfrac{f_0}{f}\right)$ 为自变量 x ,作 $\Delta\varphi-\left(\dfrac{f}{f_0}-\dfrac{f_0}{f}\right)$ 曲线图。

4.8　滑线变阻器在电路中的应用

【实验目的】

(1)研究滑线式变阻器的有关参数。

(2)学会设计简单的控制电路——根据对电路控制和调整的要求,正确选择滑线式变阻器,以及它在电路中的连接方法。

【实验仪器】

请自行提出所需的仪器设备和规格。

【实验原理】

变阻器在电路中的应用十分广泛,要控制电路中电压和电流连续的变化,都要使用变阻器,尤其是滑线式变阻器,它可以控制电路中的电压和电流连续的变化。因此,对于滑线式变阻器在电路中的不同接法和特点应有一个全面的了解,以充分实现对电路的控制。

从研究的角度来看,一个实验电路一般可分为电源、控制电路和测量电路三部分。测量电路是事先根据实验方法确定好的,例如要用比较法校准某一安培表,先要选好一个标准安培表,使它和待校表串联,这就是测量电路。测量电路既已确定,总是可以把它抽

象地用一个电阻 R 来代替,称为负载。根据负载所要求的电压值 U 和电流值 I,就可以选定电源,一般电学实验对于电源并不苛求(本节中不计电源内阻),只要选择电源的电动势 E 略大于 U,电源的额定电流大于工作电流 I 即可。

负载和电源都确定后,就可以安排控制电路,使负载能获得所需要的各个不同的电压和电流值。一般来说,控制电路有限流和分压两种最基本的接法。两种接法的性能和特点可由调节范围、特性曲线和细调程度来表征。

滑线变阻器是实验电路的组成部分,它的选用的适当与否,直接影响到整个实验。在选用滑线变阻器的时候,既要考虑到变阻器的额定电流和额定电压,也要考虑到实验时便于调节和读取数据的原则,同时还要从减小系统误差的角度来选择一个适合实验的滑线变阻器。

【实验内容】

利用半偏法测量一电流表的内阻。

(1)写出测量原理,设计测量电路,并画出测量电路图。阐述滑线变阻器的接法及依据。

(2)根据实验室给定的仪器,定出要选用的滑线变阻器的阻值范围,以此选择适当的滑线变阻器。

(3)列出测量步骤。

(4)写出计算公式,测量出给定电流表的内阻。

【附录】

滑线电阻器的构造和用法

滑线变阻器常用来控制电路中的电流和电压。电阻丝密绕在绝缘瓷管上,两端分别与固定在瓷管上的接线柱 A、B 相连,电阻丝上涂有绝缘漆,使圈与圈之间相互绝缘。瓷管上方装有一根与瓷管平行的金属杆,一端连有接线柱 C。金属杆上套有滑动接触器 D,它紧压在电阻丝圈上。接触器与电阻丝圈接触处的绝缘层已被刮掉,所以,接触器沿金属杆滑动,就可以改变 AC 或 BC 间的电阻值。

图 4-8-1 所示为滑线变阻器在
电路中的符号。其主要规格有：

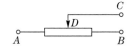

图 4-8-1　滑线变阻器的电路符号

全电阻：AB 接线柱间的电
阻值。

额定电流：变阻器允许通过的最大电流。

电阻器的总阻值（AB 之间的阻值）和额定电流值都在标牌上
标出。

滑线变阻器在电磁学实验中常用作限流和分压之用，它们的接
线如下：

1. 分压电路

分压电路是电学实验中最常用的基本调节电路，如图 4-8-2(a)
所示。滑线变阻器 R_V 的固定接头与电源 E 组成闭合回路，R_V 两端
的电压降便等于电源电压，分出电压 V_{AC} 值由电阻器 R_V 的滑动头 C
所在的位置决定。当 C 由 A 点逐渐滑动至 B 点时，V_{AC} 的值就由零
值逐渐增至 V_{AB} 值。

分压电路的使用规则：

（1）接通电源前，分压器的滑动头应滑在分出电压为 0 的位置，
即 C 滑至 A 端。

（2）关断电源前，分压器的滑动头应滑回分出电压为 0 的位置。
只有这样，才能减少危险事故的发生。

若用一个滑线变阻器组成的分压器细调有困难，可用两个阻值
不同的变阻器组成串联分压电路如图 4-8-2(b)所示。也可以组成二
次分压电路如图 4-8-2(c)所示。一般取 $R_{v1} \approx 10R_{v2}$

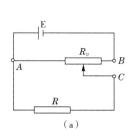
（a）

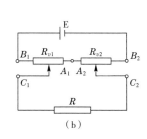
（b）

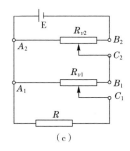
（c）

图 4-8-2　几种分压电路

2. 限流电路

图 4-8-3(a)所示中，R_0 为滑线变阻器的总电阻，R_{AC} 为串入电路的电阻，R 为负载电阻。由图可知，要增大电流，必须将滑线触头向左移动；反之，要减小电流，则须将滑线触头向右面移动。

如果要求能精确地调出电流的微小变化，可取两个阻值一大一小的变阻器串联在电路中，如图 4-8-3(b)所示。阻值大的变阻器作粗调，阻值小的变阻器作细调，一般使 $R_{02} \approx \frac{1}{10}R_{01}$。

一般来说，输出电压 U 随 X 作非线性变化。当 $R > 10R_v$ 时，U 与 X 便可看作线性关系，但 R_v 太小时，消耗的功率大，一般要求 $R > 2R_v$。

总之，在进行电磁学实验应用滑线变阻器时，若负载电阻比较大，调节范围比较宽，一般采用分压电路比较适宜；若负载电阻比较小，调节范围比较小则以采用限流电路较省电和方便。

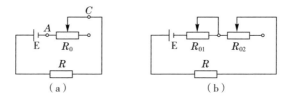

图 4-8-3　两种限流电路

4.9　迈克尔逊干涉仪测空气折射率

【实验目的】

(1)熟悉迈克尔逊干涉仪的结构，并了解迈克尔逊干涉仪在实际中的应用。

(2)利用迈克尔逊干涉仪测空气折射率。

【实验仪器】

SGM-1 迈克尔逊干涉仪，空气柱，气囊，气压表。

【实验原理】

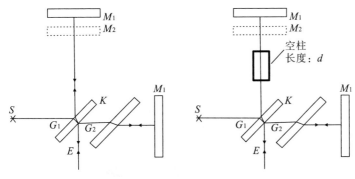

图 4-9-1　迈克尔逊光路图　　图 4-9-2　加入空气柱后光路图

比较加入空气柱前后的光路图,即图 4-9-1、图 4-9-2 所示。加入空气柱后由 M_2 反射的那束光的光程发生了改变。改变的光程差为:

$$\delta = 2dn - 2d = 2d(n-1) \tag{1}$$

式中 d 为空气柱长度,n 为空气的折射率。

空气的折射率与压强有关,当压强改变 Δp 时折射率改变为 Δn ,满足

$$\Delta n = \frac{n-1}{p} \frac{\Delta p}{(1+at)} \tag{2}$$

式中,n 为空气折射率,p 为空气压强,a 为空气膨胀系数,t 为室温,单位为摄氏度。

当压强改变 Δp 引起折射率的改变 Δn 使得条纹级数也发生改变,会有 N 个条纹的变化,满足

$$N = \frac{2\Delta n \cdot d}{\lambda} \tag{3}$$

由以上三式可得空气折射率为:

$$n = 1 + \frac{N\lambda(1+at)p}{2d \cdot \Delta p} \tag{4}$$

当测得 Δp 、p 和 N 时可利用公式(4)求出折射率 n 。

【实验内容与步骤】

1. 迈克尔逊干涉仪的调节

按实验二十三调节仪器,直至观察屏上出现清晰的圆形干涉条纹。

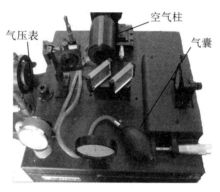

图 4-9-3

2. 安装空气柱

按图 4-9-3 放置空气柱,调节高度和方向使得由 M_2 反射的光通过空气柱,调节完毕后固定空气柱。此时观察干涉条纹,一般情况下条纹会变形,请调节 M_2 使得干涉条纹较为理想。

3. 增加空气柱压强

打开气囊控制旋钮,挤压气囊并注意观察气压表,当气压达到 260 mmHg 时,锁紧气囊旋钮,待气压稳定时记录气压值。

4. 缓慢减小空气柱气压

缓慢旋转气囊控制旋钮,使得空气柱内压强缓慢降低,并观察干涉条纹的变化。当条纹改变 4 级时,迅速锁紧气囊控制旋钮,并记录下此时气压值。

5. 重复步骤 3、4

共测量 10 次,利用(4)式计算空气折射率,并计算误差。

注意事项

①增加气压时,切记不要超过气压表的允许值范围。

②降压时要缓慢。

【数据记录与处理】

温度 $t=$ ℃ 空气柱长度 $d=$ 条纹改变级数 $N=4$					
空气膨胀系数 $a=1/273=0.00367$ 波长 $\lambda=632.8$ nm					
压强单位:mmHg					
次序	p	Δp	次序	p	Δp
1			6		
2			7		
3			8		
4			9		
5			10		

利用公式 4 计算 n 及 Δn。

【思考题】

1.加入空气柱后为什么干涉条纹会变形?

2.如何设计测空气压强实验?

4.10 密立根油滴实验

密立根油滴实验在近代物理学发展史上是一个十分重要的实验,它证明了电荷的不连续性,并精确地测得了基本电荷的电量。密立根油滴实验设计巧妙、方法简便、结果准确,是一个著名的有启发性的实验。

【实验目的】

(1)理解密立根油滴实验测量基本电荷的原理和方法。

(2)测量基本电荷的电量,并验证电荷的不连续性。

【实验仪器】

OM98CCD 微机密立根油滴实验仪。

【实验原理】

一质量为 m、带电量为 q 的油滴处于相距为 d 的二平行极板间,当平行极板未加电压时,在忽略空气浮力的情况下,油滴将受重力作用加速下降,由于空气黏滞阻力与油滴运动速度 v 成正比,油滴将受到黏滞阻力作用;又因空气的悬浮和表面张力作用,油滴总是呈小球状。根据斯托克斯定理黏滞阻力可表示为

$$f_r = 6\pi a \eta v$$

式中 a 为油滴半径,η 为空气的黏滞系数。

当黏滞阻力与重力平衡时,油滴将以极限速度 v_d 匀速下降,如图 4-10-1 所示,于是有

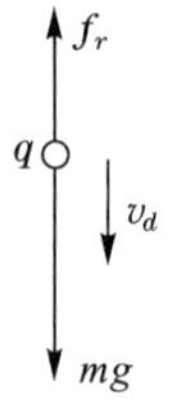

$$6\pi a \eta v_d = mg \tag{1}$$

图 4-10-1   油滴受力图

油滴喷入油雾室,因与喷嘴摩擦,一般会带有 n 个基本电荷,则其带电量 $q = ne(n = 1, 2, 3, \cdots)$,当在平行极板上加上电压 U 时,带电油滴处在静电场中,受到静电场力 qE。当静电场力与重力方向相反且使油滴加速上升时,油滴将受到向下的黏滞阻力。随着上升速度的增加,黏滞阻力也增加。一旦黏滞阻力、重力与静电力平衡时,油滴将以极限速度 v_u 匀速上升,如图 4-10-2 所示。因此有

$$mg + 6\pi a \eta v_u = qE = q\frac{U}{d} \tag{2}$$

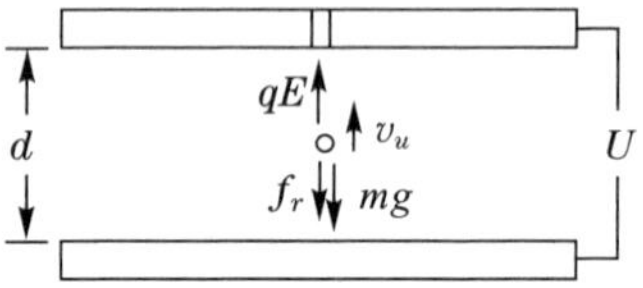

由式(1)及式(2)可得

图 4-10-2   极板间油滴受力图

$$q = mg\frac{d}{U}\left(\frac{v_d + v_u}{v_d}\right) \tag{3}$$

设油滴密度为 ρ,其质量为

$$m = \frac{4}{3}\rho\pi a^3 \tag{4}$$

由式(1)、(4),得油滴半径

$$a = \left(\frac{9\eta v_d}{2\rho g}\right)^{\frac{1}{2}} \tag{5}$$

考虑到油滴非常小,空气已经不能看作连续媒质,所以其黏滞系数应修正为

$$\eta' = \frac{\eta}{1 + b/pa} \tag{6}$$

其中，b 为修正常数；p 为空气压强；a 因处于修正项中，不需要十分精确，按式(5)计算即可。

实验中使油滴上升和下降的距离均为 l，分别测出油滴匀速上升时间 t_u 和下降时间 t_d，则有

$$v_u = \frac{l}{t_u}, \qquad v_d = \frac{l}{t_d} \tag{7}$$

将(4)、(5)、(6)、(7)式代入(3)式，可得

$$q = \frac{18\pi}{\sqrt{2\rho g}} \left[\frac{\eta l}{1 + \frac{b}{pa}} \right]^{\frac{3}{2}} \cdot \frac{d}{U} \left(\frac{1}{t_u} + \frac{1}{t_d} \right) \left(\frac{1}{t_d} \right)^{\frac{1}{2}}$$

令

$$K = \frac{18\pi d}{\sqrt{2\rho g}} \left[\frac{\eta l}{1 + \frac{b}{pa}} \right]^{\frac{3}{2}}$$

所以

$$q = \frac{K}{U} \left(\frac{1}{t_u} + \frac{1}{t_d} \right) \left(\frac{1}{t_d} \right)^{\frac{1}{2}} \tag{8}$$

(8)式是动态法测量油滴电荷的公式。

下面，我们来推导静态法测量油滴电荷的公式，当调节平行板间电压使油滴不动时，$v_u = 0$，即 $t_u \to \infty$。由(8)式可得

$$q = \frac{K}{U} \left(\frac{1}{t_d} \right)^{\frac{3}{2}} = \frac{18\pi}{\sqrt{2\rho g}} \left[\frac{\eta l}{t_d \left(1 + \frac{b}{pa} \right)} \right]^{\frac{3}{2}} \frac{d}{U} \tag{9}$$

(9)式是静态法测量油滴电荷的实验公式。为了求得电子电荷，需测几个油滴的带电量 q，求其最大公约数，该最大公约数就是电子电荷 e 的值。

值得说明的是，由于空气黏滞阻力的存在，油滴先经一段变速运动后再进入匀速运动。但变速运动的时间非常短(小于 0.01s)，与仪器计时器精度相当，所以实验中可认为油滴自静止开始运动就是匀速运动。运动的油滴突然加上原平衡电压时，将立即静止下来。

公式中有关参数的推荐值

$b(\text{m} \cdot \text{Pa})$	$d(\text{m})$	$l(\text{m})(6\ 格)$	$g(\text{m} \cdot \text{s}^{-2})$	$p(\text{Pa})$	$\eta(\text{kg} \cdot \text{m}^{-1} \cdot \text{s}^{-1})$
8.22×10^{-3}	5.00×10^{-3} (6.00×10^{-3})	1.50×10^{-3}	9.794	1.013×10^5	1.83×10^{-5}

上海产中华牌 701 型钟表油密度随温度变化值

温度 t （℃）	0	10	20	30	40
密度 $\rho(\text{kg} \cdot \text{m}^{-3})$	991	986	981	976	971

【实验内容与步骤】

1. 实验前准备

（1）将油滴仪面板上最左边的视频电缆线接至监视器背后的 INPUT 插孔上。

（2）将监视器阻抗选择开关拨在 75 Ω 处，电源线接至 220 V 市电。

（3）调节仪器底座的三只调平螺丝，使面板上水准仪的气泡居中。将显微镜物镜伸入摄像孔（如图 5-26-3 所示），镜筒前端调至与底座前端对齐。

（4）打开 OM98CCD 油滴仪和监视器电源，在监视器屏幕上会出现"OM98CCD 微机密立根油滴仪，南京大学 025－3613625"字样，5s 后显示标准分划刻度及电压(V)、时间(s)值。

2. 测量练习

练习选择适当油滴，控制、观察油滴运动情况，测量油滴运动时间。

（1）喷雾练习：将喷雾器喷嘴伸进油滴盒侧面的喷雾口"9"内，按捏橡皮囊（2～3 次即可），使油雾喷入油雾室。

（2）油滴选择：选择大小合适的油滴是本实验的关键。大而亮的油滴质量大、带电多，但速度快、难控制，因而测量误差大。太小的油滴观察困难，布朗运动明显，测量误差也大。具体选择方法是：

① 喷油后，微调显微镜调焦手轮，使屏幕上显示清晰的油滴

图像。

② 将极性开关 K_1 置于任意一极（通常置于"＋"极），调压开关 K_2 扳向"提升"和"0 V"时，能够控制其上下运动的油滴，选一颗作为测量对象。

（3）调节平衡：将 K_2 扳向"提升"将油滴上移至某一行刻度线上再扳向"平衡"，仔细调节旋钮 W 使油滴达到平衡，经一段时间观察，油滴确实不再移动了，才能认为是平衡了。

（4）计时练习：要测准油滴上升或下降某段距离所需时间，一是要统一油滴到达刻度线什么位置才认为油滴已经踏线，二是观察时眼睛要平视刻度线。油滴下落距离选取 6 格（1.5 mm）为宜，可通过 K_2 扳向"0 V"和"平衡"来决定计时的开始与停止。

3. 正式测量

实验方法有静态平衡测量法、动态测量法和同一油滴改变电荷法，后一种方式需要另备射线源。本实验只要求用静态平衡法测量，平衡测量法的具体步骤是：

（1）通过电压调节开关 K_2 将已经调平衡的油滴移动到选择好的"起跑"线上。

（2）按动"计时/停"开关 K_3，使计时器处于停止计时状态。

（3）将 K_2 拨向"0 V"，油滴开始匀速下降，此时与开关 K_2 联动的计时器开始计时。

（4）等到油滴到达选定的"终点线"时，迅速将 K_2 拨向"平衡"，油滴立即静止，计时也自动停止。从屏幕上记下油滴运动时间 t_d、相应的平衡电压 U 以及运动距离 l 等数据。

对同一油滴重复上述步骤测量 6～10 次。每次测量都应检查和调整平衡电压，以减少因油滴挥发引起平衡电压变化而产生的系统误差。

选择 5～10 颗油滴进行测量，求得每颗油滴所带电量的平均值 $\bar{q}$。

注意事项

本实验仪器较精密，要求实验者一定要看懂实验原理，明确实

247

验步骤，精心操作。未经指导教师同意，不得擅自拆卸油雾室和拨动电极压簧。现将有关仪器使用和维护的注意事项说明如下：

① 油雾喷雾器的油壶不可装油太满，否则喷出的是油注，而不是油雾。长期不做实验时应将油液倒出，并将气囊与金属件分离保管好，以延长使用寿命。

② 若显示屏上看不到油滴（油滴盒中没有油滴），有可能上电极"4"中心小孔堵塞，需进行清理。

③ 如开机后屏幕上的字很乱或重叠，先关闭油滴仪电源，过一会开机即可。如发现刻度线上下抖动，可打开屏幕下边的小盒盖，微调左起第二旋钮可以消除抖动。

④ 实验过程中极性开关 K_1 拨向任一极性后一般不要再动，使用最频繁的是电压调节开关 K_2、平衡调节旋钮 W 以及"计时/停"开关，操作一定要轻而稳，以保证油滴的正常运动。如在使用过程中发现高压突然消失，只需关闭油滴仪电源半分钟后再开机就可恢复正常。

⑤ 油的密度与温度有关，实验中应注意根据不同温度从表 2 中选取相应值。其他数据可从表 1 中选取，其中极板间距 d 值由所用实验仪器决定。在用计算机处理数据时，应将软件程序相关参数正确设置。

【数据记录与处理】

由于每颗油滴所带的基本电荷（e）的个数（n）不同，实验求得的带电量 q 也不同，直接求最大公约数很不方便，这里用"反向验证法"来计算，即将基本电荷的理论值 $e=1.602\times10^{-19}$C 去除每颗油滴的带电量 $\bar{q}$，把得到的商四舍五入取整作为油滴所带基本电荷的个数 n，再把电量 $\bar{q}$ 除以 n 求得基本电荷 e 的值。实验结果误差很小，证明了电荷的不连续性。

以上计算过程，可在实验室计算机备用的专用数据处理软件上进行。

【思考题】

1. 为了准确测量油滴下落速度 v_d，油滴仪采取了什么措施？

2. 测得各油滴电荷 q 求最大公约数,用了什么简化方法?

3. 实验中,油滴在水平方向运动甚至消失的原因是什么?

【附录】

OM98CCD 微机密立根油滴实验仪

OM98CCD 微机密立根油滴实验仪主要由油滴盒、CCD 电视显微镜、电路箱和 22 cm 监视器等组成。

油滴盒结构如图 4-10-3 所示,喷雾器的喷嘴伸入喷雾口"9",喷出的油雾分布在油雾室"1"中,有少部分油滴从下部油雾孔"10"垂直下落,并经过上电极"4"中心小孔进入油滴盒"5",CCD 电视显微镜从摄像孔"13"将其摄下,并输入显示器,供我们观察测量。

电路箱面板结构如图 4-10-4 所示,电路箱内装有高压电源以及测量显示等电路,底部的三个调平螺丝用以调节箱体的水平,水平状态由面板上的水准仪显示。极板间电压调节开关 K_2 分"提升"、"平衡"、"0 V"三挡。当 K_2 置于"平衡"挡时,可由旋钮 W 调节平衡电压;当 K_2 置于"提升"挡时,板间电压自动在平衡电压基础上增加 $200\sim300$ V 的提升电压;当 K_2 置于"0 V"挡时,板间电压为 0 V。为了提高测量精度,油滴仪将 K_2 的"平衡"、"0 V"挡与"计时/停"开关联动,在计时停止情况下,当 K_2 由"平衡"扳向"0 V"时,油滴开始匀速下落,计时也同时开始;待油滴落到预定位置时,迅速将 K_2 由"0 V"扳向"平衡",油滴停止下落,计时也随之停止。

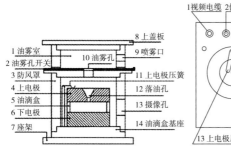

图 4-10-3　油滴盒结构图

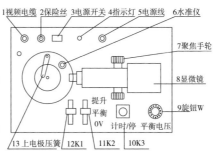

图 4-10-4　电路箱面板图

CCD 电视显微镜由 CCD 摄像镜头和显微镜组成,微调显微镜的聚焦手轮可以在监视器屏幕上得到清晰的油滴像。

监视器是一个 22 cm 的电视显示器,屏幕下方有一个小盒,轻轻压一下盒盖就会露出四个调节旋钮,从左至右分别是行频、帧频、亮度、对比度调节。屏幕上可以分别显示两幅分划板刻度,它们是由测量显示电路产生,并与 CCD 摄像镜头的行扫描严格同步。用于密立根油滴实验的标准分划刻度为三列八行的网格,每行格值为 0.25 mm(另一幅网格更细的分划板则是用来观察油滴的布朗运动的,按住"计时/停"开关 5s 后可以实现两种分划板间的切换)。监视器屏幕的右上角显示的数据分别是加在平行极板间的电压值和油滴运动时间,油滴下落的行格数乘以格值则为油滴运动的距离。

4.11　夫兰克—赫兹实验

1913 年丹麦物理学家玻尔(N·Bohr)提出并建立了玻尔原子模型理论,认为有原子能级存在。原子能级的存在除了可以用光谱方法进行证明外,还可以用慢电子轰击稀薄气体原子的方法证明。1914 年德国物理学家夫兰克(J·Franck)和赫兹(G·Hertz)进行了用慢电子与稀薄气体原子碰撞的实验,测定了汞的第一激发电位,从而证明了原子分立态的存在。后来他们又观测了实验中被激发的原子回到正常态时所辐射的光,测出的辐射光的频率很好地满足了玻尔假设中的频率定则。夫兰克—赫兹实验的结果为玻尔的原子模型理论提供了直接证据。

玻尔因其原子模型理论获 1922 年诺贝尔物理学奖,而夫兰克与赫兹的实验也于 1925 年获此大奖。夫兰克—赫兹(F—H)实验与玻尔理论在物理学的发展史中起到了重要的作用。

【实验目的】

(1)了解夫兰克—赫兹实验的原理和方法。

(2)测定氩原子的第一激发电位。

(3)证实原子能级的存在,加深对原子结构的了解。

【实验仪器】

夫兰克—赫兹实验装置。

【实验原理】

1. 玻尔的原子理论

玻尔的原子理论指出：

(1) 原子只能较长久地停留在一些稳定状态(简称为"定态")。原子在这些状态时,不发射或吸收能量;各定态有一定的能量,其数值是彼此分隔的。原子的能量不论通过什么方式改变,只能使原子从一个定态跃迁到另一个定态。

(2) 原子从一个定态跃迁到另一个定态发射或吸收辐射时,辐射频率是一定的。如果用 E_m 和 E_n 分别代表有关两定态的能量的话,辐射的频率 ν 决定于如下关系

$$h\nu = E_m - E_n \tag{1}$$

式中,普朗克常数 $h = 6.63 \times 10^{-34} \text{J} \cdot \text{s}$。

原子状态的改变可以通过原子与其他粒子发生碰撞而交换能量来实现。本实验就是利用具有一定能量的电子与氩原子碰撞进行能量交换来实现氩原子状态改变的。

在正常的情况下原子所处的定态是能量最低的状态,称"基态",其能量为 E_1。当原子以某种形式获得能量时,它可由基态跃迁到能量较高的状态。能量较高的状态称"激发态",能量最低的激发态称"第一激发态",其能量用 E_2 表示。从基态跃迁到第一激发态所需的能量称为"临界能量",数值上等于 $E_2 - E_1$。

当电子与原子碰撞时,如果电子的能量小于临界能量,电子和原子只能发生弹性碰撞,几乎不发生能量交换;当电子的能量等于或大于临界能量时,则发生非弹性碰撞,实现能量交换。此时电子给予原子跃迁到第一激发态时所需的能量,其余能量仍为电子保留。

设初速度为 0 的电子 e 在电位差为 U_0 的加速电场作用下,获得能量 eU_0。当具有这种能量的电子与氩原子发生碰撞且氩原子吸收

从电子传递来的能量恰好为

$$eU_0 = E_2 - E_1 \tag{2}$$

时,氩原子就会从基态跃迁到第一激发态,而相应的电位差称为氩的"第一激发电位"(或称为"中肯电位")。测定出这个电位差U_0,就可以根据(2)式求出氩原子的基态和第一激发态之间的能量差了。

2. 夫兰克—赫兹实验原理

夫兰克—赫兹实验原理图如图 4-11-1 所示。其中第一栅极 G_1 的作用主要是消除空间电荷对阴极电子发射的影响,提高发射效率,其与阴极之间的电压由 U_{G_1K} 来提供。在充氩的夫兰克—赫兹管中,电子从热阴极发出,阴极 K 和第二栅极 G_2 之间的加速电压 U_{G_2K} 使电子加速,在板极 A 和栅极 G_2 之间加有反向拒斥电压 U_{G_2A}。当电子通过 KG_2 空间进入 G_2A 空间时,如果其能量较大(大于或等于 eU_{G_2A}),就能冲过反向拒斥电场而达到板极 A 形成板极电流 I_A,由微电流计检出。如果电子在 KG_2 空间与氩原子碰撞,把自己一部分能量给了氩原子而使后者激发的话,电子本身所剩余的能量很小,以致通过栅极后已不足以克服拒斥电场而被斥回到栅极,这时通过微电流计的电流 I_A 将显著减小。其值的大小反映了到达板极 A 的电子数。实验中,保持 U_{G_2A} 和 U_{G_1K} 不变,直接测量板极电流 I_A 随加速电压 U_{G_2K} 变化的关系。

当加速电压刚刚开始升高时,由于电压较低,电子的能量较小,电子与原子发生弹性碰撞,穿过第二栅极的电子所形成的板流 I_A 将随加速电压 U_{G_2K} 的增加而增大,如图 4-11-2 所示的 oa 段,当加速电压 U_{G_2K} 达到氩原子的第一激发电位 U_0 时,电子在第二栅极附近与氩原子相碰撞,将自己从加速电场中获得的全部能量交给后者,并且使后者从基态激发到第一激发态。而电子本身由于把全部能量交给了氩原子,即使穿过了第二栅极也不能克服反向拒斥电场而被折回第二栅极(被筛选掉),所以板极电流 I_A 将显著减小(图 4-11-2 所示 ab 段)。

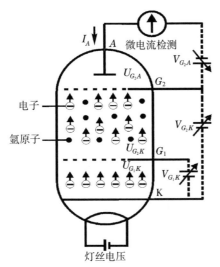

图 4-11-1　夫兰克赫兹原理图

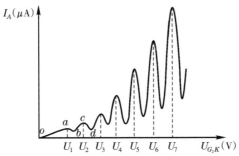

图 4-11-2　夫兰克—赫兹管 $I_A \sim U_{G_2K}$ 曲线

随着第二栅极电压的增加,电子的能量也随之增加,在与氩原子相碰撞后还留下足够的能量,可以克服反向拒斥电场而达到板极 A,这时电流又开始上升(bc 段)。直到加速电压是二倍氩原子的第一激发电位时,电子在 KG_2 间又会二次碰撞而失去能量,因而又会造成第二次板极电流的下降(cd 段),同理,凡在

$$U_{G_2K} = nU_0 \qquad (n = 1, 2, 3, \cdots) \tag{3}$$

的地方板极电流 I_A 都会相应下跌,形成规则起伏变化的 $I_A \sim U_{G_2K}$ 曲线。而各次板极电流 I_A 下降相对应的阴、栅极电压差 $U_{n+1} - U_n$ 应该是氩原子的第一激发电位 U_0。

【实验内容与步骤】

通过 I_A—U_{G_2K} 曲线,观察原子能量量子化情况,并求出氩原子的第一激发电位。

(1)将面板上的四对插座(灯丝电压,第二栅压 U_{G_2K} ,第一栅压 U_{G_1K} ,拒斥电压 U_{G_2A})按面板上的接线图与电子管测试架上的相应插座用专用连接线连好。微电流检测器已在内部连好。

注意　各对插线应一一对号入座,切不可插错! 否则会损坏电子管或仪器。将仪器的"信号输出"与示波器的"CH1 输入(X)"相连;仪器的"同步输出"与示波器的"外接输入"相连。

(2)打开仪器电源和示波器电源。

(3)"自动/手动"挡开机时位于"手动"位置,此时"手动"灯点亮。

(4)四挡电流挡: 10^{-9} A, 10^{-8} A, 10^{-7} A 和 10^{-6} A,开机时位于"10^{-9} A"位置不变。

(5)按电子管测试架铭牌上给出的灯丝电压值、第一栅压 U_{G_1K} 、拒斥电压 U_{G_2A} 、 I_A 电流值预置相应值。按下相应电压键,指示灯点亮,按下"∧"键或"∨"键,更改预置值,若按下"<"键或">"键,可更改预置值的位数,向前或向后移动一位。

(6)电子管的加载。同时按下"set"键和">"键,则灯丝电压、第一栅压、第二栅压和拒斥电压等四组电压按预置值加载到电子管上,此时"加载"指示灯亮。

注意　只有四组电压都加载时,此灯才常亮。

(7)四组电压都加载后,预热 10 min 以上方可进行实验。

(8)按下"自动/手动"键,此时"自动"灯点亮。此时仪器进入自动测量状态。

(9)在自动测量状态下,第二栅压从 0 开始变到 85 V 结束,期间要注意观察示波器曲线峰值位置,并记录相应的第二栅压值。

(10)自动状态测量结束后,按"自动/手动"键到"手动"状态,等待 5 min后进行手动测量。

(11)改变第二栅压从 0 开始变到 85 V 结束,要求每改变 1 V 记录相应 I_A 和 U_{G_2K} 值。注意:在示波器所观察的曲线峰值位置附近每 0.2 V 记录相应 I_A 和 U_{G_2K} 值,不少于 10 个点。

(12)实验完毕后,同时按下"set"键+"<"键,"加载"指示灯熄灭,使四组电压卸载。

(13)关闭仪器电源和示波器电源。

【数据记录与处理】

用坐标纸作出 I_A—U_{G_2K} 曲线,确定出 I_A 极大时所对应的加速电压 U_{G_2K} ,求出氩的第一激发电位 U_0 。

【思考题】

1. I_A—U_{G_2K} 曲线电流下降并不十分陡峭,且其峰有一定的宽度,主要原因是什么?

2. I_A 的谷值并不为零,而且谷值依次沿 U_{G_2K} 轴升高,如何解释?

3. 第一峰值所对应的电压是否等于第一激发电位?原因是什么?

4.12   氢原子光谱的测定

【实验目的】

(1)学习识谱和谱线测量等基本光谱实验技术。
(2)掌握摄谱仪的工作原理和使用方法。

【实验仪器】

摄谱仪,交流电弧火花发生器,氢放电管,光谱投影仪和铁谱图,阿贝比长仪。

【实验原理】

氢原子光谱是最简单、最典型的原子光谱。用电激发氢放电管中的稀薄氢气,便可获得线状的氢原子光谱,这些谱线的波长显示出简单的规律性。1885 年,巴尔末根据实验结果给出一个经验公式

$$\lambda_H = \lambda_0 \frac{n^2}{n^2 - 2^2} \tag{1}$$

式中，$n = 3,4,5,\cdots$，$\lambda_0 = 364.57$ nm 是经验常量，一般称这些氢谱线为"巴尔末线系"，用波数表示，可写成

$$\tilde{\nu}_H = \frac{1}{\lambda_H} = \frac{1}{\lambda_0}\left(\frac{n^2-2^2}{n^2}\right) = R_H\left(\frac{1}{2^2} - \frac{1}{n^2}\right) \tag{2}$$

式中，R_H 称为氢的"里德伯常量"。

根据玻尔氢原子理论，得到氢原子光谱巴尔末线系的理论公式为

$$\tilde{\nu} = \frac{1}{(4\pi\varepsilon_0)^2}\frac{2\pi^2 m_e e^4}{h^3 c\left(1+\frac{m_e}{M}\right)}\left(\frac{1}{2^2} - \frac{1}{n^2}\right) \tag{3}$$

比较(2)、(3)式，有

$$R_H = \frac{1}{(4\pi\varepsilon_0)^2}\frac{2\pi^2 m_e e^4}{h^3 c\left(1+\frac{m_e}{M}\right)} \tag{4}$$

式中，m_e 为电子质量，M 为氢原子核质量，h 为普朗克常量，e 为电子电荷，c 为真空中光速，ε_0 为真空电容率。

若假定 $M \to \infty$（相当于假定核不动），则可以得到

$$R_\infty = \frac{m_e e^4}{8\varepsilon_0^2 h^3 c} \tag{5}$$

及

$$R_H = \frac{R_\infty}{1+\frac{m_e}{M}} \tag{6}$$

这样，不仅给予巴尔末经验公式以物理解释，而且把里德伯常量和许多基本物理常量联系起来了。

里德伯常量是重要的基本常量之一。由于测量里德伯常量的准确度比一般物理常量高，所以成为检验原子理论可靠性的标准和测量其他基本物理常量的依据。目前的公认值为

$$R_\infty = 10\ 973\ 731.534 \pm 0.013\,\text{m}^{-1}$$
$$R_H = 10\ 967\ 758.306 \pm 0.013\,\text{m}^{-1}$$

【实验内容与步骤】

实验的主要内容是拍摄氢光谱和铁光谱，测量氢光谱巴尔末线

系的谱线波长,计算氢的里德伯常量.

实验步骤如下:

(1)在全黑的暗室中安装底片,应注意使乳胶面向着光源。

(2)准备好氢谱光源和铁谱光源。利用哈特曼光阑如图 4-12-1 所示。将氢谱和铁谱并排地拍摄在同一谱片上。拍摄时可用停表或有秒钟的表计时,用曝光开关控制曝光时间。

由于氢光较弱,拍摄时要将氢放电管平行地尽量靠近狭缝(勿与摄谱仪接触),使进入狭缝的光尽可能强,曝光时间数十秒(由实验室给出)。

拍摄铁光谱时,将铁弧电极固定在电极架上,打开电源开关,按下"火花、电弧"按钮,调节上下铁弧电极的位置,调节电流至适当的数值,利用遥控开关控制曝光,曝光时间由实验室给出。

(3)在暗室中冲洗拍好的底片,显影 3～5 min,定影 5～10 min,冲洗完毕后,用吹风机的冷风吹干。

(4)在映谱仪上找出氢光谱巴尔末线系的前 4 条谱线,然后在待测氢谱线最近的两侧选取两条铁谱线,并与"铁光谱图"比较,利用线性内插法确定其波长值。

线性内插法的原理:由于铁光谱具有极丰富的分布均匀的光谱线,各谱线的波长都已经过精确测定,因此可以用铁光谱作为波长标尺来测定氢谱线的波长。将氢谱和铁谱并排地拍摄在同一条谱片上,将拍摄冲洗好的谱片放在光谱投影仪上,与标准铁谱图片进行对比,即可找到待测谱线。由于铁谱线很多,总可以在每根氢谱线附近找到两根铁谱线(使一根的波长稍大于氢谱线的,另一根稍小,如图 4-12-2 所示)。

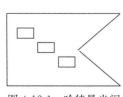

图 4-12-1 哈特曼光阑

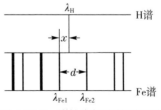

图 4-12-2 线性内插法的原理图

谱片上谱线间的距离随波长差增加而增加,由于在光谱图片的很小间隔范围内,摄谱仪的线色散可认为是一个常数,在波长很接近时可以认为距离与波长差成正比.测量出选定的铁谱线间的距离 d 和氢谱线与一根铁谱线间的距离(例如与波长较短的一根之间的距离) x ,则有

$$\lambda_H = \lambda_{Fe1} + \frac{\lambda_{Fe2} - \lambda_{Fe1}}{d}x \tag{7}$$

由此即可计算出该氢谱线的波长 λ_H ,这种方法即为线性内插法.

(5)用比长仪精确测量谱线间的距离 d 、x ,测量两次(一次从左到右测量,一次从右到左测量),求平均值 $\overline{d}$ 、$\overline{x}$ 。

【数据记录与处理】

(1)利用精测数据($\overline{d}$, $\overline{x}$)和相应的 λ_{Fe1} 、λ_{Fe2} 值计算出氢谱线波长 λ_H 。

(2)利用氢谱线波长 λ_H 及相应的 n 值代入(2)式求出氢的里德伯常量,与公认值比较,计算实验的误差。

在计算氢的里德伯常量时,应该用氢谱线在真空中的波长,因此要对在空气中测量的波长进行修正,即 $\lambda_{真空} = \lambda_{空气} + \lambda_{修正}$,而 $\Delta\lambda_{修正}$ 的各值见本实验"常用参数"中的表3。

【思考题】

1. 用线性内插法求未知波长时,是用离未知谱线较近的两条谱线好,还是用较远的好? 为什么?

2. 如何减少用线性插值法测量的误差?

3. 巴尔末线系极限波长是多大?

4. 用比长仪测得氢的各谱线的波长,画出氢的巴尔末线系的能级图。

【附录】

1. 摄谱仪

实验采用的小型棱镜摄谱仪,其工作原理如图 4-12-3 所示,将光源发出的光经聚光镜汇聚在入射狭缝上,因入射狭缝的位置正处

在入射物镜的焦面上,所以从入射物镜射出的光为平行光.用平行光照在横偏向棱镜上,经棱镜的分光作用,使不同波长的光以不同的角度射出,经出射物镜和照相物镜组成的透镜组(中间波长435.8 nm,焦距为596 mm)聚焦在摄谱底片上,形成光谱,每条光谱都是入射狭缝的像。

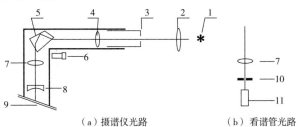

（a）摄谱仪光路　　　　（b）看谱管光路

1-光源;2-聚光镜;3-入射狭缝;4-入射物镜;5-横偏向棱镜;6-鼓轮;

7-出射物镜;8-照相物镜;9-摄谱底片;10-出射狭缝;11-看谱管

图 4-12-3　棱镜摄谱仪原理图

（1）各部件的调整。

① 聚光镜位置应调成与狭缝平面平行,并在同一水平高度上,保证弧焰准确投射到入射狭缝上。

② 电极架的调整:把聚光镜移到电极架旁边,松开支座右侧两个螺钉,可使电极架整体上下移动和转动,并使电极的交点大致位于聚光镜的焦点,接着拧紧螺钉固定其位置,然后把聚光镜往左移,在打电弧以后,利用各旋钮进行微调,使像成在狭缝的中部,并左右移动聚光镜,使之得到所要求的光斑面积。

③ 狭缝应安装在铅垂位置,否则谱线将倾斜,此时可使狭缝入射光管轴线转动,直至底片上的谱线也在铅垂方向为止,然后锁紧螺钉固定其位置。

④ 看谱管在出射管内放置时,视场内的出射狭缝的两个刃口应基本与谱线平行。

⑤ 当入射狭缝前的光阑板用中间孔对着狭缝时,在看谱管视场内的谱线应基本在中央部位,如果相差太多,说明搁放棱镜的平台位置有变动,应加以调整。调整时先松开后面调整钉边缘紧固螺钉,用小改锥旋转调整钉直至谱线在中央部位为止,并把边缘的紧固螺钉上紧。

（2）使用摄谱仪的注意事项。

① 摄谱仪是精密贵重仪器，使用前应先阅读说明书，各调节部分应在教师指导下进行。

② 必须特别爱护入射狭缝，避免灰尘和脏物的入侵，使用完毕必须马上把狭缝前的曝光开关合上。摄谱仪的狭缝不可随意调节。

③ 摄谱时必须以 435.8 nm 为中心波长，即 435.8 nm 波长的谱线在看谱管视场内小指针的尖端位置。

④ 在曝光前曝光开关要关闭（往右是通光，往左是关闭）。

⑤ 摄谱时底片匣旁的黑色拉板要拉出来，否则会造成虚拍。在拍同一组光谱的过程中，拍摄次序要合理，做到严格保持底片匣不动，以保证氢谱和铁谱位置无相对错动。

⑥ 当谱片上出现白横条纹时，说明狭缝上存在灰尘和脏物，应清理干净。

⑦ 氢光源和铁弧光源都有高压电源，必须注意人身安全，调整电极时必须先断电源。在调整电极时，不能接触绝缘棒的左边部分，保证操作安全。

⑧ 在调整电弧和火花时应戴上防护眼镜，以免伤害眼睛。

⑨ 铁弧电极上不能有氧化物，应经常磨光。

2. 氢放电管

如图 4-12-4 所示，在充有氢气的放电管的两端，加适当的电压，氢原子受到加速电子的碰撞被激发，从而产生辐射，这个过程称为"辉光放电"，辉光放电发出的光即可作为氢谱光源。使用这种放电管时请勿倒置，以防氢氧化钠将支管口堵死。氢放电管的工作电流

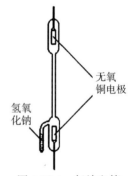

无氧
铜电极

氢氧
化钠

图 4-12-4　氢放电管

一般为几毫安（不得超过 10 mA），工作电压为几千伏，电源用霓虹灯变压器。将 220 V 市电通过调压器输入到霓虹灯变压器的输入端以控制其输入电压。使电压从零开始增加，直到氢放电管放电稳定即可，此时变压器的电压约为 50 V。

3. 交流电弧火花发生器

实验采用交流电弧火花发生器产生的铁电弧光作为铁谱光源。

4. 光谱投影仪和铁谱图

光谱投影仪实际上是一个放大投影器,把底片投影在白色屏上并放大,将冲洗好的谱片放在光谱投影仪的支架上,打开开关,调节放大镜可以获得清晰的像。调节侧面旋钮,可使谱线上下、左右移动,将拍摄的铁谱与标准铁谱图片进行对比,即可找到待测谱线。

5. 阿贝比长仪

（1）阿贝比长仪的结构及读数

阿贝比长仪的测量准确度比一般测量显微镜高,它的特点是将待测谱片和一个精密玻璃标尺左右并排放在同一个可移动的工作台上,用看谱显微镜对准待测谱线,用读数显微

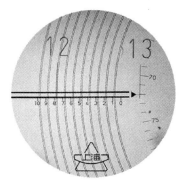

图 4-12-5　阿贝比长仪视场

镜读标尺上的读数,待测谱线之间的距离即为工作台的移动距离。

借助于读数显微镜上的特殊装置,可以在玻璃标尺上读出微米级的距离,如图 4-12-5 所示,在显微镜的视场内可以同时看到:

① 玻璃毫米标尺的放大像,即图中标有数字的垂直刻线,称为"主标尺"。

② 横贯视场中央的横条,其左端有一带箭头的水平标线,横条下方有 0～10 刻度,每一格的距离为 0.1 mm,称为"副标尺"。

③ 有阿基米德螺旋双线（10 圈）和一个将圆周分为 100 等份的圆形刻度尺,为螺旋微米计的读数部分。当螺旋线相对于副标尺移动一格时,圆形刻度尺恰好转一圈,则圆形刻度尺上每一格为 0.001 mm,可估读到 0.0001 mm。

测量时毫米读数从主标尺读出,0.1 mm 的读数从副标尺读出,小于 0.1 mm 的读数从螺旋微米计读出。例如在图 4-12-5 中,可以看到主标尺"12"、"13"两个数字,其中"12"落在副标尺内,这样毫米

的读数为 12。转动螺旋线调节手轮,可以使一段螺旋双线对称地落在主标尺刻线"12"上,亦即刻线对称地落在螺旋双线中间,这样 0.1 mm 的读数由位于主标尺刻线"12"两旁的副标尺刻度中数值较小的一根刻线读出,本图中即为 0.7 mm。0.01 mm 及 0.001 mm 的读数则在螺旋微米计上对准横条线的位置上读出,即为 0.072 mm。在螺旋微米计上还可以估计到 0.0001 mm 的读数,因而整个读数应为 12.7720 mm。

（2）用阿贝比长仪测量谱线间距的步骤

① 将谱片放在置片台上,调节反射镜,使视场明亮。

② 调节看谱显微镜目镜和物镜,使叉丝及谱线清晰。调节读数显微镜目镜,使螺旋微米计刻度清晰。

③ 调节叉丝,使之与谱线平行。移动置片台,依次测定各谱线位置。测每一条谱线时,都要使谱线位于叉丝双线的正中,然后再从读数显微镜中读出其位置读数。由各谱线的位置即可求出它们之间的距离。

为防止产生回程误差,在测定各谱线位置的过程中,应始终沿一个方向移动置片台(从左到右,或从右到左),按照铁谱—氢谱—铁谱的顺序依次测量。

6. 常用参数

表 1　氢的巴尔末线系波长表

谱线符号	H_α	H_β	H_γ	H_δ	H_ε
波长(nm)	656.280	486.133	434.047	410.174	397.007
谱线符号	H_ξ	H_η	H_θ	H_ι	H_κ
波长(nm)	388.906	383.540	379.791	377.063	375.015

表 2　与氢光谱相关的铁谱线波长表

氢光谱谱线符号		H_α	H_β	H_γ	H_δ
铁光谱谱线 波长(nm)	λ_{Fe1}	654.6245	485.9748	433.7049	410.0743
	λ_{Fe2}	659.2919	487.1736	435.2737	410.7192

表3　氢的巴尔末线系 $\triangle\lambda_{修正}$ 表

谱线	H_α	H_β	H_γ	H_δ	H_ε
$\triangle\lambda_{修正}$（nm）	0.181	0.136	0.121	0.116	0.112
谱线	H_ξ	H_η	H_θ	H_ι	H_κ
$\triangle\lambda_{修正}$（nm）	0.110	0.108	0.107	0.106	0.106

4.13　光电效应及普朗克常数的测定

【实验目的】

(1)通过光电效应实验加深对光的量子性的理解。

(2)测量光电管的伏安特性曲线,正确找出不同光频率下的截止电压。

(3)验证爱因斯坦光电方程,求出普朗克常数。

【实验仪器】

卤钨(溴钨)灯,聚光器:凸透镜($f=70$ mm),单色器:WGD-100型小型光栅单色仪,光电接收和微电流测量放大器,磁性底座,工作台。

【实验原理】

光电效应是由赫兹在1887年首先发现的,这一发现对认识光的本质具有极其重要的意义。1905年,爱因斯坦从普朗克的能量子假设中得到启发,提出"光量子"的概念,成功地说明了光电效应的实验规律。1916年,密立根以精确的光电效应实验证实了爱因斯坦的光电方程,测出的普朗克常数与普朗克按绝对黑体辐射定律中的计算值完全一致。爱因斯坦和密立根分别于1921年和1923年获得诺贝尔物理学奖。

光电效应的应用极为广泛。用光电效应的原理制成的光电管、光电倍增管及光电池等各种光电器件,是光电自动控制、有声电影、电视录像、传真和电报等设备中不可缺少的器件。

1. 光电效应及其规律

在光的照射下，从金属表面释放电子的现象称"光电效应"。光电效应的基本规律有：

① 单位时间内，受光照的金属板释放出来的电子数和入射光的强度成正比。

② 光电子从金属表面逸出时具有一定的动能，最大初动能等于电子的电荷量和遏止电压的乘积，与入射光的强度无关。

③ 光电子从金属表面逸出时的最大初动能与入射光的频率呈线性关系。当入射光的频率小于 ν_0 时，不管入射光的强度多大，都不会产生光电效应。

2. 光量子论与爱因斯坦光电效应方程

按照光子理论，光电效应可解释如下：当金属中的一个自由电子从频率为 ν 的入射光中吸收一个光子后，就获得能量 $h\nu$，h 为普朗克常数。如果 $h\nu$ 大于电子从金属表面逸出时所需的逸出功 A，这个电子就可从金属中逸出。根据能量守恒定律，应有

$$h\nu = \frac{1}{2}mV_m^2 + A \tag{1}$$

上式中，$\frac{1}{2}mV_m^2$ 是光电子的最大初动能，上式称为"爱因斯坦光电效应方程"。爱因斯坦方程表明光电子的初动能与入射光的频率呈线性关系。入射光的强度增加时，光子数也增多，因而单位时间内光电子数目也将随之增加，这就很自然地说明了光电子数与光的强度之间的正比关系。由方程（1）假定 $\frac{1}{2}mV_m^2 = 0$，得 $\nu_0 = \frac{A}{h}$。

这表明频率为 ν_0（遏止频率）的光子具有发射光电子的最小能量。如果光子频率低于 ν_0，不管光子数目多大，单个光子都没有足够的能量去发射光电子，所以遏止频率相当于电子所吸收的能量全部消耗于电子的逸出功时入射光的频率。

3. 普朗克常量的测量

图 4-13-1 表示实验装置的光电原理。卤钨灯发出的光束经透镜 L 会聚到单色仪 M 的入射狭缝上，从单色仪出射狭缝发出的单色

光投射到光电管的阴极金属板 K，释放光电子（发生光电效应）, A 是集电极（阳极）。由光电子形成的光电流可以被微安表测量。

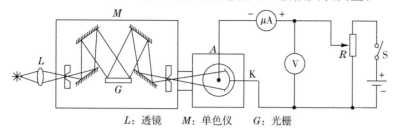

L：透镜   M：单色仪   G：光栅

图 4-13-1   普朗克常量实验装置光电原理

在保持光照射不变的情况下，如果在 AK 之间施加反向电压（集电极为负电位），光电子就会受到电场的阻挡作用，当反向电压足够大时，达到 U_0 光电流降到零，U_0 就称作"遏止电压"。不难理解，遏止电压与光电子最大初动能间有如下关系

$$\frac{1}{2}mV_m^2 = eU_0 \tag{2}$$

将式（2）代入式（1），并加以整理，即有

$$U_0 = \frac{h}{e}\nu - \frac{A}{e} \tag{3}$$

则测出不同频率 ν 的入射光所对应的截止电压 U_0，由此可作 $U_0-\nu$ 图线，由直线斜率 h/e 可求得普朗克常数 h 。

选择不同频率入射光照射光电管，测量光电管的伏安特性曲线，从伏安特性曲线中找到光电流为零时所对应的电压即为遏止电压。但实际测量的光电管伏安特性曲线存在某些干扰，主要有：

（1）存在暗电流和本底电流：在完全没有光的照射下，由光电管阴极本身的电子热运动所产生的电流称为"暗电流"。由于外界各种漫反射光照射到光电管阴极所形成的电流称为"本底电流"。

（2）存在阳极电流：光电管在制造和使用时，阳极不可避免地被阴极材料所沾染。在光的照射下，被沾染的阳极也会发射光电子并形成阳极电流，在光电管加反向电压时，该电流流向与阴极电流流向相反。由于上述原因，致使实测曲线光电流为零时所对应的电压并不是截止电压。

因此，如图 4-13-2 所示，真正的截止电压 U_0 不是伏安特性曲线上的 A 点而是 B 点。

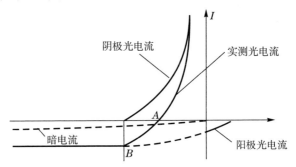

图 4-13-2　光电管的伏安特性曲线

【实验内容与步骤】

（1）参照图 4-13-5 安置仪器，调节同轴等高。

（2）接通溴钨灯电源，使光束会聚到单色仪的入射狭缝上（缝宽可取较宽一档：0.3 mm）。

（3）单色仪的调节

①首先将透镜移出光路，使溴钨灯发出的光直接照射在单色仪的入射缝上，并使光源的光斑与入射狭缝对称。然后将透镜放入光路中，前后移动透镜架，使光源发出的光成像在入射狭缝处，若不在狭缝处，只能调透镜架，不能再调光源和单色仪如图 5-32-3 所示。

②以上对系统的同轴等高基本调好后，需对单色仪的零点误差进行消除。方法是：用一张白纸放在单色仪的出射狭缝处，将波长读数轮的读数调到零，然后微微地在零线左右附近旋转，调节到白纸屏有强白光输出，记下零点误差。

③单色仪输出的波长示值是利用螺旋测微器读取的，如图 4-13-4 所示。鼓轮每旋转一周移动的距离是 50 nm 的波长。鼓轮左端的圆锥台周围均匀地划分成 50 个小格，每小格对应 1 nm。当鼓轮的边缘与横轴上的"0"刻线重合时，波长示值为 0.0 nm。而当鼓轮边缘与横轴上的"5"刻线重合时，波长示值为 500.0 nm。

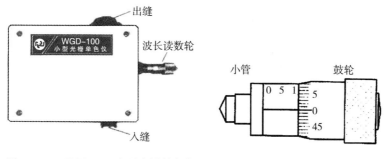

图 4-13-3 WGD-100 小型光栅单色仪   图 4-13-4   单色仪的读数装置

(4)切断"放大测量器"的电源,接好光电管与放大测量器之间的电缆,再通电预热20～30 min后,调节该测量放大器的零点位置。

(5)测量光电管的伏安特性。

①取下暗盒盖,让光电管对准单色仪出射狭缝(注意:将光电管的接收靶面套进单色仪出射缝管里,以减小环境光的影响)。按上述螺旋测微器与波长示值的对应规律,在可见光范围内选择一种波长输出(注意:在选择不同波长时应修正零点误差)。根据光电流的大小,选择适当的倍率按键,使微安表的指针在中间范围。

②调节"放大测量器"的"旋钮1"可以改变外加直流电压。从一1.000 V起,缓慢调高外加直流电压直至 0.200 V,先注意观察一遍电流变化情况,记住使电流开始明显升高的电压值;

③开始正式测量,逐步增加电压,读取对应的电流值。在上一步观察到的电流起升点的附近,要增加监测密度,以较小的间隔采集数据。(电流转正后,要按下正负转换键);

④选择适当间隔的另外 4 种波长光进行同样测量,列表记录数据。

注意事项

① 测量微电流时必须确认表针停稳后才可以读数。

② 实验中要注意可能出现的微电流计指针的漂移现象。遇短时间的漂移,实验可暂停片刻;对数据有较大影响时,部分测量可以重做;若电网电压波动较大,卤钨灯宜配接交流稳压器。

【数据记录与处理】

（1）在直角坐标纸上分别作出被测光电管在 5 种波长（频率）光照射下的伏安特性曲线，从这些曲线找到并标出遏止电压 U_0，填入下表。

① 测量光电管的伏安特性。

反向电压 V	404.0 nm 电流（μA）	435.0 nm 电流（μA）	546.0 nm 电流（μA）	577.0 nm 电流（μA）	600.0 nm 电流（μA）
−1.000					
−0.900					
−0.800					
−0.700					
−0.600					
−0.500					
−0.400					
−0.300					
−0.200					
−0.100					
0.000					
0.100					
0.200					

② 不同频率光的遏止电压。

波长 λ(nm)	546.0	577.0	600.0	650.0	680.0
频率 ν（×10^{14} Hz）					
遏止电压 U_0（V）					

（2）根据上表数据作 $U_0 - \nu$ 关系图，从图中求该直线的斜率，并计算普朗克常量。

$$e = 1.602 \times 10^{-19} \text{C}。$$

（3）计算测得普朗克常量的相对误差。

【思考题】

1. 从截止电压 U_0 与入射光频率 ν 的关系图线，你能确定阴极材料的逸出功吗？

2. 如果某种材料的逸出功为 2.0eV，用它做成光电管阴极时能探测的截止波长是多少？

【附录】

(1)光源：50W 卤钨(溴钨)灯。

(2)聚光器：凸透镜($f=70$ mm)。

(3)单色器：WGD-100 型小型光栅单色仪。

(4)光电接收和微电流测量放大器：GD-31A 型光电管、微电流放大器、± 2 V 稳压电源、数字电压表和指针式微安表。

(5)磁性底座：二维调节底座(SZ-02)1 个，普通底座(SZ-04)1 个。

(6)工作台：长×宽×高＝$700 \times 180 \times 100$ mm，台面上有钢板尺。

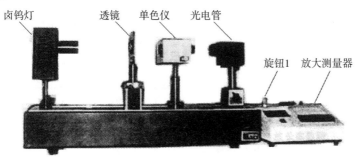

图 4-13-5 普朗克常量实验装置

附　表

附表1　基本物理常数表

物　理　量	符　号	主　值	单　位
真空中的光速	c	2.99792458×10^8	米·秒$^{-1}$
电子的电荷	e	$1.6021892 \times 10^{-19}$	库
普朗克常数	h	6.626176×10^{-34}	焦·秒
阿伏伽德罗常数	N_0	6.022045×10^{23}	摩$^{-1}$
原子质量单位	u	1.6605655^{-27}	千克
电子的静止质量	m_e	9.109534×10^{-31}	千克
电子的荷质比	e/m_e	1.7588047×10^{11}	库·千克$^{-1}$
法拉第常数	F	9.648456×10^4	库·摩$^{-1}$
氢原子的里德伯常数	R_H	1.096776×10^7	米$^{-1}$
摩尔气体常数	R	8.31441	焦·摩$^{-1}$·开$^{-1}$
波尔兹曼常数	k	1.380662×10^{-23}	焦·开$^{-1}$
洛喜密德常数	n	2.68719×10^{25}	米$^{-3}$
万有引力常数	G	6.6720×10^{-11}	牛·米^2·千克$^{-2}$
标准大气压	P_0	101325	帕
冰点的绝对温度	T_0	273.15	开
标准状态下声音在空气中的速度	$v_{声}$	331.46	米·秒$^{-1}$
标准状态下干燥空气的密度	$\rho_{空气}$	1.293	千克·米$^{-3}$
标准状态下水银的密度	$\rho_{水银}$	13595.04	千克·米$^{-3}$
标准状态下理想气体的摩尔体积	V_m	22.41383×10^{-3}	米^2·摩$^{-1}$
真空的介电系数（电容率）	E_0	8.854188^{-12}	法·米$^{-1}$
真空的磁导率	h_0	12.566371×10^{-7}	亨·米$^{-1}$
钠光谱中黄线的波长	λ_D	589.3×10^{-9}	米
15℃、101325Pa时镉光谱中红线的波长	λ_{cd}	643.84696×10^{-9}	米

附表 2 在 20 ℃时常用固体和液体的密度

物　质	密度 $\rho(kg \cdot m^{-3})$	物　质	密度 $\rho(kg \cdot m^{-3})$
铝	2698.9	水晶玻璃	2900～3000
铜	8960	窗玻璃	2400～2700
铁	7874	冰（0℃）	880～920
银	10500	甲醇	792
金	19320	乙醇	789.4
钨	19300	乙醚	714
铂	21450	汽车用汽油	710～720
铅	11350	氟利昂—12	1329
锡	7298	（氟氯烷—12）	
水银	13546.3	变压器油	840～890
钢	7600～7900	甘油	1350
石英	2500～2870	蜂蜜	1435

附表 3 在标准大气压下不同温度的水的密度

温度 $t(℃)$	密度 $\rho(kg \cdot m^{-3})$	温度 $t(℃)$	密度 $\rho(kg \cdot m^{-3})$	温度 $t(℃)$	密度 $\rho(kg \cdot m^{-3})$
0	999.840	17	998.774	34	994.369
1	999.898	18	998.595	35	994.029
2	999.940	19	998.404	36	993.681
3	999.964	20	998.203	37	993.325
4	999.972	21	997.991	38	992.962
5	999.964	22	997.769	39	992.591
6	999.940	23	997.537	40	992.212
7	999.901	24	997.295	41	991.826
8	999.848	25	997.043	42	991.432
9	999.781	26	996.782	50	988.030
10	999.699	27	996.511	60	983.191
11	999.605	28	996.231	70	977.759

续表

温度 $t(℃)$	密度 $\rho(kg \cdot m^{-3})$	温度 $t(℃)$	密度 $\rho(kg \cdot m^{-3})$	温度 $t(℃)$	密度 $\rho(kg \cdot m^{-3})$
12	999.497	29	995.943	80	971.785
13	999.377	30	995.645	90	965.304
14	999.244	31	995.339	100	958.345
15	999.099	32	995.024		
16	998.943	33	994.700		

附表 4 在 20 ℃时与空气接触的液体的表面张力系数

液　体	$\alpha(\times10^{-3}N \cdot m^{-1})$	液　体	$\alpha(\times10^{-3}N \cdot m^{-1})$
航空汽油(10 ℃时)	21	甘油	63
石油	30	水银	513
煤油	24	甲醇	22.6
松节油	23.8	(10 ℃时)	24.5
水	72.75	乙醇	22.0
肥皂溶液	40	(60 ℃时)	18.4
氟利昂—12	9.0	(0 ℃时)	24.1
蓖麻油	36.4		

附表 5 在不同温度下与空气接触的水的表面张力系数

温度 (℃)	$\alpha(\times10^{-3}Nm^{-1})$	温度 (℃)	$\alpha(\times10^{-3}Nm^{-1})$	温度 (℃)	$\alpha(\times10^{-3}Nm^{-1})$
0	75.62	16	73.05	30	71.15
5	74.90	17	73.20	40	69.55
6	74.76	18	73.05	50	67.90
8	74.48	19	72.89	60	66.17
10	74.20	20	72.75	70	64.41
11	74.07	21	72.60	80	62.60
12	73.92	22	72.44	90	60.74
13	73.78	23	72.28	100	58.84

续表

温度(℃)	$\alpha(\times10^{-3}\,\mathrm{Nm}^{-1})$	温度(℃)	$\alpha(\times10^{-3}\,\mathrm{Nm}^{-1})$	温度(℃)	$\alpha(\times10^{-3}\,\mathrm{Nm}^{-1})$
14	73.64	24	72.12		
15	73.48	25	71.96		

附表 6　不同温度时水的黏滞系数

温度(℃)	$\eta(10^{-6}\,\mathrm{Pa\cdot s})$	温度(℃)	$\eta(10^{-6}\,\mathrm{Pa\cdot s})$
0	1787	60	469
10	1304	70	406
20	1004	80	355
30	801	90	315
40	653	100	282
50	549		

附表 7　液体的黏滞系数

液体	温度(℃)	$\eta(\times10^{-6}\,\mathrm{Pa\cdot s})$	液体	温度(℃)	$\eta(\times10^{-6}\,\mathrm{Pa\cdot s})$
汽油	0	1788	甘油	−20	134×10^{6}
	18	530		0	121×10^{6}
甲醇	0	817		20	1499×10^{3}
	20	584		100	12945
乙醇	−20	2780	蜂蜜	20	650×10^{4}
	0	1780		80	100×10^{3}
	20	1190	鱼肝油	20	45600
乙醚	0	296		80	4600
	20	243	水银	−20	1855
变压器油	20	19800		0	1685
蓖麻油	10	241×10^{4}		20	1554
葵花籽油	20	50000		100	1224

附表8　常用物质的折射率(相对空气)

物质名称	n_D	物质名称	温度(℃)	n_D
熔凝石英	1.4584	水	20	1.3330
冕牌玻璃 K_6	1.5111	乙醇	20	1.3614
冕牌玻璃 K_8	1.5159	甲醇	20	1.3288
冕牌玻璃 K_9	1.5163	丙醇	20	1.3591
冕牌玻璃 ZK_8	1.6126	二硫化碳	18	1.6255
冕牌玻璃 ZK_6	1.6140	三氯甲烷	20	1.446
火石玻璃 F_1	1.6055	加拿大树脂	20	1.530
		苯	20	1.5011
重火石玻璃 ZF_1	1.6475		n_D (绝对)，15℃，1.01325×10^5 Pa	
重火石玻璃 ZF_6	1.7550			
方解石(e 光)	1.6584	氢	1.00027	
方解石(e 光)	1.4864	氦	1.00030	
		空气	1.00029	

附表9　常用光源的谱线波长

H(气)	He(氦)	Ne(氖)	Na(钠)	He(汞)	He-Ne 激光
656.28 红	706.52 红	650.65 红	589.592(D_1)黄	623.44 橙	632.8 橙
486.13 绿蓝	667.82 红	640.23 橙	588.995(D_2)黄	579.07 黄	
434.05 蓝	587.56(D_3)黄	638.30 橙		576.96 黄	
410.17 蓝紫	501.57 绿	626.65 橙		546.07 绿	
397.01 蓝紫	492.19 绿蓝	621.73 橙		491.60 绿蓝	
	471.31 蓝	614.31 检		435.83 蓝	
	447.15 蓝	588.19 黄		407.78 蓝紫	
	402.62 蓝紫	588.25 黄		404.66 蓝紫	
	388.87 蓝紫				

附表 10　20 ℃时某些金属的弹性模量(杨氏模量)

金属	E/Pa
铝	$7.00 \sim 7.100 \times 10^{10}$
钨	4.150×10^{11}
铁	$1.900 \sim 2.100 \times 10^{11}$
铜	$1.050 \sim 1.300 \times 10^{11}$
金	7.900×10^{10}
银	$7.000 \sim 8.200 \times 10^{10}$
锌	8.000×10^{11}
镍	2.050×10^{11}
铬	$2.400 \sim 2.500 \times 10^{11}$
合金钢	$2.100 \sim 2.200 \times 10^{11}$
碳钢	$2.000 \sim 2.100 \times 10^{11}$
康钢	1.630×10^{11}

附表 11　固体的线膨胀系数

物质	温度或温度范围/℃	$\alpha / \times 10^{-6}\,℃^{-1}$
铝	$0 \sim 100$	23.8
铜	$0 \sim 100$	17.1
铁	$0 \sim 100$	12.2
金	$0 \sim 100$	14.3
银	$0 \sim 100$	19.6
钢(碳 0.05%)	$0 \sim 100$	12.0
康铜	$0 \sim 100$	15.2
铅	$0 \sim 100$	29.2
锌	$0 \sim 100$	32
铂	$0 \sim 100$	9.1
钨	$0 \sim 100$	4.5
石英玻璃	$20 \sim 200$	0.56
窗玻璃	$20 \sim 200$	9.5
花岗石	20	$6 \sim 9$
瓷器	$20 \sim 700$	$3.4 \sim 4.1$

参考文献

[1] 邓金祥,刘国庆. 大学物理实验[M]. 北京:北京工业大学出版社,2005.

[2] 郑发农,印根民等. 物理实验教程[M]. 合肥:中国科学技术大学出版社,2004.

[3] 牛爱芹,曹钢,李淑华. 大学物理实验教程[M]. 北京:科学出版社,2007.

[4] 刘小廷. 大学物理实验[M]. 北京:科学出版社,2009.

[5] 阎旭东,徐国旺. 大学物理实验[M]. 北京:科学出版社,2008.

[6] 徐滔滔. 大学物理实验教程[M]. 北京:科学出版社,2008.

[7] 丁慎训,张连芳. 物理实验教程[M]. 北京:清华大学出版社,2002.

[8] 任隆良,谷晋骐. 物理实验[M]. 天津:天津大学出版社,2003.

[9] 何元金,马兴坤等. 近代物理实验[M]. 北京:清华大学出版社,2003.

[10] 赵文杰. 工科物理实验教程[M]. 北京:中国铁道出版社,2002.